从群到李代数

冯承天◎著

浅说它们的理论、表示及应用

Emmy Noether
1882 年~1935 年

华东师范大学出版社·上海

图书在版编目(CIP)数据

从群到李代数:浅说它们的理论、表示及应用/
冯承天著.—上海:华东师范大学出版社,2024
ISBN 978-7-5760-4909-1

Ⅰ.①从… Ⅱ.①冯… Ⅲ.①群论②李代数
Ⅳ.①O152

中国国家版本馆 CIP 数据核字(2024)第 084191 号

从群到李代数
——浅说它们的理论、表示及应用

著　　者　冯承天
责任编辑　王国红
特约审读　陈　跃
责任校对　江小华
封面设计　卢晓红

出版发行　华东师范大学出版社
社　　址　上海市中山北路 3663 号　邮编 200062
网　　址　www.ecnupress.com.cn
电　　话　021-60821666　行政传真 021-62572105
客服电话　021-62865537　门市(邮购)电话 021-62869887
地　　址　上海市中山北路 3663 号华东师范大学校内先锋路口
网　　店　http://hdsdcbs.tmall.com

印刷者　常熟高专印刷有限公司
开　　本　787 毫米×1092 毫米　1/16
印　　张　18.5
字　　数　297 千字
版　　次　2024 年 11 月第 1 版
印　　次　2024 年 11 月第 1 次
书　　号　ISBN 978-7-5760-4909-1
定　　价　79.80 元

出版人　王　焰

(如发现本版图书有印订质量问题,请寄回本社客服中心调换或电话 021-62865537 联系)

献给热爱研读数学的朋友们

内 容 简 介

　　本书共分五个部分,十四个章节,是论述群、群表示论、李群、李代数及其应用的一本入门读物.

　　在第一部分,我们详述了集合,集合之间的映射,以及群的一些基本理论,如等价与分类、拉格朗日定理,以及重新排列定理等. 在第二部分,我们具体讨论了一些群,如点群、对称群、群 $GL(n,K)$ 及其子群,着重论述了群 $O(3)$ 及其子群. 作为应用,我们用群论方法证明了只有五种正多面体. 在第三部分,随着数系的扩张,我们阐明了环、域、代数等代数系,并且详细地讨论了向量空间中的一系列重要空间,如商空间、对偶空间、欧几里得空间和酉空间. 在第四部分,我们全面且系统地阐述了有限群的表示论,并研究了四元数与三维空间的转动. 最后,从时空的均匀性和对称性得出惯性系之间的洛伦兹变换,以及将对称性与守恒量联系起来的诺特定理. 最后,在第五部分,我们定义了李群,引出李代数,并讨论了它们在角动量理论及基本粒子模型中的应用.

　　本书起点低,论述详尽且严格,举例丰富,且前后呼应,是一本论述群、群的表示、李群、李代数表示及其应用的可读性较强的读物,谨供广大数学和物理科学的热爱者们阅读、参考.

总　序

　　早在 20 世纪 60 年代,笔者为了学习物理科学,有幸接触了很多数学好书. 比如:为了研读拉卡(G. Racah)的《群论和核谱》[①],研读了弥永昌吉、杉浦光夫的《代数学》[②];为了翻译卡密里(M. Carmeli)和马林(S. Malin)的《转动群和洛仑兹群表现论引论》[③]、密勒(W. Miller. Jr)的《对称性群及其应用》[④]及怀邦(B. G. Wybourne)的《典型群及其在物理学上的应用》[⑤]等,研读了岩堀长庆的《李群论》[⑥]……

　　在学习的过程中,我深深地感到数学工具的重要性. 许多物理科学领域的概念和计算,均需要数学工具的支撑. 然而,很可惜:关于群的起源的读物很少,且大部分科普读物只有结论而无实质性内容,专业的伽罗瓦理论则更是令普通读者望文生"畏";如今,时间已过去半个多世纪,我也年逾古稀,得抓紧时机提笔,同广大数学爱好者们重温、分享这些重要的数学知识,一起体验数学之美,享受数学之乐.

　　深入浅出地阐明伽罗瓦理论是一个很好的切入点,不过,近世代数理论比较抽象,普通读者很难理解并入门. 这就要求写作者必须尽可能考虑普通读者的阅读基础,体会到初学者感到困难的地方,尽量讲清楚每一个数学推导的细节. 其实,群的概念正是从数学家对根式求解的探索中诞生的,于是,

① 梅向明译,高等教育出版社,1959.

② 熊全淹译,上海科学技术出版社,1962.

③ 栾德怀,张民生,冯承天译,华中工学院,1978.

④ 栾德怀,冯承天,张民生译,科学出版社,1981.

⑤ 冯承天,金元望,张民生,栾德怀译,科学出版社,1982.

⑥ 孙泽瀛译,上海科学技术出版社,1962.

我想就从历史上数学家们对多项式方程的根式求解如何求索讲起,顺势引出群的概念,帮助读者了解不仅在物理学领域,而且在化学、晶体学等学科中的应用也十分广泛的群论的起源.

2012 年,我的第一本书——《从一元一次方程到伽罗瓦理论》出版.该书从一元一次方程说起,一步步由浅入深、循序渐进,直至伽罗瓦——一位极年轻的天才数学家,详述他是如何初创群与域的数学概念,如何完美地得出一般多项式方程根式求解的判据.图书付梓之后,承蒙读者抬爱,多次加印,这让笔者受到很大鼓舞.

于是,我写了第二本书——《从求解多项式方程到阿贝尔不可能性定理——细说五次方程无求根公式》.这本书的起点稍微高一些,需要读者具备高中数学的基础.这本书仍从多项式方程说起,但是,期望换一个角度,在"不用群论"的情况下,介绍数学家得出"一般五次多项式方程不可根式求解"结论(也即"阿贝尔不可能性定理")的过程.在这本书里,我把初等数论、高等代数中的一些重要概念与理论串在一起详细介绍.比如:为了更好地诠释阿贝尔理论,使之可读性更强一些,我用克罗内克定理来推导出阿贝尔不可能性定理等;为了向读者讲清楚克罗内克方法,引入了复共轭封闭域等新的概念,同时期望以一些不同的处理方法,对第一本书《从一元一次方程到伽罗瓦理论》所涉及的内容作进一步的阐述.

写作本书的过程中,我接触到一份重要的文献——H. Dörrie 的 *Triumph der Mathematik*:*hundert berühmte Probleme aus zwei Jahrtausenden mathematischer Kulture*,Physica-Verlag,Würzburg,Germany,1958. 其中的一篇,论述了阿贝尔理论.该书的最初版本为德文,而该文的内容则过于简略,晦涩难懂,加上中译本系在英译本的基础上译成,等于是在英译德产生的错误的基础上又添了中译英的错误,这就使得该文成了实实在在的"天书".在笔者的努力下,阿贝尔理论终于有了一份可读性较强的诠释.衷心期望广大数学爱好者,除了学好数学,也多学一点外语,这样,碰到重要的文献,能够直接查询原版,读懂弄通,此为题外话.

　　写成以上两本书之后，仍感觉需要进一步补充和提高，于是写了第三本书——《从代数基本定理到超越数——一段经典数学的奇幻之旅》. 这本书在写作上，继续沿用前两本的思路，从普通读者知晓的基本的代数知识出发，循序渐进地阐明数学史上的一系列重要课题，比如：数学家们如何证明代数基本定理，如何证明 π 和 e 是无理数，并继而证明它们是超越数，期望读者在阅读本书的过程中，掌握多项式理论、域论、尺规作图理论等；也期望在这本书里，对第一本、第二本未讲清楚的地方继续进行补充.

　　借这三本书再版的机会，我对初版存在的印刷错误进行了修改，对正文的内容进行了补充与完善，使之可读性更强，力求自成体系.

　　另外，借"总序"作一个小小的新书预告. 关于本系列，笔者期望再补充两本：第四本是《从矢量到张量》，第五本是《从空间曲线到黎曼几何》.[①]笔者认为"矢量与张量""空间曲线与黎曼几何"都是优美而且有重大应用的数学理论，都应该而且能够被简洁明了地介绍给广大数学爱好者.

　　衷心期望数学——这一在自然科学和人文科学中都有重大应用的工具，能得到更大程度的普及，期望借本系列图书出版的机会，与更多的数学、物理学工作者，数学、物理学爱好者，普通读者分享数学的知识、方法及学习数学的意义，期望大家在学习数学的同时，能体会到数学之美，享受数学！

冯承天

2019 年 4 月 4 日于上海师范大学

---

①　作者在新书撰写的过程中，已经将"黎曼几何"的内容纳入《从矢量到张量：细说矢量与矢量分析，张量与张量分析》一书，另一册新书中，对该内容不再赘述，书名修改为《从空间曲线到高斯-博内定理》；两册新书出版的顺序可能亦有变化. ——出版者注

前　言

宇宙之大，粒子之微，火箭之速，化工之巧，地球之变，生物之谜，日用之繁，无处不用到数学.

——华罗庚《大哉，数学之为用》

群是其元素满足一些基本的代数结构的一种代数系. 它们在数学与科学中起到极为重要的作用. 人们用群来描述各种客观对象（如晶体、多项式方程等）的对称性和变换特性，例如在理解与分析物理定律的对称性以及粒子与体系的相互作用时，就得用上各种变换群，此外，在抽象代数、几何学、数论等学科中，群也都有其独特作用.

本书为论述群的一些理论及其应用的一本小册子. 笔者忆及在初学这些课题时遇到的种种困难，产生的一个又一个问题，所以本书索性从集合开始讲起，采取详尽且深入浅出的方式对有关的问题进行统一、完美的处理. 一系列的教学实践使笔者深信：一位掌握微积分运算，具有行列式与矩阵概念及运算能力的读者，只要勤于思考，一定能理解书中的内容；只要乐于思考，也一定能掌握书中所使用的数学方法并应用到各自喜爱的课题中去；除此之外，笔者还期望读者们能从本书的主要内容，以及其中提到的一些定理与穿插着的各种趣题中享受到数学之美.

最后，感谢上海师范大学陈跃副教授和吉林大学吴兆颜教授的许多宝贵意见和建议. 他们给笔者发来了大量的参考资料. 感谢华东师范大学出版社的王焰社长及各位编辑，他们对本书的出版给予了极大的支持和帮助.

期望本书能成为广大数学爱好者在学习群论、群表示论及其应用时的一本可读性较强的参考读物,也极希望得到大家的批评与指正.

2023 年 11 月

目　录

第一部分　集合、映射及群的一些基本理论

第三部分　数系、环与域以及线性代数中的一些重要空间

第四部分　几个重要的应用

第九章　有限群的表示论 ································ 151

第五部分　李群、李代数及它们的应用

附录

第一部分
集合、映射及群的一些基本理论

这一部分共三章,是全书的数学基础.

在第一章中,我们主要讨论了有关集合的一些基本概念(如集合的表示、子集与幂集、集合的运算等);并在此基础上进一步讨论了集合间的关系,尤其是等价关系,以及等价与分类;最后,讨论了整数集上的同余关系,并在此基础上讨论了正整数的整除性问题,费马数,以及费马小定理.

第二章中,我们讨论了集合之间的映射(包含单射、满射和双射);阐明了正整数集 $\mathbb{N}^+$、自然数集 $\mathbb{N}$、整数集 $\mathbb{Z}$,以及有理数集 $\mathbb{Q}$ 等的可数性,及实数集 $\mathbb{R}$ 的不可数性;最后,探讨集合上所有满足双射条件的变换,从它们在映射结合运算下所满足的性质,引出了群的概念.

第三章中,我们讨论了有关群的一些性质,其中包含了群的定义、子群、群的乘法表与重新排列定理、陪集与拉格朗日定理等,一直到群的同态与同构.

第一章

关于集合的一些概念

§1.1　集合与集合的表示

我们把若干个(有限或无限)固定的事物的全体称为一个集合,而把其中的各个事物称为这个集合的一个元素或元.通常用大写字母 A,B,…表示集合,而用小写字母 a,b,…表示集合中的元素.

如果 a 是集合 A 的元素,则记作 $a \in A$,读作 a 属于 A;如果 a 不是集合 A 的元素,则记作 $a \notin A$,读作 a 不属于 A.

在集合论中,还常应用下列几种逻辑记号:$A \& B$ 表示性质 A 及性质 B; $A \text{ or } B$ 表示性质 A 或性质 B;$A \Rightarrow B$ 表示有性质 A 就有性质 B;$A \Leftrightarrow B$ 表示当且仅当有性质 A 时就有性质 B;$\exists x P$ 表示存在具有性质 P 的 x;$\forall x P$ 表示对所有具有性质 P 的 x.这些符号多用就熟悉了.

如果对于集合 A,B 有 $x \in A \Leftrightarrow x \in B$,即 A,B 中的元素完全一致,则称 A 等于 B,记作 $A = B$;如果集合 A 与集合 B 的元不完全一致,则称 A 不等于 B,记作 $A \neq B$.

通常用以下三种方法来表示一个集合:(i) 列举法,即列出该集合的全部元素.例如,由 ± 1,$\pm i$ 构成的集合,可记作 $W = \{+1, -1, +i, -i\}$;(ii) 符号法:例如自然数集用 $\mathbb{N}$ 表示,即 $\mathbb{N} = \{0, 1, 2, 3, \cdots\}$;(iii) 描述法:用集合中的元所具有的性质来表示.符号 $S = \{s \mid P(x)\}$ 表示 S 由所有具有性质 P 的元 s 所构成.例如上面的 W 就可表示为 $W = \{x \mid x^4 = 1\}$,这是因为 ± 1, $\pm i$ 恰好是 $x^4 = 1$ 这一方程的全部根.

例 1.1.1　常用的几个数系的表示.

正整数集 $\mathbb{N}^+ = \{1, 2, 3, \cdots\}$.整数集 $\mathbb{Z} = \{\cdots, -2, -1, 0, 1, 2, \cdots\}$.有

理数集 $\mathbb{Q} = \left\{ \dfrac{p}{q} \,\middle|\, p, q \in \mathbb{Z} \ \& \ q \neq 0 \right\}$. 此外，$\mathbb{R}$，$\mathbb{C}$ 分别表示实数集与复数集.

§1.2　有限集，无限集与空集

如果一个集合所含的元素的个数是有限的，则称它是一个有限集，而如果它的元的个数是无限的，则称它是一个无限集. 上一节中的 W 有 4 个元，所以是一个有限集，而 $\mathbb{N}$，$\mathbb{N}^+$，$\mathbb{Z}$，$\mathbb{Q}$，$\mathbb{R}$，$\mathbb{C}$ 都是无限集.

为了叙述的方便，我们把不含任何元素的实体也看成是一个集合，称为空集，记作 $\varnothing$. 它的元的个数为零. 注意 $\varnothing$ 与数字 0 构成的集合 $\{0\}$ 的区别，$\{0\}$ 有一个元素 0，因此不是空集.

例 1.2.1　$\{x \mid x < -1 \ \& \ x > 0\}$ 是空集.

§1.3　子集与幂集

对于集合 A，B，若有 $x \in A \Rightarrow x \in B$，即 A 的元必定是 B 的元，则称 A 是 B 的一个子集合，记作 $A \subseteq B$. 如果此时还有 $A \neq B$，即 $\exists x \in B$，而 $x \notin A$，那么称 A 是 B 的一个真子集，记作 $A \subset B$.

对于任意集合 A，我们定义 $\varnothing \subseteq A$，即任意集合 A 都以空集 $\varnothing$ 为其子集合.

例 1.3.1　对于集合 A，B，C 有

(i) $A \subseteq A$；(ii) $A = B \Leftrightarrow (A \subseteq B) \ \& \ (B \subseteq A)$；

(iii) $(A \subseteq B) \ \& \ (B \subseteq C) \Rightarrow A \subseteq C$.

对于集合 A，我们构造它的所有子集合，而以这些子集合作为元素的集合则称为集合 A 的幂集合，记为 $P(A)$. 因此，$P(A) = \{X \mid X \subseteq A\}$. 特别地，$\varnothing$ 与 A 都是 $P(A)$ 中的元素.

例 1.3.2　设 $A = \{a, b, c\}$，则 $P(A) = \{\varnothing, \{a\}, \{b\}, \{c\}, \{a, b\}, \{a, c\}, \{b, c\}, \{a, b, c\}\}$. A 有 3 个元，而 $P(A)$ 有 $2^3 = 8$ 个元.

例 1.3.3 若集合 M 有 m 个元,求 $P(M)$ 的元素个数.

对于 M 中的 m 个元,任选 n 个元的组合数为 C_m^n, $n = 1, 2, \cdots, m$. 故计入空集 $\varnothing \in P(M)$,知 $P(M)$ 的元素个数 $= 1 + C_m^1 + C_m^2 + \cdots + C_m^m$. 另一方面,由牛顿二项式定理 $(x + y)^m = C_m^0 x^m + C_m^1 x^{m-1} y + \cdots + C_m^m y^m$,可知在 $x = y = 1$ 时有 $1 + C_m^1 + \cdots + C_m^m = 2^m$,所以最后可得 $P(M)$ 的元素个数为 2^m.

§1.4 集合的运算:并集、交集、差集与直积集

对于集合 A, B,我们定义如下 4 种运算:

(i) A 和 B 的并集 C 是指属于 A 或者属于 B 的所有元素所构成的集合,即 $x \in C \Leftrightarrow x \in A$ or $x \in B$,记作 $C = A \bigcup B$;

(ii) A 和 B 的交集 C 是指既属于 A 又属于 B 的所有元素所构成的集合,即 $x \in C \Leftrightarrow x \in A$ & $x \in B$,记作 $C = A \bigcap B$;

(iii) A 和 B 的差集 C 是指属于 A 但不属于 B 的所有元素所构成的集合,即 $x \in C \Leftrightarrow x \in A$ & $x \notin B$,记作 $C = A - B$;

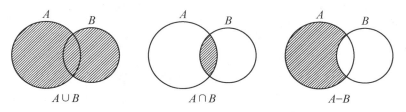

图 1.4.1 集合 A, B 的并集、交集与差集

注:图 1.4.1(维恩图)中所示的 3 个阴影区分别形象地表示了集合 A, B 的上述 3 种运算.

(iv) A 和 B 的直积集 C 是指 $C = \{(a, b) \mid a \in A, b \in B\}$,记作 $C = A \times B$.

例 1.4.1 对于集合 A, B, C,以及运算 $\bigcup$ 和 $\bigcap$,不难证明下列各性质(作为练习):

交换律 $\quad A \bigcap B = B \bigcap A$, $A \bigcup B = B \bigcup A$;

结合律 $\quad (A \bigcap B) \bigcap C = A \bigcap (B \bigcap C)$,

$$(A \cup B) \cup C = A \cup (B \cup C);$$

分配律　　$(A \cup B) \cap C = (A \cap C) \cup (B \cap C),$

　　　　　$(A \cap B) \cup C = (A \cup C) \cap (B \cup C);$

吸收律　　$(A \cup B) \cap A = A,$

　　　　　$(A \cap B) \cup A = A.$

例 1.4.2　当 A 是 X 的一个子集时，我们把此时的差集 $X-A$ 称为 A 关于 X 的补集，记为 $A^c = X - A$. 关于补集运算"C"，(图 1.4.2)，对于 $X \supseteq A$，$X \supseteq B$，有下列德·摩根公式(作为练习)：

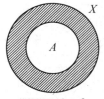

阴影区域=A^c

图 1.4.2

$$(A \cup B)^c = A^c \cap B^c;$$

$$(A \cap B)^c = A^c \cup B^c;$$

$$(A^c)^c = A,\ A \cup A^c = X,\ A \cap A^c = \varnothing.$$

以上各公式在布尔代数中有很重要的应用.

例 1.4.3　若 $A = \mathbb{R}$，$B = \mathbb{R}$，则 $A \times B$ 给出了平面中的有序偶的全体 $\mathbb{R}^2 = \mathbb{R} \times \mathbb{R} = \{(a, b) \mid a, b \in \mathbb{R}\}$. 同样地，有 $\mathbb{R}^3 = \mathbb{R} \times \mathbb{R} \times \mathbb{R} = \{(a, b, c) \mid a, b, c \in \mathbb{R}\}$，$\cdots$，$\mathbb{R}^n = \{(a_1, a_2, \cdots, a_n) \mid a_1, a_2, \cdots, a_n \in \mathbb{R}\}$. $\mathbb{C}^n = \{(c_1, c_2, \cdots, c_n) \mid c_1, c_2, \cdots, c_n \in \mathbb{C}\}$.

§1.5　集合上的关系

集合 A 上的一个关系～，指的是一个法则，由它可得出任意 $a, b \in A$ 所构成的有序偶 (a, b) 是满足某一条件(此时称 a, b 有关系，记作 $a \sim b$)，还是不满足这一条件(此时称 a, b 没有关系，记作 $a \nsim b$).

例 1.5.1　在实数集 $\mathbb{R}$ 上，以 $\leqslant$ 给出了一个法则：若 $a, b \in \mathbb{R}$，满足 $a \leqslant b$，则称 a, b 有关系，否则 a, b 无关系. 例如 $a = 3$，$b = -2$，则 a 与 b 无关系，而 b 与 a 有关系.

以例 1.5.1 为原型，我们有下列定义.

定义 1.5.1　在集合 A 上定义的关系～，若满足

(i) $\forall a \in A$，有 $a \sim a$；(ii) $a \sim b$，$b \sim a \Rightarrow a = b$；

(iii) $a \sim b$，$b \sim c \Rightarrow a \sim c$，那么称 $\sim$ 是一个次序(大小)关系.

例 1.5.2 在数集 $\mathbb{N}$，$\mathbb{Z}$，$\mathbb{Q}$，$\mathbb{R}$ 上都能以 $\leqslant$ 定出次序关系，也即这些数集合都是有序集合. 但是复数集合 $\mathbb{C}$ 不是有序集合，因为复数不能比较大小.

§1.6 等价关系，等价与分类，以及商集合

数与数之间的相等关系，平面中直线之间的平行关系，平面中三角形之间的相似关系……这些为我们提供了另一类重要的关系——等价关系的一些原型. 由此，我们引入如下定义：

定义 1.6.1 在集合 A 上定义的关系 $\sim$，若满足：(i) 自反律：对 $\forall a \in A$，有 $a \sim a$；(ii) 对称律：$a \sim b \Rightarrow b \sim a$；(iii) 传递律：$a \sim b$，$b \sim c \Rightarrow a \sim c$，则称 $\sim$ 是一个等价关系.

例 1.6.1 平面中的两点 x，y，若它们到原点 O 的距离是相等的，则称它们有关系. 容易证明，这就在平面中的点的这一集合上引入了一个等价关系. 以 O 为圆心，半径为 r 的圆周上的所有点彼此都是等价的，它们构成平面的一个子集合 C_r，$r \in \mathbb{R}$，$r \geqslant 0$.

在本书中，我们还会遇到许多具有等价关系的例子. 与等价关系密切相关的是集合的分类这一概念.

定义 1.6.2 集合 A 的一个分类是指把 A 分成许多称为类的非空子集合 A_a，A_b，…，其中任意两个不同的类，它们的交集为空集，而这些类的并集是 A.

例 1.6.2 例 1.6.1 得出的类的全体 C_r，$\forall r \in \mathbb{R}$，$r \geqslant 0$，给出了平面 $\mathbb{R}^2$ 的一个分类，因为它们的并集是 $\mathbb{R}^2$，而当 $r_1 \neq r_2$ 时，$C_{r_1} \bigcap C_{r_2} = \varnothing$.

例 1.6.1，例 1.6.2 是由集合上的一个等价关系给出该集合的一个分类的一个具体例子. 反过来，若给定了集合上的一个分类，此时如果把在同一类中的那些元素定义为有关系的，那么这一关系就是一个等价关系(作为练习). 事实上，我们有下列重要定理(参见参考文献[10]).

定理 1.6.1 集合 A 的一个等价关系可以确定它的一个分类. 反之，集合 A 的一个分类可以确定它的一个等价关系.

因此，类也称为等价类，而 A_a 记为由 a 确定的等价类，a 是 A_a 的一个代

表. 当然,若有 $a \sim b$,那么就有 $A_a = A_b$,即一个等价类可以由其中的任一元做代表. 因为有这种任意性,所以任何关于等价类的命题首先必须与代表元(的选取)无关.

对于集合 A,若给定了其上的等价关系 $\sim$,那么这就确定了 A 的各个类 A_a,A_b,$\cdots$. 以这些类作元素而得到的集合,称为 A 按 $\sim$ 确定的商集合,记为

$$A / \sim = \{A_a, A_b, \cdots\}. \tag{1.1}$$

§1.7　整数集与同余关系

对于整数集 $\mathbb{Z}$ 以及正整数 m,我们定义下列关系 $\sim$:

$a \sim b$,当且仅当 $a - b$ 能被 m 整除,记作 $m \mid (a - b)$. 因此,$a \sim b$ 的充要条件是 $a \div m$ 与 $b \div m$ 所得的余数相等. 因此我们把这一关系称为同余关系.

若 $m \mid (a - b)$ 成立,则称 a,b 对于模 m 同余,记作 $a \equiv b \pmod{m}$,其中 mod 是英语中 modulo(取模)一词的缩写. 不难验证同余关系是一个等价关系(作为练习),因此 $\mathbb{Z}$ 可以用这一关系分类,而得出这时的等价类——模 m 的同余类. 通常把以 a 为代表的同余类记为 $[a]_m$,或简记为 $[a]$ 或 $\bar{a}$,而把此时的商集合记为 $\mathbb{Z}_m$,称为模 m 同余类集合. 于是有

$$\bar{a} = \{a + km \mid k \in \mathbb{Z}\}, \tag{1.2}$$
$$\mathbb{Z}_m = \{\bar{0}, \bar{1}, \cdots, \overline{m-1}\}. \tag{1.3}$$

例 1.7.1　(1.3) 中的各元 $\bar{a}$,明晰写出来就是

$$\bar{0} = \{\cdots, -2m, -m, 0, m, 2m, \cdots\},$$
$$\bar{1} = \{\cdots, -2m+1, -m+1, 1, m+1, 2m+1, \cdots\}, \tag{1.4}$$
$$\vdots$$
$$\overline{m-1} = \{\cdots, -m-1, -1, m-1, 2m-1, 3m-1, \cdots\}.$$

例 1.7.2　当 $m = 2$ 时,$\mathbb{Z}_2 = [0] \bigcup [1]$,或 $\mathbb{Z}_2 = \{\bar{0}, \bar{1}\}$,其中 $\bar{0} = \{\cdots, -4, -2, 0, 2, 4, \cdots\}$,即全体偶数;$\bar{1} = \{\cdots, -3, -1, 1, 3, \cdots\}$,即全体奇数.

§1.8　同余算法中的一些定律

同余关系是一种等价关系,因为它满足定义 1.6.1 中的(i)(ii)(iii).容易证明:对于 $a,b,c,d,k \in \mathbb{Z}$,以及正整数 m,l,有:

(i) 自反律:$a \equiv a(\bmod m)$;

(ii) 对称律:$a \equiv b(\bmod m) \Leftrightarrow b \equiv a(\bmod m)$;

(iii) 传递律:$a \equiv b(\bmod m),b \equiv c(\bmod m) \Rightarrow a \equiv c(\bmod m)$.

此外还有(作为练习,参见附录 1):

(iv) 可加律:$a \equiv b(\bmod m),c \equiv d(\bmod m) \Rightarrow a+c \equiv b+d(\bmod m)$;

(v) 数乘律:$a \equiv b(\bmod m) \Rightarrow ka \equiv kb(\bmod m)$;

(vi) 可乘律:$a \equiv b(\bmod m),c \equiv d(\bmod m) \Rightarrow ac \equiv bd(\bmod m)$;

(vii) 乘幂律:$a \equiv b(\bmod m) \Rightarrow a^l = b^l(\bmod m)$;

(viii) 消去律:若 l,m 互素,则 $la \equiv lb(\bmod m) \Rightarrow a \equiv b(\bmod m)$.

再者,因为同余类中的各个元都是等价的,所以在同余运算中,我们可以用其中的任意一个元替代另一个元.

例 1.8.1　由(v)、(viii)可知,若 l,m 互素,则

$$a \equiv b(\bmod m) \Leftrightarrow la \equiv lb(\bmod m).$$

§1.9　应用:整除性问题

我们应用"同余算法"的这些基本法则,来讨论整除问题:

正整数 M 除以正整数 m 时,M 要满足什么条件才有 $m \mid M$,即 $M \equiv 0(\bmod m)$? 为此,先将在 10 进制中有 n 个数位的正整数 M 表示为

$$M = \overline{a_{n-1}a_{n-2}\cdots a_2 a_1 a_0}$$
$$= a_{n-1} \times 10^{n-1} + a_{n-2} \times 10^{n-2} + \cdots + a_2 \times 10^2 + a_1 \times 10 + a_0.$$

$$(1.5)$$

然后,按 m 的不同取值,分别讨论如下.

（1）当 $m = 2, 5, 10$ 时的情况.

当 $m = 2$ 时，由 $10 \equiv 0 (\mathrm{mod}\, 2)$，并依据乘幂律有 $10^l \equiv 0^l (\mathrm{mod}\, 2)$，再由数乘律和可加律可得 $\sum\limits_{l=1}^{n-1} a_l \times 10^l = M - a_0 \equiv 0 (\mathrm{mod}\, 2)$. 因此，$M$ 能被 2 整除的充要条件是 $a_0 \equiv 0 (\mathrm{mod}\, 2)$，也即 $a_0 = 0, 2, 4, 6, 8$，即 M 是偶数. 同样地，可讨论当 $m = 5$ 和 $m = 10$ 时的情况，得到的结论是（作为练习）：

M 可以被 5 整除的充要条件是它的最后一个数是 0 或 5；

M 可以被 10 整除的充要条件是它的最后一个数是 0.

（2）当 $m = 3, 9$ 时的情况.

当 $m = 3, 9$ 时，利用 $10 \equiv 1 (\mathrm{mod}\, m)$，由 $10^l \equiv 1^l (\mathrm{mod}\, m)$，$l = 1, 2, \cdots, n-1$，得

$$
\begin{aligned}
M &\equiv a_{n-1} \times 1^{n-1} + a_{n-2} \times 1^{n-2} + \cdots + a_2 \times 1^2 + a_1 \times 1 + a_0 \\
&\equiv a_{n-1} + a_{n-2} + \cdots + a_2 + a_1 + a_0 (\mathrm{mod}\, m).
\end{aligned}
$$

这表明数 M 能被 3（或 9）整除的充要条件是它的各数字之和能被 3（或 9）整除.

（3）当 $m = 11$ 时的情况.

由 $10 \equiv -1 (\mathrm{mod}\, m)$，得 $M \equiv a_{n-1} \times (-1)^{n-1} + a_{n-2} \times (-1)^{n-2} + \cdots + a_1 \times (-1) + a_0 (\mathrm{mod}\, m)$，也即数 M 能被 11 整除的充要条件是 $(a_0 + a_2 + a_4 + \cdots) - (a_1 + a_3 + a_5 + \cdots)$ 应被 11 整除.

（4）当 $m = 7, 11, 13, \cdots$ 时的情况.

当 $m = 7$ 时，由 $5 \times 10 = 7 \times 7 + 1$ 及 5 与 7 互素，得

$$
M \equiv 0 (\mathrm{mod}\, 7) \Leftrightarrow 5 \times M \equiv 5 \times 0 (\mathrm{mod}\, 7).
$$

然而

$$
\begin{aligned}
5 \times M &= 5 \times \overline{a_{n-1} a_{n-2} \cdots a_2 a_1 a_0} \\
&= 50 \times a_{n-1} \times 10^{n-2} + 50 \times a_{n-2} \times 10^{n-3} + \cdots + 50 \times a_1 + 5 \times a_0 \\
&= (49 + 1) a_{n-1} \times 10^{n-2} + (49 + 1) \times a_{n-2} \times 10^{n-3} + \cdots \\
&\quad + (49 + 1) \times a_1 + 5 \times a_0 \\
&\equiv [\overline{a_{n-1} a_{n-2} \cdots a_2 a_1} + 5 \times a_0] (\mathrm{mod}\, 7) \\
&\equiv [\overline{a_{n-1} a_{n-2} \cdots a_2 a_1} - 2 \times a_0] (\mathrm{mod}\, 7),
\end{aligned}
$$

这也就是说,把 M 的最后一位数字 a_0 去掉,由这样得到的数再加上(或减去) a_0 的 5 倍(或 2 倍),如果由此得出的数 M' 是 7 的倍数,那么原来的数 M 就能被 7 整除.

当 $m=11$ 时,利用 $10 \times 10 = 100 = 9 \times 11 + 1$,以及 10 与 11 互素,可相仿讨论(作为练习). 类似地,也可讨论当 $m=13, 17, \cdots$ 时的情况,因而有下列结果:

$M = \overline{a_{n-1} a_{n-2} \cdots a_2 a_1 a_0}$ 除以素数 7, 11, 13, 17, 19, 23, $\cdots$ 时的整除性等价于 $M' = \overline{a_{n-1} a_{n-2} \cdots a_2 a_1} + p \times a_0$ 或 $M'' = \overline{a_{n-1} a_{n-2} \cdots a_2 a_1} - q \times a_0$ 的整除性,其中乘数 p, q 由表 1.9.1 明示.

表 1.9.1

除数 m	7	11	13	17	19	23	29	$\cdots$
p	5	10	4	12	2	7	3	$\cdots$
q	2	1	9	5	17	16	26	$\cdots$

例 1.9.1　证明 $7 \mid 999\,999$.

$$7 \mid 999\,999 \Leftrightarrow 7 \mid (99\,999 - 18) \Leftrightarrow 7 \mid (9\,998 - 2) \Leftrightarrow 7 \mid (999 - 12)$$
$$\Leftrightarrow 7 \mid (98 - 14) \Leftrightarrow 7 \mid 84.$$

证毕.

§1.10　两个应用:费马数与费马小定理

(1) 费马数. 形如 $F_l = 2^{2^l} + 1$ 的素数称为费马数. 当 $l = 0, 1, 2, 3, 4$ 时,我们分别有素数 $F_0 = 3$, $F_1 = 5$, $F_2 = 17$, $F_3 = 257$, $F_4 = 65\,537$. 以这些数为边数的正多边形都可以用圆规与直尺作出(参见[10]). 1732 年,欧拉证明了 $F_5 = 2^{32} + 1 = 4,294,967,297$ 是一个合数,因为它有因数 641. 事实上, $641 = 5 \times 2^7 + 1 = 5^4 + 2^4$. 由此可得出 $5 \times 2^7 \equiv -1 \pmod{641}$,以及 $5^4 \equiv -2^4 \pmod{641}$. 于是有 $5^4 \times 2^{28} = (5 \times 2^7)^4 \equiv (-1)^4 \pmod{641} \equiv 1 \pmod{641}$,以及 $5^4 \times 2^{28} \equiv -2^{32} \pmod{641}$. 而这表明 -2^{32} 与 1 属于 641 的同一个同余类,

也即 $641 \mid (-2^{32}-1)$，或 $641 \mid (2^{32}+1)$，即 $641 \mid F_5$.

(2) 费马小定理：对于任意正整数 a 及与它互素的素数 p，有 $a^{p-1} \equiv 1 (\bmod p)$.

为了证明这一定理，先构造有 $p-1$ 个元的集合 $S = \{a, 2a, \cdots, (p-1)a\}$. 考虑到任意正整数 n 除以 p，而得到的余数只能是 $0, 1, 2, \cdots, p-1$ 这 p 种情况中的一种. 再考虑到我们对数 a 和数 p 所作出的假定，用反证法不难得出：S 中任意元除以 p 不会得出是 0 的余数，以及 S 中的不同元除以 p 得出的余数一定不同. 所以，集合 S 中的 $p-1$ 个元除以 p 所得的余数一定跑遍集合 $\{1, 2, \cdots, p-1\}$. 于是有 $a \equiv b_1 (\bmod p)$，$2a \equiv b_2 (\bmod p)$，$\cdots$，$(p-1)a \equiv b_{p-1} (\bmod p)$，其中 $b_1, b_2, \cdots, b_{p-1}$ 是 $1, 2, \cdots, p-1$ 的一个排列. 这样，我们根据同余的乘法律就有 $a \times 2a \times 3a \times \cdots \times (p-1)a \equiv 1 \times 2 \times 3 \times \cdots \times (p-1) (\bmod p)$，也即 $1 \times 2 \times 3 \times \cdots \times (p-1) \times a^{p-1} = (p-1)! a^{p-1} \equiv (p-1)! (\bmod p)$. 因为 p 是素数，所以 p 与 $(p-1)!$ 互素（参见 §7.2）. 于是由同余的消去律，就有 $a^{p-1} \equiv 1 (\bmod p)$.

例 1.10.1 证明 $7 \mid 999\,999$.

对于 $a = 10$，$p = 7$，a 与 p 互素. 因此，由费马小定理可得

$$10^6 = 1 (\bmod 7),$$

此即 $7 \mid (10^6 - 1)$ 或 $7 \mid 999\,999$.

为了研究一个集合与另一个集合之间的联系，我们要讨论集合之间的映射这一概念，这是下一章的主题.

第二章

集合之间的映射

§2.1 集合之间的联系——映射

定义 2.1.1 如果在集合 A 与集合 B 之间存在一个对应法则 f，使得对 A 中的每一个元 a，都有 B 中的唯一的一个元 $b = f(a)$ 与之对应，那么就称 f 给出了从 A 到 B 中的一个映射，记作

$$f: A \to B, \tag{2.1}$$

而

$$a \to b = f(a), \tag{2.2}$$

此时 A 称为 f 的定义域，而把 $f(A) = \{ f(a) \mid \forall a \in A \}$ 称为 f 的值域. 同时，把 b 称为 a 的像，而 a 是 b 的一个原像.

根据映射 f 的定义，A 的每一个元素都具有一个唯一的像，但反之不然. 很明显，集合 A 的所有元素的像的集合就是 f 的值域，故通常把一个映射的值域 $f(A)$ 说成是它的定义域 A 的像.

如果 A，B 都是数的集合，那么此时的映射 f 就是我们通常所称的函数. 由此可见，映射是函数概念的推广. 此外，我们熟知的变换、运算、泛函以及算符等概念，均可视为映射.

例 2.1.1 定义在正实数 $\mathbb{R}^{+}$ 上的数的开方运算 $\sqrt{}$，是一个映射：

$$\sqrt{}: \mathbb{R}^{+} \to \mathbb{R}^{+}$$
$$x \to \sqrt{x}$$

实数集 $\mathbb{R}$ 上的数的加法运算，也是一个映射：

$$+: \mathbb{R} \times \mathbb{R} \to \mathbb{R}$$
$$(a, b) \to a + b$$

例 2.1.2 (1.1)中给出了由集合 A 及其上的等价关系 $\sim$ 确定的商集合 $A/\sim = \{A_a, A_b, \cdots\}$,其中 A_a 是 $a \in A$ 确定的,由所有与 a 等价的元构成的一个集合. 对此,我们很自然地定义以下映射:

$$f: A \to A/\sim \qquad (2.3)$$
$$a \to A_a$$

我们把这样定义的 f 称为集合 A 到其商集合 $A/\sim$ 上的自然映射.

§2.2 一些特殊的映射

按照所讨论的映射 $f: A \to B$ 的各种不同情况,可以区分出:

(i) 若 $A \subset B$,而 f 满足 $f(a) = a$,$\forall a \in A$,则称 f 为包含映射,记为 i;若 $B = A$,则将此时的 i 称为 A 的恒等映射,记作 1_A.

(ii) 若 $f(A) = B$,则称 f 为 A 到 B 上的映射,或满射.

若 $f(A) \subset B$,则称 f 为 A 到 B 中的映射,或内射.

(iii) 若 $f(a) = f(a') \Rightarrow a = a'$,则称 f 为单射,或一对一映射.

(iv) 若 f 既是满射又是单射,则称 f 为双射. 此时从 $f(a) = b$,可记 $a = f^{-1}(b)$,从而确定了映射 $f^{-1}: B \to A$,映射 f^{-1} 称为映射 f 的逆映射.

(v) 若 $C \subset A$,则对 $\forall c \in C$,可以按照 $f_c(c) = f(c)$ 来定义 $f_c: C \to B$,即把 f 的定义域 A 缩小到 C 上. 称 f_c 为 f 到 C 的限制,或缩小.

例 2.2.1 若 $f: A \to B$ 是双射,则 $f^{-1}: B \to A$ 也是双射.

例 2.2.2 在自然数集 $\mathbb{N}$ 与它的真子集正整数集 $\mathbb{N}^+ = \mathbb{N} - \{0\}$ 之间存在下列双射:

$$f: \mathbb{N} \to \mathbb{N}^+$$
$$n \to n + 1$$

f 的逆映射 f^{-1},由 $f^{-1}(n) = n - 1$ 给出.

§2.3 从双射的角度看有限集与无限集的差别

如果在集合 A 与集合 B 之间存在一个双射,则称这两个集合有相等的基数.显然,两个有限集有相等基数的充要条件是这两个集合有相等的元素个数.在无限集时,就会出现一些新的情况.例 2.2.2 表明了这一点.

集合 A,如果可以对它的全体元素,用 1,2,3,… 的方式数出(或编号),则称它是一个可数集.因此,有限集是可数集,严格地说,应称之为(有限)可数集;正整数集 $\mathbb{N}^+ = \{1, 2, 3, \cdots\}$ 应是(无限)可数集.

例 2.3.1 图 2.3.1 明示了正整数集 $\mathbb{N}^+$ 分别与它的真子集:正偶数集和正奇数集,具有相等的基数.

$$
\begin{array}{ccccccccc}
\{2, & 4, & 6, & 8, & 10, & \cdots, & 2k, & \cdots\} \\
\updownarrow & \updownarrow & \updownarrow & \updownarrow & \updownarrow & & \updownarrow & \\
\mathbb{N}^+ = \{1, & 2, & 3, & 4, & 5, & \cdots, & k, & \cdots\} \\
\updownarrow & \updownarrow & \updownarrow & \updownarrow & \updownarrow & & \updownarrow & \\
\{1, & 3, & 5, & 7, & 9, & \cdots, & 2k-1, & \cdots\}
\end{array}
$$

图 2.3.1

康托尔把这个基数称为 $\aleph_0$[①].因此,正偶数集和正奇数集的基数都是 $\aleph_0$.把例 2.2.2,例 2.3.1 形象化便有了许多数学趣题.

§2.4 希尔伯特旅馆

一家希尔伯特旅馆有无限可数间房间,且每间房间只能住一位客人.

趣题一. 我们有一家希尔伯特旅馆,且已经住满了.如果此时又来了一位新客人,如何让他也能入住呢?

因为这家旅馆有无限可数间房间,因此可以用 1,2,3,… 对它的房间编号.于是按例 2.2.2 所示,我们只要让原住在第 n 号房间的客人 P_n 搬到第 $n+1$ 号房间中去.这样,1 号房间就空出来了,可让新客人住下.

趣题二. 我们有一家已经住满旅客的希尔伯特旅馆,而这时又来了新客

[①] $\aleph$ 由希伯来字母阿列夫 $\aleph$ 演变而来,因此 $\aleph_0$ 就读作阿列夫零.

人 Q_1，Q_2，Q_3，$\cdots$，如何让他们入住呢？

我们当然可以利用趣题一的方案，让房间一间间地空出来，新客人 Q_1，Q_2，Q_3，$\cdots$一个个地住进去．不过，这样的话，P_1，P_2，$\cdots$就一直在搬动之中．有没有更好的方案呢？

按例 2.3.1 所示，我们可以如下进行：

让原来住在第 n 号房间的客人 P_n 搬到第 $2n$ 号房间中去．这样 P_1，P_2，P_3，$\cdots$就变为 P_2，P_4，P_6，$\cdots$，而新客人就可住入空出来的 1，3，5，$\cdots$号房间．

这在数学上证明了：若 A，B 都是可数集，那么 $A \cup B$ 也是可数集．

趣题三. 假定我们现在对应每一个正整数 n 都有一家希尔伯特旅馆，如图 2.4.1 所示，而且它们都已客满了．

如果要关闭除了旅馆 1 以外的其他所有旅馆，那么我们应该如何安排，而使得每一个旅客都有房可住呢？

正整数 q	房间编号　p
旅馆 1	1　2　3　4　5　$\cdots$
2	1　2　3　4　5　$\cdots$
3	1　2　3　4　5　$\cdots$
4	1　2　3　4　5　$\cdots$
5	1　2　3　4　5　$\cdots$
$\vdots$	

图 2.4.1　旅馆 q 与房间编号 p

若将住在旅馆 q 的第 p 号房间的客人记为 q/p，则可将图 2.4.1 改变为图 2.4.2．此时我们可以按图中所示的箭头方向，按次序将旅客安排到旅馆 1 中入住：$1/1$ 号旅客到 1 号房，$2/1$ 号旅客到 2 号房，$2/2$ 号旅客到 3 号房，$1/2$ 号旅客到 4 号房，$3/1$ 号旅客到 5 号房，以此类推．

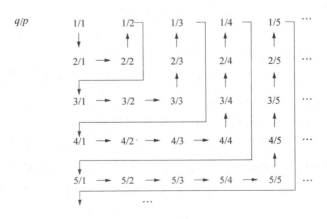

图 2.4.2　全部旅客的编号 q/p 以及计数法

这在数学上证明了:若 A，B 都是可数集,那么它们的乘积集 $A \times B$ 也是可数的.

§2.5　$\mathbb{Z}$ 和 $\mathbb{Q}$ 都是可数集

整数集 $\mathbb{Z} = \{0, \pm 1, \pm 2, \cdots\}$，可以这样计数:$0$，$+1$，$-1$，$+2$，$-2$，$+3$，$-3$，$\cdots$，所以它是可数集.

接下来,我们来讨论有理数集 $\mathbb{Q} = \left\{ \dfrac{q}{p} \,\middle|\, p, q \in \mathbb{Z}, p \neq 0 \right\}$.

只要把图 2.4.2 中旅客的编号 q/p 看成是有理数 $\dfrac{q}{p}$，而删去(或计数时跳过)其中重复的数 $\left(\text{如} \dfrac{1}{1} = \dfrac{2}{2} = \cdots, \ \dfrac{1}{2} = \dfrac{2}{4} = \cdots \right)$，那么趣题三的结果即表明正有理整集 $\mathbb{Q}^{+} = \left\{ \dfrac{q}{p} \,\middle|\, p, q \in \mathbb{N}^{+} \right\}$ 是可数的. 最后从 $\mathbb{Q} = \mathbb{Q}^{+} \bigcup \mathbb{Q}^{-} \bigcup \{0\}$，其中 $\mathbb{Q}^{-} = \left\{ -\dfrac{q}{p} \,\middle|\, p, q \in \mathbb{N}^{+} \right\}$，可知有理数集 $\mathbb{Q}$ 是可数的. 那么,有没有不可数的集合呢?

§2.6　实数集 $\mathbb{R}$ 是不可数的——康托尔的对角线法

要证明 $\mathbb{R}$ 是不可数的,只要证明 $(0, 1]$ 中的数是不可数的即可. 我们用反证法:假定 $(0, 1]$ 是一个可数集,即可将 $(0, 1]$ 中的所有实数排成一个序列 a_1, a_2, a_3, $\cdots$. 我们把其中的每一个实数以十进位小数的形式表示,并约定对那些有有限位的小数也以无限小数的形式写出,如 $\dfrac{1}{4} = 0.249\,99\cdots$，$1 = 0.999\cdots$. 于是,我们按假定有

$$(0, 1] \text{ 的全体:}$$

$$a_1 = 0.\ a_{11}\ a_{12}\ a_{13} \cdots$$

$$a_2 = 0.\ a_{21}\ a_{22}\ a_{23} \cdots$$

$$a_3 = 0.\ a_{31}\ a_{32}\ a_{33} \cdots$$

$$\cdots$$

由此,我们构造下列实数

$$b = 0. \ b_1 b_2 b_3 \cdots, \text{其中} \ b_n = \begin{cases} a_n - 1, & \text{若} \ a_n \neq 0, \\ 1, & \text{若} \ a_n = 0. \end{cases}$$

对于这样构造出来的 b,首先 $b \in (0, 1]$,其次因为 $b_n \neq a_n$,$n = 1, 2, 3, \cdots$,所以 b 不会出现在上面的排列之中,这就与 $(0, 1]$ 是可数集合矛盾了.

$\mathbb{R}$ 是不可数的. 数学家们把 $\mathbb{R}$ 所具有的基数记为 $\aleph_1$.

例 2.6.1 若集合 M 有 m 个元,例 1.3.3 表明了它的幂集合 $P(M)$ 有 2^m 个元. 这也可以说成 $P(M)$ 的基数大于 M 的基数. 对于正整数 $\mathbb{N}^+$,我们也能证明 $P(\mathbb{N}^+)$ 与 $\mathbb{N}^+$ 之间不存在双射(参见[44]),即 $P(\mathbb{N}^+)$ 是不可数的.

例 2.6.2 连续统假设. 1874 年,康托尔猜测在 $\mathbb{N}^+$ 的基数 $\aleph_0$ 与 $\mathbb{R}$ 的基数 $\aleph_1$ 之间没有其他的基数. 这就是著名的连续统假设,又是希尔伯特在 1900 年提出的 23 个问题中的第一个问题. 1963 年,寇恩解答说:在 $\aleph_0$ 与 $\aleph_1$ 之间的,其他种类的无限集的基数,不管是有还是无,这对数学的其他部分没有什么影响. 从此,人们对于集合基数的这类问题就不再继续讨论了(参见[17]).

§2.7 映射的合成以及集合中的变换

如果 $f : A \to B$,且 $g : B \to C$,那么我们就可以先把 $a \in A$,经 f 映为 $f(a) \in B$,再由映射 g,把 $f(a)$ 映为 $g(f(a)) \in C$. 这样就给出了从 A 到 C 的映射,记为 $h : A \to C$,称 h 为 f 和 g 的合成,记作 $h = g \circ f$. 很明显,映射的合成是复合函数这一概念的推广. 我们有时候也省去符号"$\circ$".

例 2.7.1 设 $f : A \to B$ 是双射,则 $f^{-1} : B \to A$ 也是双射(参见例 2.2.1). 此时有 $f^{-1} \circ f : A \to A$,且 $f^{-1} \circ f = 1_A$,以及 $f \circ f^{-1} = 1_B$.

利用映射的合成运算,我们从 $A \xrightarrow{f} B \xrightarrow{g} C \xrightarrow{h} D$,可得出两个映射:$h \circ (g \circ f)$ 及 $(h \circ g) \circ f$,它们都是从 A 到 D 的映射.

它们是否为同一映射呢? 把它们分别作用在 $a \in A$ 上看看结果如何.

$$h \circ (g \circ f)(a) = h \circ (g \circ f(a)) = hgf(a),$$
$$(h \circ g) \circ f(a) = (h \circ g)(f(a)) = hgf(a).$$

由此得到:

定理 2.7.1 对于映射 $f: A \to B$, $g: B \to C$, $h: C \to D$, 有 $h \circ (g \circ f) = (h \circ g) \circ f$, 即映射的合成运算满足结合律.

因此, 记号 $h \circ g \circ f$ 就有意义了, 它既是 $h \circ (g \circ f)$, 又是 $(h \circ g) \circ f$.

映射 $f: A \to B$, 在 $B = A$ 时, 给出了一个重要的情况. 此时我们会把映射 f 称为 A 的一个变换, 即 f 将 $a \in A$ 变为 $f(a) \in A$. A 的所有变换构成的集合 T, 称为 A 的变换全集; A 的所有满足双射条件的变换, 构成 T 的一个重要子集, 记作 G.

§2.8 集合 A 的所有满足双射条件的变换构成的集合 G 在映射合成运算下的性质

对于这样的 G, 以及 G 中的元是映射, 因此有合成运算, 我们不难证明 (作为练习):

(i) 对于 $f, g \in G \Rightarrow f \circ g$ 是 A 的满足双射条件的变换, 因此 $f \circ g \in G$, 即 G 中的元对于合成运算 "$\circ$" 而言是封闭的.

(ii) 变换作为一种映射满足定理 2.7.1, 也即对于 $f, g, h \in G$, 有 $h \circ (g \circ f) = (h \circ g) \circ f$. 这表示 G 中的元对于合成运算 "$\circ$" 而言满足结合律.

(iii) $1_A \in G$, 它对任意 $f \in G$, 满足 $1_A \circ f = f \circ 1_A = f$, 即 A 的恒等变换 1_A 是 G 的合成运算的单位元.

(iv) 由例 2.7.1 可知, 对于 $f \in G \Rightarrow f^{-1} \in G$, f^{-1} 称为 f 的逆元, 满足 $f \circ f^{-1} = f^{-1} \circ f = 1_A$.

根据这 4 条性质, 我们说 G 在 G 上的合成运算 "$\circ$" 下, 使得 G 成为一个群 (参见定义 3.1.1). 我们把 G 称为集合 A 的变换群, 而单位元也常称为恒等元.

下面我们用一个具体的例子来阐明这里的这些抽象概念.

例 2.8.1 设 $A = \{1, 2, 3\}$, 试讨论由 A 的所有满足双射的变换在映射的合成运算下的性质.

我们用符号 $\begin{pmatrix} 1 & 2 & 3 \\ q_1 & q_2 & q_3 \end{pmatrix}$, 来表示 G 中的一个元, 即 A 的一个双射变换:

$1 \rightarrow q_1$，$2 \rightarrow q_2$，$3 \rightarrow q_3$，这里 q_1，q_2，q_3 是 1，2，3 的一个置换（全排列），于是令

$$a_1 = \begin{pmatrix} 1 & 2 & 3 \\ 1 & 2 & 3 \end{pmatrix}, \quad a_2 = \begin{pmatrix} 1 & 2 & 3 \\ 2 & 3 & 1 \end{pmatrix}, \quad a_3 = \begin{pmatrix} 1 & 2 & 3 \\ 3 & 1 & 2 \end{pmatrix},$$

$$a_4 = \begin{pmatrix} 1 & 2 & 3 \\ 1 & 3 & 2 \end{pmatrix}, \quad a_5 = \begin{pmatrix} 1 & 2 & 3 \\ 3 & 2 & 1 \end{pmatrix}, \quad a_6 = \begin{pmatrix} 1 & 2 & 3 \\ 2 & 1 & 3 \end{pmatrix},$$

有 $G = \{a_1, a_2, a_3, a_4, a_5, a_6\}$. 此时 G 中的合成运算，例如，对于 a_4 与 a_2，有 $a_4 \circ a_2 = \begin{pmatrix} 1 & 2 & 3 \\ 1 & 3 & 2 \end{pmatrix} \circ \begin{pmatrix} 1 & 2 & 3 \\ 2 & 3 & 1 \end{pmatrix}$. 若按先进行 a_2 再进行 a_4 的次序，对于 1 使有 $1 \xrightarrow{a_2} 2 \xrightarrow{a_4} 3$；对于 2 便有 $2 \xrightarrow{a_2} 3 \xrightarrow{a_4} 2$；对于 3 便有 $3 \xrightarrow{a_2} 1 \xrightarrow{a_4} 1$. 因此，$a_4 \circ a_2 = \begin{pmatrix} 1 & 2 & 3 \\ 3 & 2 & 1 \end{pmatrix} = a_5 \in G$. 对于其他各情况，也能得出（作为练习）$G$ 在"$\circ$"运算下是封闭的. 这证明了上述的(i). 至于(ii)，由于映射的合成运算必定是符合结合律的，所以这一点就不必去证明了. 对于(iii)而言，$a_1 = \begin{pmatrix} 1 & 2 & 3 \\ 1 & 2 & 3 \end{pmatrix} \in G$，它对 G 中任意元 $\begin{pmatrix} 1 & 2 & 3 \\ q_1 & q_2 & q_3 \end{pmatrix}$ 有 $\begin{pmatrix} 1 & 2 & 3 \\ q_1 & q_2 & q_3 \end{pmatrix} \circ$ $\begin{pmatrix} 1 & 2 & 3 \\ 1 & 2 & 3 \end{pmatrix} = \begin{pmatrix} 1 & 2 & 3 \\ 1 & 2 & 3 \end{pmatrix} \circ \begin{pmatrix} 1 & 2 & 3 \\ q_1 & q_2 & q_3 \end{pmatrix} = \begin{pmatrix} 1 & 2 & 3 \\ q_1 & q_2 & q_3 \end{pmatrix}$. 因此 a_1 就是 1_A. 最后，对于(iv)，举例来说，对于 a_4，有 $a_4 \circ a_4 = a_1$，即 $a_4 = a_4^{-1}$；对于 a_3，有 $a_2 \circ a_3 = a_1$，即 $a_2 = a_3^{-1}$，或 $a_3 = a_2^{-1}$. 至此，我们证明了：$A = \{1, 2, 3\}$ 给出的上述集合 G，在映射的结合运算下构成一个群，称为 A 的对称群，通常记为 S_3（参见 §4.6）.

第三章

有关群的一些概念

§3.1 群的定义

在给出群的定义之前,我们再来讨论两个具体的例子.

例 3.1.1 集合 $A=\{1,-1\}$,并考虑其中元的通常乘法运算"×",此时不难得出:(i) A 的元在乘法下是封闭的,即 $a,b\in A$,有 $a\times b\in A$;(ii) 该乘法满足结合律,即对任意 $a,b,c\in A$,有 $a\times(b\times c)=(a\times b)\times c$;(iii) 有数 $1\in A$,它对任意 $a\in A$,有 $1\times a=a\times 1=a$;(iv) 由 $1\times 1=1$,$(-1)\times(-1)=1$,可知对任意 $a\in A$,$\exists b\in A$,使得 $a\times b=b\times a=1$.

例 3.1.2 对整数集合 $\mathbb{Z}$,并考虑其中的通常加法运算"+",此时同样有:(i) $\mathbb{Z}$ 在加法运算下是封闭的;(ii) 加法满足结合律;(iii) 存在 $0\in\mathbb{Z}$,它对任意 $a\in\mathbb{Z}$,有 $0+a=a+0=a$;(iv) 对任意 $a\in\mathbb{Z}$,存在 $-a$ 满足 $a+(-a)=(-a)+a=0$.

尽管这两例中的集合不同,而且所考虑的运算也不同,但是它们却有着共性:一个集合,一种封闭的运算,还有同样的一些运算性质. 于是人们就从这些具体的原型之中抽象出它们的共性,从而提出抽象群的概念,然后对抽象群进行研究. 这样,通过论证、推理而得出的结论和定理便能运用于任意具有这些共性的具体的对象. 这就"一网打尽"了.

定义 3.1.1 在非空集合 G 中规定了元素之间的一种运算,称为"乘法",记作"·"(在不会混淆时可略去"·"). 如果 G 对"·",满足下列 4 个条件,那么称 G 是一个群,记作 $(G,\cdot)$,或简单地用 G 表示:

(i) 封闭性:若 $a,b\in G$,则 $a\cdot b\in G$;

(ii) 结合律:若 $a,b,c\in G$,则 $(a\cdot b)\cdot c=a\cdot(b\cdot c)$;

(iii) 单位元：$\exists e \in G$，它对任意 $a \in G$，有 $e \cdot a = a \cdot e = a$．单位元又称恒等元；

(iv) 逆元：对于任意 $a \in G$，都 $\exists b \in G$，有 $a \cdot b = b \cdot a = e$．一般将 b 记作 a^{-1}．

于是 $A = \{1, -1\}$，在通常乘法"×"下成群 $(A, \times)$；$\mathbb{Z}$ 在通常加法"＋"下成群 $(\mathbb{Z}, +)$；集合 A 的所有满足双射条件的变换所构成的集合 G，在映射的合成运算"∘"下成群 $(G, \circ)$．特别地，对于例 2.8.1 中的 $A = \{1, 2, 3\}$，我们有对称群 S_3．

如果在群的定义中去掉条件 (iii) 和 (iv)，就得到半群的定义（参见 §7.4）．

§3.2　由群的定义中的 4 个条件直接得出的一些性质

(1) G 的单位元是唯一的．这是因为若 $e, f \in G$，对任意 $a \in G$ 分别都有 $e \cdot a = a \cdot e = a$，$f \cdot a = a \cdot f = a$，那么在第一个等式中，取 $a = f$，便有 $e \cdot f = f \cdot e = f$，而在第二个等式中，取 $a = e$，就有 $f \cdot e = e \cdot f = e$．于是比较最后的两个等式，就得出了 $f = e$．

(2) $a \in G$ 的逆元 a^{-1} 是唯一的．若 a 有两个逆元 x 与 y，它们都满足 $a \cdot x = x \cdot a = e$，$a \cdot y = y \cdot a = e$，那么就有

$$x = x \cdot e = x \cdot (a \cdot y) = (x \cdot a) \cdot y = e \cdot y = y.$$

这表明 $a \in G$ 的逆元是唯一的，而就能用 a^{-1} 表示这个唯一的逆元了．由 $e \cdot e = e$，可知 e 的逆元就是 e．

(3) 左消去律：若 $a, b, c \in G$，而且 $a \cdot b = a \cdot c$，那么有 $b = c$．

我们用 a^{-1} 左乘（参见 §3.3）$a \cdot b = a \cdot c$ 的两边，就有 $a^{-1} \cdot (a \cdot b) = a^{-1} \cdot (a \cdot c)$．然而利用"·"的结合律，有 $(a^{-1} \cdot a) \cdot b = (a^{-1} \cdot a) \cdot c$，即 $e \cdot b = e \cdot c$，因此，$b = c$．

(4) 右消去律：若 $a, b, c \in G$，而且 $b \cdot a = c \cdot a$，那么有 $b = c$（证明类似于 (3)，作为练习）．

(5) 若 $a, b \in G$，则方程 $a \cdot x = b$ 与方程 $x \cdot a = b$ 都在 G 中有唯一解，且它们分别为 $x = a^{-1} \cdot b$，$x = b \cdot a^{-1}$．

从 $x = a^{-1} \cdot b$，有 $a \cdot x = a \cdot (a^{-1} \cdot b) = (a \cdot a^{-1}) \cdot b = e \cdot b = b$. 这表明 $x = a^{-1} \cdot b$ 是 $a \cdot x = b$ 的一个解. 为了证明此解的唯一性，我们设 y 也满足 $a \cdot y = b$. 然后用 a^{-1} 左乘此式的两边，而有 $a^{-1} \cdot (a \cdot y) = e \cdot y = a^{-1} \cdot b$. 这就给出了 $y = a^{-1} \cdot b = x$. 类似地，我们可以讨论 $x \cdot a = b$ 的这一情况(作为练习).

（6）若 $a \in G$，则 $(a^{-1})^{-1} = a$. 按定义，a^{-1} 的逆元是满足 $a^{-1} \cdot x = e$ 的元 $x \in G$. 根据(5)，x 是存在的，且唯一的. 忆及 $a^{-1} \cdot a = e$，则 a^{-1} 的逆元 $x = (a^{-1})^{-1}$ 就是 a.

（7）若 $a, b \in G$，则 $(a \cdot b)^{-1} = b^{-1} \cdot a^{-1}$. 按定义，$a \cdot b$ 的逆元，即是满足 $(a \cdot b) \cdot x = e$ 的 $x \in G$. 根据(5)，满足这一性质的 x 是唯一存在的，而从 $(a \cdot b) \cdot (b^{-1} \cdot a^{-1}) = a \cdot (b \cdot b^{-1}) \cdot a^{-1} = a \cdot e \cdot a^{-1} = a \cdot a^{-1} = e$，可得 $x = b^{-1} \cdot a^{-1}$. 如果我们把 a 理解为穿上衣服 a，b 理解为穿上衣服 b，那么从 $a \cdot b$ 是先穿衣服 b，再穿衣服 a，再从 a^{-1} 是脱去衣服 a，b^{-1} 是脱去衣服 b，则 $a \cdot b$ 的逆过程 $(a \cdot b)^{-1}$ 即是 $b^{-1} \cdot a^{-1}$，或者说是先脱去衣服 a，再脱去衣服 b. 这是一个很形象化的说明.

为了理论的进一步展开，我们需要一些术语与记号.

§3.3　一些术语与记号

当群的元的个数是有限时，称 G 是有限群，否则就是一个无限群. 如果 G 是一个有限群，我们把它的元的个数记为 g，或 $|G|$，称为 G 的阶数. 无限群的阶数就称为无限的.

在一个群 $(G, \cdot)$ 中，如果对任意 $a, b \in G$，都有 $a \cdot b = b \cdot a$，则称它是一个可换群，或阿贝尔群. 例如，$A = \{1, -1\}$，在通常乘法"$\times$"下 $(A, \times)$ 就是一个可换群. $(\mathbb{Z}, +)$ 也是一个可换群. 不过，对于例 2.8.1 中的 S_3，从

$$a_4 \circ a_2 = \begin{pmatrix} 1 & 2 & 3 \\ 1 & 3 & 2 \end{pmatrix} \circ \begin{pmatrix} 1 & 2 & 3 \\ 2 & 3 & 1 \end{pmatrix} = \begin{pmatrix} 1 & 2 & 3 \\ 3 & 2 & 1 \end{pmatrix} = a_5, \text{而 } a_2 \circ a_4 = \begin{pmatrix} 1 & 2 & 3 \\ 2 & 3 & 1 \end{pmatrix} \circ$$

$$\begin{pmatrix} 1 & 2 & 3 \\ 1 & 3 & 2 \end{pmatrix} = \begin{pmatrix} 1 & 2 & 3 \\ 2 & 1 & 3 \end{pmatrix} = a_6, \text{因此 } a_4 \circ a_2 \neq a_2 \circ a_4. \text{ 因此，} S_3 \text{ 不是一个可换}$$

群. 因为有非可换群，所以我们应注意"左乘"和"右乘"的区别，因为 ab 与 ba

一般是不同的元.

在省略乘号"·"的情况下,G 的 n 个元 a_1,a_2,$\cdots$,a_n 的乘积可用 $a_1 a_2 \cdots a_n$ 表示.如果 G 是可换的,则此乘积与它们的次序无关,而如果 G 是不可换的,那么此乘积取决于它们的次序.

另外,我们定义

$$\underbrace{a \cdots a}_{n \uparrow} = a^n, \ \underbrace{a^{-1} \cdots a^{-1}}_{n \uparrow} = a^{-n}, \ a^0 = e, \ a^1 = a, \text{其中 } n \in \mathbb{N}^+, \quad (3.1)$$

由此,不难得出(作为练习)

$$a^n a^m = a^{n+m}, \ (a^n)^m = a^{mn}, \text{其中 } m, n \in \mathbb{Z}. \quad (3.2)$$

当 G 是可换群时,我们常用"+"表示它的运算.此时,作为(3.1)的特殊情况,有

$$na = \underbrace{a + a + \cdots + a}_{n \uparrow}, \ -na = n(-a), \ 0a = 0, \ n \in \mathbb{N}^+, \quad (3.3)$$

在 $0a = 0$ 中,左边的"0"是数字中的零,而右边的"0"是 G 的"+"运算的单位元,称为零元,我们不难从上下文中把它们区别开来.再者,$-a$ 是 a 的逆元,称为负元.

§3.4 赋予 $\mathbb{Z}_n$ 群运算使它成为群

整数集合 $\mathbb{Z}$ 在通常"+"法运算下成群.不过 $\mathbb{Z}$ 在通常"×"法运算下不是群.这是因为若是群的话,由于 $1 \times a = a$,所以数字 1 就应是此群的单位元.不过,此时对 $0 \in \mathbb{Z}$,以及任意 $x \in \mathbb{Z}$,都有 $0 \times x = 0 \neq 1$,所以 0 没有乘法的逆元.事实上,除了 ± 1 以外,± 2,± 3,$\cdots$ 的乘法逆元 $\pm\dfrac{1}{2}$,$\pm\dfrac{1}{3}$,$\cdots$ 都不在 $\mathbb{Z}$ 之中.

对于 $\mathbb{Z}$,以及 $m \in \mathbb{N}^+$,我们在 §1.7 得出了模 m 同余类集合 $\mathbb{Z}_m = \{\bar{0}, \bar{1}, \cdots, \overline{m-1}\}$.我们现在要借助于 $\mathbb{Z}$ 中的"+","×"运算在 $\mathbb{Z}_m$ 中引入相应的"$\oplus$","$*$"运算,再来分析它们各自成不成群.对于"+",我们如下定义 $\bar{a}, \bar{b} \in \mathbb{Z}_m$ 的加法"$\oplus$":

$$\bar{a} \oplus \bar{b} = \overline{a+b}. \tag{3.4}$$

这一定义要有意义,我们必须证明,对 $\bar{a}'$, $\bar{b}'$,若满足 $\bar{a}'=\bar{a}$, $\bar{b}'=\bar{b}$,则由 (3.4)得出的 $\overline{a'+b'}$ 就是 $\overline{a+b}$. 这相当于从 $a \equiv a' (\bmod m)$, $b \equiv b' (\bmod m)$ 得出 $a+b \equiv (a'+b') (\bmod m)$,而这正是 §1.8 中的(iv)所表明的. 这样,(3.4)中对于 Z_m 中元 $\bar{a}$, $\bar{b}$ 的加法"$\oplus$"就有意义了(与代表的选取无关). 不难证明此时 $(Z_m, \oplus)$ 是群(作为练习),$\bar{0}$ 是其中的零元,$\overline{-a} = \overline{(n-a)}$ 是 $\bar{a}$ 的负元.

例 3.4.1 $\mathbb{Z}_6 = \{\bar{0}, \bar{1}, \bar{2}, \bar{3}, \bar{4}, \bar{5}\}$ 在"$\oplus$"下成群,其中 $\bar{0} = \bar{6}$ 等是零元, 而 $\bar{1} \oplus \bar{5} = \bar{6}$,所以 $\bar{1}$, $\bar{5}$ 互为负元. $\bar{2} \oplus \bar{4} = \bar{6}$,所以 $\bar{2}$, $\bar{4}$ 互为负元,$\bar{3} + \bar{3} = \bar{6}$, 即 $\bar{3}$ 的负元就是 $\bar{3}$.

由于从 $a \equiv a' (\bmod m)$, $b \equiv b' (\bmod m)$ 有 $ab \equiv a'b' (\bmod m)$(参见 §1.8 中的(vi)),所以我们对 $\bar{a}$, $\bar{b} \in \mathbb{Z}_m$ 可以(与代表元选取无关)如下按 $\mathbb{Z}$ 中的乘法"$\times$"引入 $\bar{a} * \bar{b}$:

$$\bar{a} * \bar{b} = \overline{a \times b}. \tag{3.5}$$

$\mathbb{Z}_m$ 有"$*$"运算,但它肯定不成群. 这是因为 $\bar{1} * \bar{a} = \bar{a}$,即 $\bar{1}$ 是 $*$ 的单位元,而对 $\bar{0}$,以及任意 $\bar{a} \in \mathbb{Z}_m$,都有 $\bar{0} * \bar{a} = \bar{0} \neq \bar{1}$,因此至少 $\bar{0}$ 没有逆元.

例 3.4.2 研究 $\mathbb{Z}_6$ 在 $*$ 下的性质.

$\bar{0}$ 没有逆元,已明示. 另外,从 $\bar{2} * \bar{3} = \bar{0}$, $\bar{3} * \bar{4} = \bar{0}$,知 $\bar{2}$, $\bar{3}$, $\bar{4}$ 也都没有逆元(作为练习). 我们转而定义 $\mathbb{Z}_6$ 的子集合,$\mathbb{Z}_6' = \mathbb{Z}_6 - \{\bar{0}, \bar{2}, \bar{3}, \bar{4}\} = \{\bar{1}, \bar{5}\}$. 从 $\bar{5} * \bar{5} = \bar{1}$,可知 $\bar{5}$ 的逆元为 $\bar{5}$. 不难证明 $\mathbb{Z}_6'$ 在"$*$"下成群。$\mathbb{Z}_6'$ 中的 $\bar{1}$, $\bar{5}$ 由数 1,5 给出,而它们都与 6 互素. 一般地,由 $\mathbb{Z}_n$ 得出的

$$\mathbb{Z}_n' = \{\bar{k} \in \mathbb{Z}_n | k \text{ 是 } 1, 2, \cdots, n \text{ 中与 } n \text{ 互素的数}\} \tag{3.6}$$

成群 $(\mathbb{Z}_6', *)$(参见附录2),称为模的同余类乘群.

例 3.4.3 当 p 是一个素数时,$1, 2, \cdots, p-1$ 与 p 互素,从 $\mathbb{Z}_p' = \mathbb{Z}_p - \{\bar{0}\} = \{\bar{1}, \bar{2}, \cdots, \overline{p-1}\}$,可知 $(\mathbb{Z}_p', *)$ 成群.

§3.5　子群

定义 3.5.1 群 $(G, \cdot)$ 的一个非空子集 H,如果对 G 的乘法"$\cdot$",本身

构成一个群,则称 H 是 G 的一个子群.

由群 G 的单位元 e 构成的集合 $\{e\}$ 显然是 G 的一个子群. 另外,我们把 G 本身也看成是 G 的一个子群. 它们称为 G 的平凡子群. 除了这两个子群外,G 的任意其他子群,如果有的话,则称为 G 的真子群(参见例 3.10.2).

例 3.5.1　对于 $(\mathbb{Z}, +)$,所有的偶数构成的集合是 $(\mathbb{Z}, +)$ 的一个真子群. 例 3.1.1 中的 $A = \{1, -1\}$ 在通常乘法"$\times$"下构成一个群,且 $A \subset \mathbb{Z}$,但 A 不是 $\mathbb{Z}$ 的子群,因为 $\mathbb{Z}$ 是在"$+$"法运算下成群,而 A 只是在"$\times$"法运算下成群.

例 3.5.2　考虑实数集 $\mathbb{R}$,它有加法"$+$",以及乘法"$\times$"两种运算. 对于"$+$"法运算不难证明 $(\mathbb{R}, +)$ 成群(作为练习);对于"$\times$"法运算 $\mathbb{R}$ 不是群,因为加法的零元 0 是没有乘法的逆元素的,即不存在 $x \in \mathbb{R}$,满足 $x \times 0 = 1$. 然而 $\mathbb{R} - \{0\}$ 在乘法下成群(参考 §3.4)(作为练习). 例 3.5.1 中的群 $(\{1, -1\}, \times)$ 不是 $(\mathbb{R}, +)$ 的子群,却是 $(\mathbb{R} - \{0\}, \times)$ 的真子群.

设 $(G, \cdot)$ 的子集 H 是 G 的一个子群,那么此时有

定理 3.5.1　(i) H 的单位元就是 G 的单位元;

(ii) $a \in H$ 在 H 中的逆元就是 a 在 G 中的逆元.

这两个性质可证明如下:设 f 是 H 的单位元,那么就有 $f \cdot f = f$. 由 $f \in H \subseteq G$,那么 f 在 G 中就有 f^{-1},而 $f^{-1} \cdot f = e$. 于是有

$$f^{-1} \cdot (f \cdot f) = f^{-1} \cdot f = e,$$

$$(f^{-1} \cdot f) \cdot f = e \cdot f = f,$$

这就得出 $f = e$,即(i)成立. 接下来,对 $a \in H$,设 a 在 G 中的,与 a 在 H 中的逆元分别记为 a^{-1} 与 c,于是有

$$a \cdot a^{-1} = e,$$

$$a \cdot c = f = e.$$

这表明 a^{-1}, c 都是 G 中的方程 $a \cdot x = e$ 的解. 由此解的唯一性(参见 §3.2 中的(5)),就有 $c = a^{-1}$,即(ii)的结论成立.

§3.6　群 $(G, \cdot)$ 的非空子集 H 构成子群的充要条件

我们得判断 H 在运算"$\cdot$"下是否满足群的 4 个条件:(i) 乘法"$\cdot$"下的

封闭性,(ii) 运算"·"的结合性,(iii) 存在单位元,(iv) 对于 $a \in H$,存在逆元.不过,由于 G 已经是群了,那么 G 中的元对"·"满足结合律,从而 H 中的元对"·"也一定满足结合律.因此,(ii) 就不需要证明了.

事实上,如果我们能证明:

(1) 若 $a, b \in H$,那么 $a \cdot b \in H$,

(2) 若 $a \in H$,那么 $a^{-1} \in H$

是成立的,那么(i),(iv) 就成立了.再者,从(2),(1) 能推出 $a \cdot a^{-1} = e \in H$,这就是(iii).这样,我们就得出了:

定理 3.6.1　群 G 的非空子集 H 成为子群的充要条件是:(1) 若 $a, b \in H$,则 $a \cdot b \in H$;(2) 若 $a \in H$,则 $a^{-1} \in H$.

例 3.6.1　对于例 2.8.1 中的 S_3(参见 §4.6),有 $|S_3| = 6$,即它是一个 6 阶群.

此时定义 $A_3 = \{a_1, a_2, a_3\}$,其中 $a_1 = \begin{pmatrix} 1 & 2 & 3 \\ 1 & 2 & 3 \end{pmatrix}$,$a_2 = \begin{pmatrix} 1 & 2 & 3 \\ 2 & 3 & 1 \end{pmatrix}$,

$a_3 = \begin{pmatrix} 1 & 2 & 3 \\ 3 & 1 & 2 \end{pmatrix}$.试证明 A_3 是 S_3 的一个真子群.

从 $a_2 \cdot a_3 = a_1$,$a_3 \cdot a_2 = a_1$,及 $a_2^2 = a_3$,$a_3^2 = a_2$,…,可知定理 3.6.1 中的(1) 是满足的.另外,$a_2^{-1} = a_3$,$a_3^{-1} = a_2$,可知(2) 是满足的.因此,A_3 是 S_3 的一个子群,而 $|A_3| = 3$.A_3 称为 $A = \{1, 2, 3\}$ 的交代群.

我们还能把定理 3.6.1 中的两个条件(1) 与(2) 合在一起,成为一个条件,这就有

定理 3.6.2　群 G 的非空子集 H 构成一个子群的充要条件是:从 $a, b \in H$,有 $ab^{-1} \in H$.

从定理 3.6.1 推出定理 3.6.2 是容易的(作为练习).现从定理 3.6.2 也能推出定理 3.6.1.

这是因为先从 $a, a \in H$,有 $aa^{-1} = e \in H$.再从 $e, a \in H$,有 $ea^{-1} = a^{-1} \in H$.这是定理 3.6.1 中的(2).至于(1) 我们可如下推得:设 $a, b \in H$,而从 $e \in H$,有 $e, b \in H$.因此,$eb^{-1} = b^{-1} \in H$.最后,由 $a, b^{-1} \in H$ 可得(参见 §3.2 中的(6))$a(b^{-1})^{-1} = ab \in H$.这是定理 3.6.1 中的(1).

例 3.6.2　设 H_1, H_2 是 G 的子群,那么它们的交集 $H_1 \bigcap H_2$ 也是 G

的一个子群.

设 a, $b \in H_1 \bigcap H_2$, 即有 a, $b \in H_1$, a, $b \in H_2$. 因此, $b^{-1} \in H_1$, $b^{-1} \in H_2$, 这就有 $ab^{-1} \in H_1$, $ab^{-1} \in H_2$. 于是 $ab^{-1} \in H_1 \bigcap H_2$. 这样, 定理 3.6.2 就告诉我们 $H_1 \bigcap H_2$ 是 G 的一个子群.

例 3.6.3 设 $G_n = \{x \mid x^n = 1\}$, 即 x 是方程 $x^n = 1$ 在复数集合中的根. 不难得出(作为练习), $G_1 = \{1\}$; $G_2 = \{1, -1\}$; $G_3 = \{1, \omega, \omega^2\}$, 其中 $\omega = \mathrm{e}^{\mathrm{i}\frac{2\pi}{3}} = -\frac{1}{2} + \frac{\sqrt{3}}{2}\mathrm{i}$; $G_4 = \{1, \mathrm{i}, -1, -\mathrm{i}\}$; $G_5 = \{1, \zeta, \zeta^2, \zeta^3, \zeta^4\}$. 其中 $\zeta = \mathrm{e}^{\mathrm{i}\frac{2\pi}{5}}$, …(参见[10], [11]). 设 a, $b \in G_n$, 那么从 $a^n = 1$, $b^n = 1$, 就有 $(b^{-1})^n = 1$, 即 $b^{-1} \in G_n$, 以及 $(ab^{-1})^n = 1$, 即 $ab^{-1} \in G_n$. 于是由定理 3.6.2 可知 G_n 是 $\mathbb{C} - \{0\}$ 在通常乘法下构成的群的一个真子群, 而且 $|G_n| = n$.

§3.7　循环群, 循环子群和群元的阶

如果在群 $(G, \cdot)$ 中, 存在 $a \in G$, 使得

$$G = \{\cdots, a^{-2}, a^{-1}, a^0, a^1, a^2, \cdots\}, \tag{3.7}$$

则称 G 是一个循环群, 而 a 是 G 的一个生成元. 相应地, 对于 $(G, +)$, (3.7) 就是

$$G = \{\cdots, -2a, -a, 0, a, 2a, \cdots\}, \tag{3.8}$$

从 (3.7) 与 (3.8) 可得出: 循环群一定是可换群, 此时记为 $G = \langle a \rangle$.

例 3.7.1 例 3.6.3 中的 G_n, $n = 1, 2, 3, \cdots$, 是 n 阶循环群, 而且有(作为练习)

$$G_1 = \langle 1 \rangle, \ G_2 = \langle -1 \rangle, \ G_3 = \langle \omega \rangle = \langle \omega^2 \rangle,$$

$$G_4 = \langle \mathrm{i} \rangle = \langle -\mathrm{i} \rangle, \ G_5 = \langle \zeta \rangle = \langle \zeta^2 \rangle = \langle \zeta^3 \rangle = \langle \zeta^4 \rangle, \cdots.$$

例 3.7.2 $(\mathbb{Z}, +)$ 是一个无限循环群, 而且对于 $a = \pm 1 \in \mathbb{Z}$, 由 (3.8) 可知

$$\mathbb{Z} = \langle 1 \rangle = \langle -1 \rangle.$$

例 3.7.3　对于例 3.6.1 中的 $A_3 = \{a_1, a_2, a_3\}$，从 $a_2^2 = a_3$，$a_2^3 = a_1$ 可知 A_3 是一个循环群，且 a_2 是它的一个生成元，那么就有 $A_3 = \langle a_2 \rangle$，又从 $a_3^2 = a_2$，$a_3^3 = a_1$，有 $A_3 = \langle a_3 \rangle$.

对于群 G，以及 $b \in G$，我们构成 $H = \{b^n \mid n \in \mathbb{Z}\}$（或相应地，对于加群 G，$H = \{nb \mid n \in \mathbb{Z}\}$），那么 H 显然是 G 的一个子群. 如果此时 $H \subset G$，则称 H 是 G 的一个循环子群，而当 H 是有限的，则把 $|H|$ 称为元 b 的阶数；当 H 是无限的，那么 b 的阶数就是无限的.

例 3.7.4　对于例 2.8.1 的 S_3，从例 3.6.1，例 3.7.3 中的 A_3，可知循环群 A_3 是 S_3 的一个循环子群，且从 $A_3 = \langle a_2 \rangle = \langle a_3 \rangle$，$|A_3| = 3$，可知 a_2 和 a_3 的阶都是 3. 再取例 2.8.1 中的 a_4 为 b，则从此时的 $H = \langle a_4 \rangle$ 为 S_3 的一个循环子群，而 $|H| = 2$，可知 a_4 的阶为 2. 对于 a_5，a_6 可以得出同样的结论.

例 3.7.5　对于 $(\mathbb{Z}, +)$，可以得出 $\langle 2 \rangle = \langle -2 \rangle$，$\langle 3 \rangle = \langle -3 \rangle$，$\cdots$ 都是 $(\mathbb{Z}, +)$ 的循环子群的结论.

例 3.7.6　设 H 是 G 的一个有限阶循环子群，而 b 是它的一个生成元，若 $h = |H|$，则 $H = \{b^0, b^1, \cdots, b^{h-1}\}$，而 $b^h = e$. 对 H 中任一元 b^i，$i = 0$，1，$\cdots$，$h - 1$，从 $(b^i)^h = (b^h)^i$，有 $(b^i)^h = e$.

§3.8　群的乘法表与重新排列定理

就像用九九乘法表能简明地表示出 1，2，$\cdots$，9 这 9 个数字之间的乘法一样，有限群的群元之间的乘法结果可借助于群的乘法表来表现. 图 3.8.1 中的 (a) 是左乘法表，其中每一个元素是标记它所在行的群元，从左边去乘标记它所在列的群元所得出的结果. 相仿地，有 (b) 所示的右乘法表. 当然，对于可换群而言，就没有左右的差别.

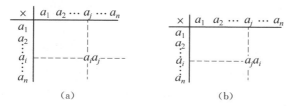

（a）　　　　　　　　　　　（b）

图 3.8.1　群的乘法表

例 3.8.1　图 3.8.2 中的(a)是 G_4 的乘法表,(b)是 $\mathbb{Z}_4$ 的加法表(符号"$\oplus$"简化为"$+$").

$\times$	1	i	-1	$-i$
1	1	i	-1	$-i$
i	i	-1	$-i$	1
-1	-1	$-i$	1	i
$-i$	$-i$	1	i	-1

(a)

$+$	$\bar{0}$	$\bar{1}$	$\bar{2}$	$\bar{3}$
$\bar{0}$	$\bar{0}$	$\bar{1}$	$\bar{2}$	$\bar{3}$
$\bar{1}$	$\bar{1}$	$\bar{2}$	$\bar{3}$	$\bar{0}$
$\bar{2}$	$\bar{2}$	$\bar{3}$	$\bar{0}$	$\bar{1}$
$\bar{3}$	$\bar{3}$	$\bar{0}$	$\bar{1}$	$\bar{2}$

(b)

图 3.8.2　两张乘法表

从这两个表中,我们可以看出表中的每一行与每一行中出现的群元都是群全体元素的一个置换.事实上,我们有

定理 3.8.1(重新排列定理)　对于群 $G=\{a_1, a_2, \cdots, a_n\}$ 而言,在序列 $a_k a_1, a_k a_2, \cdots, a_k a_n$,以及序列 $a_1 a_k, a_2 a_k, \cdots, a_n a_k$ 中,元素 a_i 出现一次,且仅出现一次,$\forall a_k \in G$.

这是因为由 $a_k a_p = a_k a_q \Leftrightarrow a_p = a_q$,$a_p a_k = a_q a_k \Leftrightarrow a_p = a_q$.

例 3.8.2　由 $a_i^{-1} = a_j^{-1} \Leftrightarrow (a_i^{-1})^{-1} = (a_j^{-1})^{-1} \Leftrightarrow a_i = a_j$,可知 a_1^{-1},$a_2^{-1}, \cdots, a_n^{-1}$ 是 $G=\{a_1, a_2, \cdots, a_n\}$ 中的元 $a_1, a_2, \cdots, a_n$ 的一个置换.

由此,我们用 a_i 标记行,a_j^{-1} 标记列,可由左乘和右乘构成下列群的两个乘法表:左群表与右群表.

$\times$	a_1^{-1}	a_2^{-1}	$\cdots$	a_n^{-1}
a_1	e	$a_1 a_2^{-1}$	$\cdots$	$a_1 a_n^{-1}$
a_2	$a_2 a_1^{-1}$	e	$\cdots$	$a_2 a_n^{-1}$
$\vdots$	$\vdots$	$\vdots$		$\vdots$
a_n	$a_n a_1^{-1}$	$a_n a_2^{-1}$	$\cdots$	e

左群表

$\times$	a_1^{-1}	a_2^{-1}	$\cdots$	a_n^{-1}
a_1	e	$a_2^{-1} a_1$	$\cdots$	$a_n^{-1} a_1$
a_2	$a_1^{-1} a_2$	e	$\cdots$	$a_n^{-1} a_2$
$\vdots$	$\vdots$	$\vdots$		$\vdots$
a_n	$a_1^{-1} a_n$	$a_2^{-1} a_n$	$\cdots$	e

右群表

图 3.8.3　利用 $a_1, \cdots, a_n$;以及 $a_1^{-1}, \cdots, a_n^{-1}$ 列出的左群表、右群表

它们的特点是 G 的恒等元 e 出现在对角线的各处,且 $a_i a_j^{-1}$,$a_i^{-1} a_j$ 在 $i \neq j$ 时是位于对角线之外的.它们在讨论有限群的正则表示时有用(参见 §9.10).

§3.9 应用：4 阶群只有两种

我们若把图 3.8.2 中(a)，(b)所示的 1，$\bar{0}$ 记为 e；i，$\bar{1}$ 记为 a；-1，$\bar{2}$ 记为 b；$-$i，$\bar{3}$ 记为 c，且以"$\times$"为运算符号的话，则从图 3.8.2 的(a)，(b)都能得到图 3.9.1 中的(a)．

$\times$	e	a	b	c
e	e	a	b	c
a	a	b	c	e
b	b	c	e	a
c	c	e	a	b

$\times$	e	a	b	c
e	e	a	b	c
a	a	e	c	b
b	b	c	e	a
c	c	b	a	e

(a) G_4 和 $\mathbb{Z}_4$ 的乘法表   (b)

图 3.9.1 $\{e,a,b,c\}$ 构成的两个不同的群

尽管图 3.8.2 中的 G_4 与 $\mathbb{Z}_4$ 的群元符号不同，也分别有不同的运算符号"$\times$"，"$+$"，但是它们有着相同的乘法表，所以它们在本质上是一样的（参见 §3.13）．然而，图 3.9.1 中的(b)，对于集合 $\{e,a,b,c\}$ 却给出了一张不同的表（注意(a)，(b)在虚线框中的不同），而且也能证明这张表也能使集合 $\{e,a,b,c\}$ 成群（作为练习）．这个群称为克莱因四元群，记作 V．V 的群乘法表是对称的，因此它也是一个可换群．$G_4(\mathbb{Z}_4)$ 是循环群，而四元群 V 却不是循环群．

有没有有别于 G_4 与 V 的四阶群呢？ 这就是说是否能把 e（恒等元），a，b，c 填入一个 4×4 的表格中去，使它们构成一个群，又不同于图 3.9.1 中的(a)与(b)呢？

我们以图 3.9.2(a)中已填好的第一行与第一列的为基础继续填下去．按左乘法表的要求完成整个乘法表，对于图中标有？的那一处，只能填上 e，或不同于 e，a 的一个元，因为那一行已经有 a 了．在后面情况中，不失一般性，可考虑填入 b．因此就有下面两种情况：

（1）？填入 b．进而考虑：

（i）$*=e$，$\sharp=c$．此时有？$=b=a^2$，$*=e=ab$，$\sharp=c=ac$，而最后

一个等式给出 $a=e$. 这与 $*=e$ 矛盾了.

(ii) $*=c$, $\sharp=e$. 此时有? $=b=a^2$, $*=c=ab=a^3$, $\sharp=e=ac=a^4$. 据此,表格中的其他空白处就容易填入了. 综合起来,我们最后得出了图 3.9.2 中的(b),它就是图 3.9.1 中的(a)——一个由 a 生成的 4 阶循环群.

(2) ? 填入 e. 此时根据重新排列定理可知:$*=¥=c$, $\sharp=\wedge=b$. 这样,我们的讨论就归结为下面两种情况:

×	e	a	b	c		×	e	a	b	c		×	e	a	b	c		×	e	a	b	c
e	e	a	b	c		e	e	a	b	c		e	e	a	b	c		e	e	a	b	c
a	a	?	*	$\sharp$		a	a	b	c	e		a	a	e	c	b		a	a	e	c	b
b	b	¥	α	β		b	b	c	e	a		b	b	c	e	a		b	b	c	a	e
c	c	$\wedge$	γ	Δ		c	c	e	a	b		c	c	b	a	e		c	c	b	e	a
	(a)						(b)						(c)						(d)		

图 3.9.2

(i) $\begin{matrix} \alpha & \beta \\ \gamma & \Delta \end{matrix}$ 为 $\begin{matrix} e & a \\ a & e \end{matrix}$,这就给出图 3.9.2 中的(c). 它与图 3.9.1 中的(b)是一致的. 因此,对于这种填充,我们得出了克莱因四元数.

(ii) $\begin{matrix} \alpha & \beta \\ \gamma & \Delta \end{matrix}$ 为 $\begin{matrix} a & e \\ e & a \end{matrix}$,这就给出图 3.9.2 中的(d)所示的情况. 此时各元的乘法是否能使 $\{e, a, b, c\}$ 成群? 它是否与群 G_4 或群 V 不同?

从(d)所给出的乘法表中,不难得出:$b^2=a$, $a^2=e$,以及 $bc=e$,由此可推出 $b^4=a^2=e$,以及 $c=b^3$. 因此,此时 $\{e, a, b, c\}$ 成群,是一个以 b 为生成元的 4 阶循环群,它与 G_4 是完全一样的,只不过 G_4 的生成元用字母 a 表示,而图 3.9.2 中的(d)所表明的群是用字母 b 来表示它的生成元的.

至此,我们证明了 4 阶群只有两个"品种":4 阶循环群和克莱因四元群.

§3.10　陪集与拉格朗日定理

设 H 是群 G 的一个子群. 此时我们用 H 能在 G 上定义 $a, b \in G$ 的一个关系

$$a \sim b, \quad \text{当且仅当} \quad a^{-1}b \in H, \tag{3.9}$$

于是有:(i) 对于任意 $a \in G$,从 $a^{-1}a = e \in H$,可知 $a \sim a$;(ii) 若 $a \sim b$,即 $a^{-1}b \in H$,那么就有 $(a^{-1}b)^{-1} = b^{-1}a \in H$,即 $b \sim a$;(iii) 若 $a \sim b$,$b \sim c$,即 $a^{-1}b \in H$,$b^{-1}c \in H$,那么从 $a^{-1}c = a^{-1}ec = a^{-1}(bb^{-1})c = (a^{-1}b)(b^{-1}c) \in H$,可知 $a \sim c$.这三点表明 $\sim$ 是一个等价关系.因此,$\sim$ 就决定了 G 的一个分类(参见 §1.6).下面来求以 a 为代表的这个等价类的结构.

这个等价类是 G 中所有与 a 等价的元所构成的,也即 G 中所有满足 $a^{-1}x \in H$ 的元 x 构成的.从 $a^{-1}x \in H \Leftrightarrow x \in aH = \{ah \mid \forall h \in H\}$,可知 G 中所有与 a 等价的元构成集合 aH,称为 G 中 H 的一个以 a 为代表元的左陪集.

这样,对于 G 与 H,以及 a,b,c,$\cdots \in G$,我们就有了左陪集 aH,bH,cH,$\cdots$.关于它们,我们有

(1) 若 $aH = H$,则对于 $h_1 \in H$,有 $ah_1 \in H$,即 $ah_1 = h_2 \in H$,于是 $a = h_2h_1^{-1} \in H$.反过来,若 $a \in H$,则由重新排列定理可得 $aH = H$.因此 $aH = H$ 的充要条件是 $a \in H$.特别地,$eH = H$,也即 H 本身也是一个左陪集.

(2) 在 aH,bH 之间有双射 $ah \leftrightarrow bh$,因此,aH 与 bH 有相同的基数.

(3) 对于 aH,bH,若 $a \sim b$,那么 aH,bH 是同一等价类,即 $aH = bH$.它们只是用不同的代表来表示.事实上,此时从 $a^{-1}b \in H \Rightarrow b = ah$,$h \in H$.因此 $bH = ahH = aH$.若 $a \nsim b$,则 aH,bH 是不同的等价类,应有 $aH \bigcap bH = \varnothing$.事实上,我们用反证法可以再证明一下:若 $aH \bigcap bH \neq \varnothing$,那么就 $\exists h_1$,$h_2 \in H$,而有 $ah_1 = bh_2 \in aH \bigcap bH$.因此,有 $h_1 = a^{-1}bh_2$,$a^{-1}b = h_1h_2^{-1} \in H$,那么 $a \sim b$.这就矛盾了.这样,aH 与 bH,或者相等,或者不相交.

(4) G 分割成一些互不相交的左陪集.

如果 G 是有限群,那么(4)就给出

$$G = a_1H \bigcup a_2H \bigcup \cdots \bigcup a_jH, \tag{3.10}$$

其中表示子群 H 的不同左陪集的个数 j,称为 H 在 G 中的指数,用记号 $(G : H)$ 来表示.因此,有下列定理.

定理 3.10.1(拉格朗日定理)　群 G 的阶 $|G|$ 是其子群的阶 $|H|$ 的一个倍数.确切地说,有

$$|G|=(G:H)|H|^{①}. \tag{3.11}$$

对于 $a \in G$,而 a 能生成 G 的循环子群 $\langle a \rangle$,又 a 的阶为 $|\langle a \rangle|$(参见 §3.7),因此有

推论 3.10.2　G 的元 a 的阶是 $|G|$ 的一个因数.因此 $\forall a \in G$,有 $a^{|G|}=e$(参见例 3.7.6).

例 3.10.1　对于群 $G=\{a_1, a_2, \cdots, a_n\}$,当 $H=G$ 时,(3.11)中 $|G|=|H|$,$(G:H)=1$;当 $H=\{e\}$ 时,若 $a_1=e$,则 $G=\{a_1\} \bigcup \{a_2\} \bigcup \cdots \bigcup \{a_n\}$,$(G,\{e\})=n$.

例 3.10.2　当 $|G|$ 是一个合数时,例如 $|G|=6=2 \times 3$ 时,G 肯定不会有 4 阶,5 阶的真子群.当 $|G|$ 是一个素数时,G 不会有任何真子群.

例 3.10.3　对于例 2.8.1 中的 S_3,例 3.6.1 中的 $A_3=\{a_1, a_2, a_3\}$ 是它的一个真子群.这时有 $S_3=A_3 \bigcup a_4 A_3$,其中

$$a_4 A_3 = \begin{pmatrix} 1 & 2 & 3 \\ 1 & 3 & 2 \end{pmatrix} \left\{ \begin{pmatrix} 1 & 2 & 3 \\ 1 & 2 & 3 \end{pmatrix}, \begin{pmatrix} 1 & 2 & 3 \\ 2 & 3 & 1 \end{pmatrix}, \begin{pmatrix} 1 & 2 & 3 \\ 3 & 1 & 2 \end{pmatrix} \right\} = \{a_4, a_5, a_6\}.$$

同样,可得 $a_5 A_3 = a_6 A_3 = \{a_4, a_5, a_6\}$,即 $a_4 A_3 = a_5 A_3 = a_6 A_3$.换句话说,$a_4, a_5, a_6$ 都可作 S_3-A_3 的代表.事实上,$a_4 \sim a_5 \sim a_6$(作为练习),因此,$(S_3:A_3)=2$.

例 3.10.4　对于 S_3,若设 $H=\{a_1, a_4\}$,则从 H 是 S_3 的一个子群,且 $|H|=2$,有 $(G:H)=3$.事实上,此时 $S_3=H \bigcup a_5 H \bigcup a_6 H$,其中 $a_5 H=\{a_5, a_3\}$,$a_6 H=\{a_6, a_2\}$.

例 3.10.5　1 阶的群只有 $G=\{1\}$ 一种.2 阶的群为 $G=\{1, -1\}$.3 阶的群因为没有真子群,所以也一定是循环群.在抽象意义上说(参见 §3.13)只有 G_3 这一种.这些群都是循环群(因此也一定是可换群).当 $|G|=4$ 时,§3.9 已明示此时有循环群 G_4,与四元群 V.V 不是循环群.因此四元群 V 是

---

① 若 $|G|=n$,而 $m \mid n$,则 G 不一定有一个有 m 个元的子群 H,即此定理的逆定理不成立. 例 4.9.4 给出了一个例子.

最小的非循环群. 不过, V 仍是可换的. 当 $|G|=5$, 只有 G_5 一种, 它是循环群和可换群. 我们讨论过的 S_3 是一个 6 阶群(参见§4.6). 它是一个非可换群. 因此 S_3 是最小的一个非可换群.

例 3.10.6 讨论 $(\mathbb{Z}, +)$, 以及它的子群 $H = \{0, \pm m, \pm 2m, \cdots\} = \langle m \rangle$ 的陪集结构.

此时 $a^{-1} = -a$, $a \in \mathbb{Z}$, 因此(3.9)为: $a \sim b$, 当且仅当 $-a + b \in H$, 即 a 与 b 关于 m 同余. 而 aH 此时为 $a + H = \{a + h \mid \forall h \in H\} = \bar{a}$, 而 $0 + H = \bar{0} = H$, 所以(3.10)为

$$\mathbb{Z} = \bar{0} \bigcup \bar{1} \bigcup \cdots \bigcup \overline{(m-1)}.$$

此即(1.4)所示的各同余类的并集. 这样, 我们就从 H 的左陪集得出了 $\mathbb{Z}$ 的同余类这一概念. 可见这里按 G 的子群 H 定下来的等价关系, 所得到的左陪集概念是 $(\mathbb{Z}, +)$ 中的同余关系, 以及由此得到的同余类概念的推广.

对于同样的群 G 与其子群 H, 类似于(3.9), 我们也能以 $a \sim b$, 当且仅当

$$ab^{-1} \in H \tag{3.12}$$

来定义 G 上的一个等价关系. 不过, 此时得到的是 G 中 H 的一个以 a 为代表的右陪集, $Ha = \{ha \mid \forall h \in H\}$. 对于右陪集同样有上面所讨论的(1)到(4)的各项性质, 只要将左陪集改成右陪集即可. 一般而言, $aH \neq Ha$. 例如, 对于例 2.8.1 中的 S_3, 取例 3.10.4 中的 $H = \{a_1, a_4\}$, 有 $a_5 H = \{a_5, a_3\}$, 而 $Ha_5 = \{a_5, a_2\}$. 当然, 当 G 是可换群时, $aH = Ha$, $\forall a \in G$, 即此时无左右之别了.

例 3.10.7 若群 G 与其子群 H 满足 $(G:H) = 2$, 那么对于 $\forall a \in H$, 由群的重新排列定理(§3.8), 可知 $aH = Ha$. 对于 $a \notin H$, 从 $G = H \bigcup aH = H \bigcup Ha$, 有 $aH = Ha$. 因此, $aH = Ha$, $\forall a \in G$.

例 3.10.8 若 $(G:H) = 2$, 那么对 $\forall b \in G$, 有 $b^2 \in H$.

若 $b \in H$, 则显然有 $b^2 \in H$; 若 $b \notin H$, 则 $b \in aH$, $a \notin H$, 有 $b = ah$, $h \in H$. 考虑此时的 b^2: (i) 若 $b^2 \in H$, 命题证毕; (ii) 若 $b^2 \notin H$, 则 $b^2 = ah'$, $h' \in H$. 于是 $b = b^{-1}b^2 = (ah)^{-1}(ah') = h^{-1}a^{-1}ah' = h^{-1}h' \in H$. 这与 $b \notin H$ 矛盾了. 因此, 在任意情况下, $b^2 \in H$.

例 3.10.9 若 $G = a_1 H \bigcup a_2 H \bigcup \cdots \bigcup a_j H$, 则针对这些 $a_1, a_2, \cdots, a_j$,

我们有 a_1^{-1}，a_2^{-1}，$\cdots$，a_j^{-1}，从而定义 Ha_1^{-1}，Ha_2^{-1}，$\cdots$，Ha_j^{-1}. 我们断言，$\forall i \neq j$，$Ha_i^{-1} \bigcap Ha_j^{-1} = \varnothing$. 因此，有 $G = Ha_1^{-1} \bigcup Ha_2^{-1} \bigcup \cdots \bigcup Ha_j^{-1}$. 用反证法证明这一断言，若 $Ha_i^{-1} \bigcap Ha_j^{-1} \neq \varnothing$，则 $Ha_i^{-1} = Ha_j^{-1}$ [参见 p33 中的 (3)]. 这样，就有 $a_i^{-1} \sim a_j^{-1}$，而这等价于 $a_i^{-1}(a_j^{-1})^{-1} \in H$，即 $a_i^{-1}a_j \in H$. 然而 $a_i^{-1}a_j \in H \Leftrightarrow a_i \sim a_j$. 这样就得出一个矛盾了.

§3.11　正规子群与商群

G 上以其子群 H 给出的等价关系～(3.9)，且由此得到的等价类(左陪集)的全体即是(1.1)所标明的商集合

$$G/\sim = \{a_1 H, a_2 H, \cdots, a_j H\}. \tag{3.13}$$

我们希望在 $G/\sim$ 中定义一个乘法运算，即两个陪集的乘法，使 $G/\sim$ 成群. 当然这个乘法应与 G 的乘法"·"有关联. 一个很自然的想法是令

$$a_i H \cdot a_j H = (a_i \cdot a_j)H. \tag{3.14}$$

这个定义如果是可行的话，那么它必须与陪集的代表选取无关. 具体而言，在陪集 $a_i H$ 的表达式中，我们是以 a_i 为代表的. 考虑到 $a_i H$ 中的任意元与 a_i 都是等价的，我们也可以选 $a_i h_1$，$\forall h_1 \in H$ 为 $a_i H$ 的代表，即有 $a_i H = a_i h_1 H$. 同样地，$a_j H$ 也可表达为 $a_j h_2 H$，$\forall h_2 \in H$. 所以，对应于(3.14)现在应有

$$a_i h_1 H \cdot a_j h_2 H = (a_i h_1 \, a_j h_2)H. \tag{3.15}$$

因此，如果(3.14)是一个好的定义的话，那么(3.14)的右端与(3.15)的右端应是同一个陪集，即

$$(a_i a_j)H = (a_i h_1 \, a_j h_2)H. \tag{3.16}$$

然而，对于 G 的任意子群 H 来说，这一条件一般是满足不了的. 换言之，按(3.14)定义的陪集的乘法是与代表选择有关的. 对此，伽罗瓦引入了正规子群这一重要的概念.

定义 3.11.1　如果 G 的子群 H，对任意 $a \in G$，满足 $aH = Ha$，即对此

子群 H 而言,其陪集并无左右之区别,那么称 H 为 G 的一个正规子群,记作 $G \triangleright H$,或 $H \triangleleft G$.

设 $G \triangleright H$,那么从(3.16)的右边开始,有

$$(a_i h_1 a_j h_2) H = (a_i h_1 a_j) h_2 H = (a_i h_1 a_j) H$$
$$= (a_i h_1) H a_j = a_i (h_1 H) a_j = a_i H a_j = a_i a_j H,$$

这就是(3.16)的左边. 这表明:若 $G \triangleright H$,那么由(3.14)所定义的商集合 $G/\sim$ 中的陪集乘法运算是与陪集的代表元选取无关的. 进而我们可以证明(作为练习):

定理 3.11.1 设 $G \triangleright H$,并按(3.14)定义(3.13)中元素的乘法,则 $G/\sim$ 构成群. 这个群称为 G 关于正规子群 H 的商群,记为 G/H. 此外,$|G/H| = \dfrac{|G|}{|H|} = (G : H)$.

例 3.11.1 对于任意群 G 而言,群 G 本身与 $\{e\}$ 都是 G 的正规子群,称这两个群为 G 的平凡正规子群.

例 3.11.2 可换群 G 的任意子群都是它的正规子群.

例 3.11.3 若 $(G : H) = 2$,那么此时有 $aH = Ha$,$\forall a \in G$. (参见例 3.10.7). 由此得出 $G \triangleright H$.

例 3.11.4 $aH = Ha$,$\forall a \in G$ 这一条件等价于 $aHa^{-1} = H$,$\forall a \in G$ 或 $aha^{-1} \in H$,$\forall h \in H$,$\forall a \in G$,或对任意 $a \in G$,任意 $h_1 \in H$,存在 $h_2 \in H$,使得 $ah_1 = h_2 a$.

例 3.11.5 对于例 2.8.1 中的 S_3,我们由 $a_6 = \begin{pmatrix} 1 & 2 & 3 \\ 2 & 1 & 3 \end{pmatrix}$ 生成 S_3 的子群 $H = \langle a_6 \rangle = \{a_1, a_6\}$. 此时从 $a_2 a_6 a_2^{-1} = a_2 a_6 a_3 = a_4 \notin H$,可知 H 不是 G 的一个正规子群.

例 3.11.6 群 G 的子群 H 是 G 的正规子群的充要条件是对任何 a,$b \in G$,如果 $ab \in H$,则有 $a^{-1} b^{-1} \in H$.

先证必要性. 设 $H \triangleleft G$,且对任意 a,$b \in G$ 有 $ab \in H$. 于是 $\exists h_1 \in H$,满足 $ab = h_1$. 因此,就有 $a = h_1 b^{-1}$,$a^{-1} = b h_1^{-1}$. 这样就有 $a^{-1} b^{-1} = b h_1^{-1} b^{-1}$. 对于式中的 $b h_1^{-1}$,从例 3.11.4 可知,此时 $\exists h_2 \in H$,使得 $b h_1^{-1} = h_2 b$. 于是

$$a^{-1}b^{-1} = h_2bb^{-1} = h_2 \in H.$$

再证充分性. 对任意 $c \in G$, $h \in H$, 令 $chc^{-1} = d$. 如果由此可证明 $d \in H$, 那么根据例 3.11.4 就能得出 H 是 G 的一个正规子群. 事实上, 此时有 $h = c^{-1}dc$, 由此推出 $h^{-1} = c^{-1}d^{-1}c \in H$. 在此式中, 令 $c^{-1} = a$, $d^{-1}c = b$, 即有 $ab \in H$. 于是此时从 $a^{-1}b^{-1} \in H$, 就得出 $d = cc^{-1}d = a^{-1}b^{-1} \in H$.

例 3.11.4 引导我们讨论群 G 中元之间的共轭关系.

§3.12　共轭关系与共轭类

我们现在利用群 G 本身在其上定义一个关系. 对于 $a, b \in G$

$$a \sim b, \text{当且仅当} \exists d \in G, \text{有} a = dbd^{-1}, \tag{3.17}$$

此时称 a 是 b 的共轭元素, 或简称共轭. 因为有

(i) 任意 $a \in G$ 与其自身共轭, 即 $a \sim a$, 因为取 $d = e$, 就有 $a = eae^{-1} = a$;

(ii) $a \sim b \Rightarrow b \sim a$, 这是因为 $a = dbd^{-1} \Rightarrow b = d^{-1}a(d^{-1})^{-1}$;

(iii) $a \sim b$, $b \sim c \Rightarrow a \sim c$. 这是因为从 $a = dbd^{-1}$, $b = hch^{-1}$, $d, h \in G$, 有 $a = d(hch^{-1})d^{-1} = (dh)c(dh)^{-1}$.

由此可见共轭关系是一个等价关系. 于是群 G 可按共轭关系分割成一些共轭类 $K_a = \{dad^{-1} \mid \forall d \in G\}$. K_a 称为群 G 的元素 a 的共轭类.

例 3.12.1　因为对任意 $c \in G$, 都有 $e = cec^{-1}$, 所以对于任意群 G, 它的单位元 e 都只与它自身共轭, 即 $K_e = \{e\}$.

例 3.12.2　任意可换群 G 的各元素均自成一类.

例 3.12.3　例 2.8.1 中的 6 阶群 S_3, 分割成下列 3 个共轭类(作为练习):

$$K_1 = \{a_1\}, K_2 = \{a_2, a_3\}, K_3 = \{a_4, a_5, a_6\},$$

其中 $a_1 = e$.

例 3.12.4　设 H 是群 G 的一个子群, 而对 $c \in G$ 定义子集 $cHc^{-1} = \{chc^{-1} \mid \forall h \in H\}$. 不难证明(作为练习), cHc^{-1} 也是 G 的一个子群, 称子群 cHc^{-1} 与子群 H 是共轭的. 于是 $cHc^{-1} = H$, $\forall c \in G$ 就是 H 是正规子群

的充要条件(参见例 3.11.4).

§3.13　群的同态与同构

要把$(G,\cdot)$与$(G',\times)$联系起来,我们要讨论 G 到 G' 的映射. 不过,考虑到 G 和 G' 不仅是集合,还都是群,因此所考虑的映射还必须与它们各自的乘法运算关联起来.

定义 3.13.1　映射 $f:(G,\cdot)\to(G',\times)$ 称为一个同态映射,如果对 $a,b\in G$,有

$$f(a\cdot b)=f(a)\times f(b). \tag{3.18}$$

即若 $a\to f(a)$,$b\to f(b)$,那么 a 和 b 的乘积 $a\cdot b$(按 G 中的运算"$\cdot$"进行),应对应于它们在 G' 的象 $f(a)$ 和 $f(b)$ 的乘积 $f(a)\times f(b)$(按 G' 中的运算"$\times$"进行). 用下列图形可把这个定义明晰地表示为

$$
\begin{aligned}
f:G &\longrightarrow G' \\
a &\quad f(a) \\
b &\quad f(b) \\
a\cdot b &\quad f(a)\times f(b).
\end{aligned}
\tag{3.19}
$$

(3.18)所示的条件也可以简单地说成"f 保持群的运算". 在(3.18)中,令 $a=e$,则有 $f(b)=f(e)\times f(b)$. 由此可推知(作为练习)$f(e)$ 是 G' 的单位元 e'. 因此,同态映射 f 将"单位元映射单位元". 再者,在(3.18)中令 $b=a^{-1}$,则有 $f(e)=f(a)\times f(a^{-1})$. 由此可推知(作为练习)$f(a^{-1})=(f(a))^{-1}$. 因此,同态映射 f 将"逆元映射为逆元". 在不至于混淆的情况下,我们在下面就省略"$\cdot$","$\times$"这些符号.

定义 3.13.2　如果映射 $f:G\to G'$ 既是一个同态映射又是一个双射,则称 f 为一个同构映射. 此时称 G 和 G' 同构,记作 $G\approx G'$.

例 3.13.1　对于 $G=(\mathbb{Z},+)$,$G'=(\mathbb{Z}_n,\oplus)$(参见§3.4),我们定义 $f:a\longrightarrow\bar{a}$,$\forall a\in(\mathbb{Z},+)$,而有 $b\to\bar{b}$,$a+b\longrightarrow\overline{a+b}$. 忆及 $\bar{a}\oplus\bar{b}=\overline{a+b}$,所以 $a+b\longrightarrow\bar{a}\oplus\bar{b}$. 因此,$f$ 是一个同态映射. 事实上,我们在(3.4)中以

$\overline{a+b}$ 来定义 $\bar{a} \oplus \bar{b}$（当然必须与代表元的选择无关）的原因之一就是为了确保上述映射是一个同态映射.

例 3.13.2 图 3.9.2 中由 (d) 给出的群与 G_4 群（参见例 3.6.3）是同构的. 它们之间的同构映射可以这样实现：将图 3.9.2 中 (d) 的 e，b，a，c 分别对应图 3.8.2 中 (a) 的 1，i，-1，$-$i.

很明显，两个同构的群，在抽象意义上来看应是完全一样的，两者只有在群元的符号，与运算的符号上的差别.

§3.14　同态的像与核以及与其相关的一些定理

定义 3.14.1　设 $f: G \to G'$ 是一个同态映射，定义

$$\mathrm{Im}(f) = \{f(a) \mid \forall a \in G\}, \quad \mathrm{Ker}(f) = \{a \in G \mid f(a) = e'\},$$

$$(3.20)$$

$\mathrm{Im}(f)$ 称为同态 f 的像，而 $\mathrm{Ker}(f)$ 称为同态 f 的核.

符号 Im 和 Ker 分别是英语中 image（影像）一词和 Kernel（核心）一词的缩记. $\mathrm{Im}(f)$ 显然就是 f 的值域，即 $\mathrm{Im}(f) = f(G)$. 显然地，$\mathrm{Im}(f) \subseteq G'$，而 f 是满射的充要条件是 $\mathrm{Im}(f) = G'$. $\mathrm{Ker}(f)$ 表示的是 G 中的，所有像是 e' 的那些元所构成的集合，即 $\mathrm{Ker}(f)$ 是 e' 的原像的全体. 显然地，$\mathrm{Ker}(f) \subseteq G$，而 f 是单射的充要条件是 $\mathrm{Ker}(f) = \{e\}$（作为练习）.

例 3.14.1　(i) 对于 $f(a)$，$f(b) \in \mathrm{Im}(f)$，那么由于 f 是同态映射，所以有 $f(a)f(b) = f(ab) \in \mathrm{Im}(f)$；

(ii) 对于 $f(a)$，$f(b)$，$f(c) \in \mathrm{Im}(f)$；从而，有

$$f(a)(f(b)f(c)) = f(a)f(bc) = f(abc) = f(ab)f(c)$$
$$= (f(a)f(b))f(c);$$

(iii) 对于 $e \in G$，有 $f(e) \in \mathrm{Im}(f)$，它对任意 $f(a) \in \mathrm{Im}(f)$，满足 $f(e)f(a) = f(ea) = f(a)$，即 $f(e) = e' \in G'$；

(iv) 对于 $f(a) \in \mathrm{Im}(f)$，有 $f(a^{-1}) \in \mathrm{Im}(f)$，满足 $f(a^{-1})f(a) = f(e) = e'$，也即 $f(a^{-1}) = (f(a))^{-1}$.

由这 4 个性质，得出了 $\mathrm{Im}(f)$ 是 G' 的一个子群.

例 3.14.2 设 $a,b \in \mathrm{Ker}(f)$，即 $f(a) = f(b) = e'$，那么从 $f(ab^{-1}) = f(a)(f(b))^{-1} = e'e' = e'$，有 $ab^{-1} \in \mathrm{Ker}(f)$．于是非空集 $\mathrm{Ker}(f)$ 是 G 的一个子群（参见定理 3.6.2）．再者，对于任意 $c \in G$，任意 $a \in \mathrm{Ker}(f)$，有 $f(cac^{-1}) = f(c)f(a)f(c^{-1}) = f(c)e'f(c^{-1}) = f(c)f(c^{-1}) = e'$，即 $cac^{-1} \in \mathrm{Ker}(f)$．因此，$\mathrm{Ker}(f)$ 是 G 的一个正规子群（参见例 3.11.4），即 $G \triangleright \mathrm{Ker}(f)$．

从 $G \triangleright \mathrm{Ker}(f)$，就有商群 $G/(\mathrm{Ker}(f))$（参见定理 3.11.1）．它的元素是具有 $a_i\mathrm{Ker}(f)$ 形式的陪集，而 $a_i\mathrm{Ker}(f)$ 与 $a_j\mathrm{Ker}(f)$ 的乘法由（3.14）给出．$a_i\mathrm{Ker}(f)$ 中的任意元在 f 下都映射为 $f(a_i)$．这样，我们就由 $f: G \to G'$，诱导出了下列映射

$$j: G/\mathrm{Ker}\, f \qquad \longrightarrow \quad \mathrm{Im}\, f \subseteq G' \qquad\qquad (3.21)$$
$$\qquad a_i\mathrm{Ker}(f) \qquad\qquad\qquad f(a_i)$$

不难证明 j 是一个同态映射，且是从 $G/\mathrm{Ker}(f)$ 到 $\mathrm{Im}(f)$ 上的一个双射，即 j 是一个同构映射（作为练习）．这样就得出了商群 $G/\mathrm{Ker}(f)$ 同构于 $\mathrm{Im}(f)$．总结起来，有

定理 3.14.1 如果 $f: G \to G'$ 是一个同态映射，则

$$G/\mathrm{Ker}(f) \approx \mathrm{Im}(f); \qquad\qquad (3.22)$$

如果 f 还是一个满射，那么从 $\mathrm{Im}(f) = G'$，有

$$G/\mathrm{Ker}\, f \approx G'. \qquad\qquad (3.23)$$

如果在 $f: G \to G'$ 的同态映射中，G' 是一个以矩阵的乘法构成的矩阵群，那么比较抽象的群 G 就可以用我们熟悉的矩阵予以实现——表示了．群的表示论是一门优美且有重要应用的数理学科．我们在第九章中将对这一课题作详细的论述．

例 3.14.3 将 $1 \to \begin{pmatrix} 1 & 0 \\ 0 & 1 \end{pmatrix}$，$\mathrm{i} \to \begin{pmatrix} 0 & 1 \\ -1 & 0 \end{pmatrix}$，$-1 \to \begin{pmatrix} -1 & 0 \\ 0 & -1 \end{pmatrix}$，$-\mathrm{i} \to \begin{pmatrix} 0 & -1 \\ 1 & 0 \end{pmatrix}$，这样就在 $G_4 = \{1,\ \mathrm{i},\ -1,\ -\mathrm{i}\}$（参见例 3.6.3）与 $G' = \left\{\begin{pmatrix} 1 & 0 \\ 0 & 1 \end{pmatrix},\ \begin{pmatrix} 0 & 1 \\ -1 & 0 \end{pmatrix},\ \begin{pmatrix} -1 & 0 \\ 0 & -1 \end{pmatrix},\ \begin{pmatrix} 0 & -1 \\ 1 & 0 \end{pmatrix}\right\}$ 之间建立起一个同构映射，

其中 G 与 G' 分别以数的通常乘法与矩阵乘法为运算. 从 $i \times i \rightarrow$
$$\begin{pmatrix} 0 & 1 \\ -1 & 0 \end{pmatrix} \begin{pmatrix} 0 & 1 \\ -1 & 0 \end{pmatrix} = \begin{pmatrix} -1 & 0 \\ 0 & -1 \end{pmatrix} \rightarrow -1, \text{即 } i \times i = -1 \text{ 就有了一个实现.}$$

在下面的一章之中,我们将讨论一些具体的群.

第二部分
讨论几个具体的群以及两个重要的应用

在这一部分中,我们讨论了一些点群,$O(3)$ 及其子群,还有正多面体群.

我们在第四章中,主要研究了 C_n、C_{nv}、D_n、C_{nh}、S_n 和 $GL(n, K)$ 及其子群. 作为 S_n 的一个应用,我们研究了对称波函数与反对称波函数的构成,从而引出了玻色子与费米子的概念.

在第五章,我们讨论了 $O(3)$ 及其各种有重要应用的子群,尤其着重研究了三维空间中的转动群 $SO(3)$:它的元的转轴和转角.

在第六章中,我们用群论方法研究了 $SO(3)$ 的有限子群的这一问题,从而得出了结论:对于纯转动而言,除了我们熟知的 C_n,D_n 外,还有三种正多面体群 T、O、Y. 这就用群论方法证明了,只有五种正多面体:与 T 对应的正四面体,与 O 对应的正六(八)面体,以及与 Y 对应的正十二(二十)面体.

第四章

讨论几个具体的群

§4.1　对称性与群

几何图形有对称性,晶体结构有对称性,物理时空有对称性,多项式方程有对称性,……甚至物质之间的相互作用也有相关的对称性.

如果我们讨论的实体具有某种对称性,即该实体的某种性质在一些特定的变换下保持不变,那么这些变换就在变换的合成运算下构成此实体的对称性群(symmetry group).

我们用对称群(symmetric group)这一术语表示 n 个数字 1, 2, $\cdots$, n 之间的全体置换,再以两个置换的合成为运算而构成群 S_n,而 S_n 的任意子群,则称为是一个置换群. 我们以前讨论过的 S_3 是一个对称群,而 A_3 是一个置换群. 事实上,"群"这一名词就是伽罗瓦在研究多项式方程的对称性,以解决方程有根式求解的充要条件时引入的. 因此,最初出现的群就是对称群和置换群(参见[10]).

§4.2　运动——保距变换

不同的实体有不同的对称性,不同的对称运算,因而有不同的对称性群. 对于几何图形而言,我们对所论的对称变换除了要求它们使所论几何图形保持不变以外,而且要使图形中任意两点之间的距离保持不变,即这些变换是所谓的运动. 下面 3 种变换都是运动.

（i）关于过空间某一点 O 的一根轴的转动；

（ii）关于过直线 L 的一个平面 P 的反射(在二维平面中是关于直线 L 的

反射）；

（iii）由矢量 a 给出的平移：所有点按 a 所示的方向都移动同样的距离 $|a|$.

例 4.2.1   在平面中将（ii），（iii）结合起来便有滑移-反射变换，图 4.2.1 明示了这一过程.

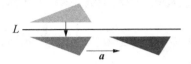

图 4.2.1   滑移-反射变换

例 4.2.2   在建立了直角坐标系的空间中点 P 有坐标 x, y, z，记为 $P(x, y, z)$.

点 P 关于 xy 平面的反射得出 $P'(x, y, -z)$，再关于 xz 平面的反射得出 $P''(x, -y, -z)$，接着关于 yz 平面的反射得出 $P'''(-x, -y, -z)$. 从 $P(x, y, z)$ 得出 $P'''(-x, -y, -z)$ 称为反演，即关于坐标原点 O 的中心对称变换.

如果一根转轴含有的最小转动的角度为 $\dfrac{2\pi}{n}$，$n \in \mathbb{N}^+$，则称它为一根 n 重转轴，而如果在群中，有一根转轴，它具有最大的重数，则称它为一根主轴. 于是主轴点群指的是一个群，它有一根主轴，且各群元都使某一空间点固定不变. 在以下的几节中，我们

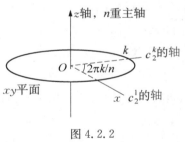

图 4.2.2

将研究几个主轴点群. 为此，我们先引进一些图形符号（图 4.2.2）. 在图中，z 轴表示 n 重主轴，在投影图（图 4.3.2，图 4.3.3，图 4.4.1，图 4.4.2）中都有在点 O 处出现的，多边形的对称性表示它的重数 n. 垂直于 z 轴的 xy 平面，在投影图中即为纸平面. 当群符号中有 h（水平）时，此纸平面为反射面，它将平面上的点"＋"与平面下的点"○"互映. 如果过 O 点垂直于 z 轴有一根 2 重轴（c_2），不失一般性将此轴线取为 x 轴，且将其运算记为 c_2^1（用虚线表示）. 由于 z 的 n 重性，x 轴经转角为 $\dfrac{2\pi}{n}(k-1)$，$k = 2, \cdots, n$ 的转动，可生成 $n-1$ 根线，它们分别是 c_2^k 的转轴（分别用虚线表示）. 当群符号中有 v（垂直）时，这些线以及 x 轴，与 z 轴构成的平面给出了以这些平面为反射面的运算 σ_k，$k = 1, 2, \cdots, n$. 它们将平面上（下）的点"＋"（"○"）映为平面上（下）的点"＋"（"○"）.

这些平面在投影图中以实线表示.

§4.3 群 C_n 与群 C_{nv}

对于图 4.3.1(a)所示的图形,我们有下列 3 个转动:绕 O 点逆时针,转角为 0°或 360°的转动,记为 a_1;转角为 120°的转动,记为 a_2;转动为 240°的转动,记为 a_3. 对于 $a_i, a_j \in H = \{a_1, a_2, a_3\}$,我们把 $a_i \cdot a_j$ 定义为先进行 a_j 再进行 a_i. 于是可证 H 是群,且 H 刻画了该图形的对称性. H 是一个可换群,且与 G_3(参见例 3.6.3)同构(参见 §3.13). $|H|=3$,所以 H 没有真子群. 因此,a_2 或 a_3 都可以作为元的生成元,即 $H = \langle a_2 \rangle = \langle a_3 \rangle$.

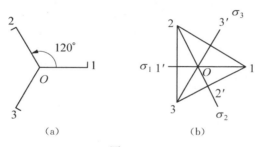

图 4.3.1

不难把这里的推演推广到一般的 C_n 上去. 记 c_n 为 $\dfrac{2\pi}{n}$ 的转动,$\bar{c}_n = -\dfrac{2\pi}{n}$ 的转动,e 是 0°或 2π 的转动,我们有下列结果:

$$C_1: e; \quad C_2: e, c_2; \quad C_3: e, c_3, \bar{c}_3; \quad C_4: e, c_4, c_2, \bar{c}_4; \quad \cdots.$$

C_n 的投影图见图 4.3.2. C_n 称为 n 阶循环对称群. 显然 C_n 同构于例 3.6.3 中的 G_n:

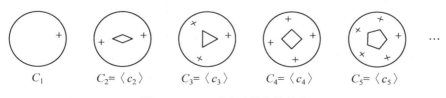

图 4.3.2 C_n 群生成的各等价点

对于图 4.3.1(b)所示的图形,它既在上述的 a_1, a_2, a_3 下不变,而且也分别在过直线 $11'$, $22'$, $33'$,而垂直于纸面的平面的反射 σ_1, σ_2, σ_3 下不变. 因此,此时该图形的对称性群为 $G = \{a_1, a_2, a_3, \sigma_1, \sigma_2, \sigma_3\}$,且

$$a_1 = \begin{pmatrix} 1 & 2 & 3 \\ 1 & 2 & 3 \end{pmatrix}, \ a_2 = \begin{pmatrix} 1 & 2 & 3 \\ 2 & 3 & 1 \end{pmatrix}, \ a_3 = \begin{pmatrix} 1 & 2 & 3 \\ 3 & 1 & 2 \end{pmatrix},$$

$$\sigma_1 = \begin{pmatrix} 1 & 2 & 3 \\ 1 & 3 & 2 \end{pmatrix}, \ \sigma_2 = \begin{pmatrix} 1 & 2 & 3 \\ 3 & 2 & 1 \end{pmatrix}, \ \sigma_3 = \begin{pmatrix} 1 & 2 & 3 \\ 2 & 1 & 3 \end{pmatrix}.$$

(4.1)

与例 2.8.1 作比较,可知这里的 G 就是该例中的 S_3,而 H 就是 A_3. 现在我们从几何上来定义群 G,记为 C_{3v},它由 c_3 与 σ_1 生成,即由 c_3 与 σ_1 的所有乘积给出. C_{3v} 中的 3 表示它有一根 3 重轴,而 v 表示生成元 σ_1,它所表示的反射的平面是过 O 点,且与纸平面垂直. 不难求得一般的 C_{nv},它的群元与共轭类结构如下列所示(用;号将共轭类分开)

$$C_{2v}: e; \ c_2; \ \sigma_1, \sigma_2. \quad C_{3v}: e; \ c_3; \ \bar{c}_3; \ \sigma_1, \sigma_2, \sigma_3. \quad \cdots.$$

图 4.3.3 给出了 C_{nv} 的投影图,其中 σ_v 表示 σ_1, σ_2, $\cdots$, σ_n 中的任意一个.

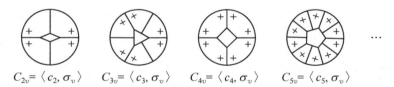

$$C_{2v} = \langle c_2, \sigma_v \rangle \qquad C_{3v} = \langle c_3, \sigma_v \rangle \qquad C_{4v} = \langle c_4, \sigma_v \rangle \qquad C_{5v} = \langle c_5, \sigma_v \rangle$$

图 4.3.3　C_{nv} 群生成的各等价点, σ_v 是关于垂直平面的反射,用实线表示

§4.4　群 D_n 与群 C_{nh}

在上一节中,我们从图 4.3.1(b)所示的几何图形得出了它的对称性群 C_{3v},而且又知道 C_{3v} 可由 c_3 与 σ_1 生成. 在这一小节中,我们就在 C_n 的基础上再分别增加一个生成元 c_2 和 σ_h 来生成 D_n 与 C_{nh}.

先具体地讨论 D_4. 由 $C_4 = \langle c_4 \rangle$,以及绕 x 轴的 π 转动 c_2',令 $a = c_4$, $b = c_2'$,而构成 $D_4 = \{e, a, a^2, a^3, b, ab, a^2b, a^3b\}$. 据我们的定义, D_4 中

的 a, b 满足 $a^4 = e$, $b^2 = e$, 以及 $bab = a^{-1}$. 不难依此证明 D_4 是一个群, 它由 a, b 生成, 记为 $D_4 = \langle a, b \rangle$, $|D_4| = 8$, 而且这 8 个元分为 5 个共轭类(参见例 4.4.1): $K_1 = \{e\}$, $K_2 = \{a^2\}$, $K_3 = \{a, a^3\}$, $K_4 = \{b, a^2b\}$, $K_5 = \{ab, a^3b\}$. 对于一般的 n, 我们有 D_n——n 阶二面体群, 它由绕 n 重主轴的一个 c_n 转动, 以及过此主轴上一点 O, 与此主轴垂直的一根轴的 c_2' 转动生成. $|D_n| = 2n$, 它的投影图由图 4.4.1 所示.

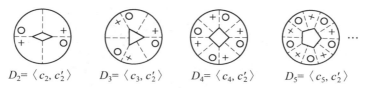

$$D_2 = \langle c_2, c_2' \rangle \qquad D_3 = \langle c_3, c_2' \rangle \qquad D_4 = \langle c_4, c_2' \rangle \qquad D_5 = \langle c_5, c_2' \rangle$$

图 4.4.1 D_n 群生成的各等价点

例 4.4.1 对于 D_4, 有 $a^4 = e$, $b^2 = e$, $bab = a^{-1}$, 不难得出: $a^2 = (a^2)^{-1}$; $a^{-1} = a^3$; $a^2b = a^{-1}a^{-1}b = babbabb$, 所以 $a^2ba^2b = a^2bba^2 = e$, 即 $(a^2b)^{-1} = a^2b$; $ab = b^{-1}a^{-1} = ba^{-1}$, $(ab)^{-1} = b^{-1}a^{-1} = b^{-1}bab = ab$; $a^3b = a^{-1}b = (bab)b = ba$, $(a^3b)^{-1} = b^{-1}a^{-3} = ba = a^3b$. 有了这些关系, 就可得出 D_4 的共轭类 $K_1 = \{e\}$, $K_2 = \{a^2\}$, $K_3 = \{a, a^{-1}\}$, $K_4 = \{b, a^2b\}$, $K_5 = \{ab, a^{-1}b\}$. 因此, 根据上面的各等式, 我们得出: 对 $\forall c \in D_4$, c, c^{-1} 属于同一共轭类.

例 4.4.2 对于 $D_2 = \langle a, b \rangle$, 其中 $a = c_2$, $b = c_2'$, 试证 $D_2 \approx$ 四元群 V(作为练习). 一种方法是按 D_2 的定义作出它的乘法表, 去证明它与图 3.9.1 的 (b)是一样的. 另一种方法是证明 D_2 是群, 但不是循环群, 那么按 §3.9 所述, 它必定是四元群了.

以 c_n 以及 σ_h 作为生成元, 我们就能得出群 C_{nh}. 其中 σ_h 是以 xy 平面作为反射面的运算. $C_{nh} = \langle c_n, \sigma_h \rangle$ 是一个 $2n$ 阶的可换群, 因此它就有 $2n$ 个共轭类. 图 4.3.5 给出了 C_{nh} 的投影图.

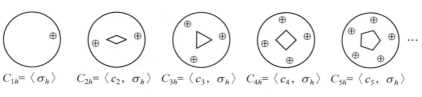

$$C_{1h} = \langle \sigma_h \rangle \quad C_{2h} = \langle c_2, \sigma_h \rangle \quad C_{3h} = \langle c_3, \sigma_h \rangle \quad C_{4h} = \langle c_4, \sigma_h \rangle \quad C_{5h} = \langle c_5, \sigma_h \rangle$$

图 4.4.2 C_{nh} 群生成的各等价点

以上我们讨论了 C_n，C_{nv}，D_n，C_{nh}，对于主轴上点群中的其他群如 D_{2d}，D_{3d}，D_{2h}，D_{3h} 等也可相仿地予以讨论. 要提一下的是，我们把只含纯（真）转动的点群，如 C_n，D_n 称为第一类点群，把也含反射运算的点群，如 C_{nv}，C_{nh} 称为第二类点群. 此外，在晶体之中不可能存在五重轴和高于六重的对称轴（参见例 8.10.2），所以一共只有 32 种晶体点群（参见[40]），其中包括不含五重轴的那些正多面体群.

§4.5　正多面体群

正多面体一共只有五种：正四面体，正六面体，正八面体，正十二面体，以及正二十面体. 对其中的每一个，我们将其相邻面的中心连接而得到一个正多面体，称为与原来的正多面体对偶的. 图 4.5.1 给出了这些正多面体，以及与其对偶的多面体.

（a）正四面体（自对偶）　　　（b）正六面体（与正八面体对偶）　　　（c）正十二面体（与正二十面体对偶）

图 4.5.1　正多面体及其对偶性

对偶的多面体显然具有同样的对称性群. 这样，我们就只需要分别求出正四面体、正六面体、正十二面体的第一类对称性群 T、O、Y. 在这些群的基础上，加上适当的反射面给出的变换，就能生成这些正多面体的第二类对称性群.

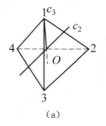 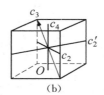

（a）　　　　　　　（b）

图 4.5.2

因为这些正多面体的高度对称,所以与主轴点群不同,它们可能会有多根 n 重转轴(参见§4.2). 如图4.5.2(a)所示,将线段3、4的中点与对边线段1、2的中点相连,则可以得出一根 c_2 转轴. 同样地,可以得出另两根 c_2 转轴,一共3根这样的转轴. 这3个 π 转动构成了一个共轭类 $c_2(3)$,其中弧号里的数字3表示此类共有3个元. 类似地,把顶点1与其对面的中心 c 相连,能得出一根3重轴. 这样得出的4根3重轴,给出4个 $\dfrac{2\pi}{3}$ 转动和4个 $\dfrac{4\pi}{3}$ 转动. 它们形成2个共轭类[①],分别记为 $c_3(4)$ 与 $c_3^2(4)$. 于是,我们得出(参见[7]):

对于四面体群 T:有12元,4个类

$$e; \quad c_2(3); \quad c_3(4); \quad c_3^2(4).$$

对于六面体群 O(参见图4.5.2(b)),由具体的计算可得:

$$e; \quad c_2(6); \quad c_3, \quad c_3^2(8); \quad c_4, \quad c_4^3(6); \quad c_4^2(3).$$

对于十二面体群 Y,有60元,5个类

$$e; \quad c_5(15); \quad c_3(20); \quad c_5(12); \quad c_5^2(12).$$

因为 Y 中出现了5重转轴,所以 Y 不是晶体点群. 关于这5种正多面体,我们把有关的信息总结在表4.5.3之中,以备应用.

表 4.5.3

	顶点数	边数	面数	群元数	共轭类数
四面体	4	6	4 个正三角形	12	4
六面体	8	12	6 个正方形	24	5

---

① 如果转动 a, b 属于同一共轭类,那么它们的转角一定相等. 不过,这仅是2个转动属于同一共轭类的必要条件,也就是说,具有不同转轴的转动 a, b,即使它们有同样的转角,也不一定属于同一共轭类. 但如果在群中存在转动 c,它使 a 的转轴转动到 b 的转轴,那么有相同转角的 a, b 就同属于同一共轭类了(参见§5.9). 如图4.5.2(b)中的那根2重轴 c_2',它垂直于 c_3 轴,且其转动能将这根 c_3 轴倒过来. 于是绕 c_3 正轴方向的120°转动与绕 c_3 负轴方向的120°转动就属同一类. 而后者又就是绕 c_3 正轴方向的240°转动. 因此,绕 c_3 轴的120°转动与240°转动就属同一共轭类了. 分析图中 c_2 轴与 c_4 轴的几何关系,同样能得出绕 c_4 轴的90°转动与270°转动是共轭的.

续表

	顶点数	边数	面数	群元数	共轭类数
八面体	6	12	8 个正三角形	24	5
十二面体	20	30	12 个正五边形	60	5
二十面体	12	30	20 个正三角形	60	5

在下面的几节中,我们将简要地论述一下对称群 S_n 的结构.

§4.6　对称群 S_n

我们讨论 n 个物体 $x_1, x_2, \cdots, x_n$ 的置换.这些置换可以用 $x_1, x_2, \cdots, x_n$ 的下标 $1, 2, 3, \cdots, n$ 的置换简洁地表示出来,如 $s = \begin{pmatrix} 1 & 2 & 3 & \cdots & n \\ s_1 & s_2 & s_3 & \cdots & s_n \end{pmatrix}$,即在 s 下数字 i 变为 s_i,或等价地 x_i 变为 x_{s_i}.因为 1 能变为 $1, 2, \cdots, n$ 中的任意一个,这就有 n 种方式;2 能变为剩下的 $n-1$ 个中的任意一个,于是有 $n-1$ 种方式;……以此类推.可知 $1, 2, \cdots, n$ 的全体置换构成的集合 S_n 有 $n!$ 个元素.事实上 S_n 是 $\{1, 2, \cdots, n\}$ 到 $\{1, 2, \cdots, n\}$ 的双射的全体.

我们也能以另一种等价的方式来写出 $s = \begin{pmatrix} 1 & 2 & 3 & \cdots & n \\ s_1 & s_2 & s_3 & \cdots & s_n \end{pmatrix}$,只要把 s 中的 n 列作适当的交换,使得在新的表达方式中,第二行以 $1, 2, 3, \cdots, n$ 的次序排出.例如,$\begin{pmatrix} 1 & 2 & 3 & 4 & 5 & 6 & 7 & 8 \\ 4 & 8 & 6 & 5 & 1 & 3 & 7 & 2 \end{pmatrix} \in S_8$,可写成 $\begin{pmatrix} 5 & 8 & 6 & 1 & 4 & 3 & 7 & 2 \\ 1 & 2 & 3 & 4 & 5 & 6 & 7 & 8 \end{pmatrix}$ 利用这两种方式,我们来定义 $t = \begin{pmatrix} t_1 & t_2 & \cdots & t_n \\ 1 & 2 & \cdots & n \end{pmatrix}$ 与 $s = \begin{pmatrix} 1 & 2 & \cdots & n \\ s_1 & s_2 & \cdots & s_n \end{pmatrix}$ 的乘积 st:先进行置换 t,再进行置换 s,即按照映射的结合来运算,有

$$st = \begin{pmatrix} 1 & 2 & \cdots & n \\ s_1 & s_2 & \cdots & s_n \end{pmatrix} \begin{pmatrix} t_1 & t_2 & \cdots & t_n \\ 1 & 2 & \cdots & n \end{pmatrix} = \begin{pmatrix} t_1 & t_2 & \cdots & t_n \\ s_1 & s_2 & \cdots & s_n \end{pmatrix}. \quad (4.2)$$

因此,不难得出:(i) S_n 在上述运算下是封闭的,因为一个置换后再进行一个置换,显然得出一个置换;(ii) 映射的结合运算是满足结合律的(参见定理 2.7.1).因此,对 S_n 定义的(4.2)一定是满足结合律的;(iii) 恒等置换 $\begin{pmatrix} 1 & 2 & \cdots & n \\ 1 & 2 & \cdots & n \end{pmatrix}$ 是该乘法的单位元;(iv) $s^{-1} = \begin{pmatrix} s_1 & s_2 & \cdots & s_n \\ 1 & 2 & \cdots & n \end{pmatrix}$ 是 s 的逆元.这样,我们就有了 $n!$ 阶的对称群 S_n.

§4.7 凯莱定理——任意 n 阶群 G 都是 S_n 的一个子群

对于 n 阶群 G 的 n 个元 $a_1, a_2, \cdots, a_n$,以及任意 $b \in G$,我们构造序列 $ba_1, ba_2, \cdots, ba_n$.由重新排列定理(参见§3.8),可知 $ba_1, ba_2, \cdots, ba_n$ 是 $a_1, a_2, \cdots, a_n$ 的一个置换,因此 $\pi_b = \begin{pmatrix} a_1 & a_2 & \cdots & a_n \\ ba_1 & ba_2 & \cdots & ba_n \end{pmatrix} \in S_n$.据此,我们定义

$$\pi: G \longrightarrow S_n \tag{4.3}$$
$$b \qquad \pi_b$$

接下去,由 $b \to \pi_b = \begin{pmatrix} a_1 & \cdots & a_n \\ ba_1 & \cdots & ba_n \end{pmatrix}$,$c \to \pi_c = \begin{pmatrix} a_1 & \cdots & a_n \\ ca_1 & \cdots & ca_n \end{pmatrix} = \begin{pmatrix} ba_1 & \cdots & ba_n \\ cba_1 & \cdots & cba_n \end{pmatrix}$,我们有 $cb \to \pi_{cb} = \begin{pmatrix} a_1 & \cdots & a_n \\ c(ba_1) & \cdots & c(ba_n) \end{pmatrix}$.然而 $\pi_c \pi_b = \begin{pmatrix} ba_1 & \cdots & ba_n \\ c(ba_1) & \cdots & c(ba_n) \end{pmatrix} \begin{pmatrix} a_1 & \cdots & a_n \\ ba_1 & \cdots & ba_n \end{pmatrix} = \begin{pmatrix} a_1 & \cdots & a_n \\ cba_1 & \cdots & cba_n \end{pmatrix}$,所以 $\pi_{cb} = \pi_c \pi_b$.这表明 $\pi: G \to \pi(G) \subseteq S_n$ 是一个同构映射,即 $G \approx \pi(G)$ ——凯莱定理.因此,如果我们对对称群研究清楚了,那么对所有有限群也就研究清楚了.

例 4.7.1 讨论 $(\mathbb{Z}_3, +)$ 与 S_3.

对于 $(\mathbb{Z}_3, +)$ 我们有其加法表,图 4.7.1.令 $a_1 = \bar{0}$,$a_2 = \bar{1}$,$a_3 = \bar{2}$,就有

+	$\bar{0}$	$\bar{1}$	$\bar{2}$
$\bar{0}$	$\bar{0}$	$\bar{1}$	$\bar{2}$
$\bar{1}$	$\bar{1}$	$\bar{2}$	$\bar{0}$
$\bar{2}$	$\bar{2}$	$\bar{0}$	$\bar{1}$

图 4.7.1

$$\pi_{\bar{0}} = \begin{pmatrix} \bar{0} & \bar{1} & \bar{2} \\ \bar{0} & \bar{1} & \bar{2} \end{pmatrix} = \begin{pmatrix} a_1 & a_2 & a_3 \\ a_1 & a_2 & a_3 \end{pmatrix} = \begin{pmatrix} 1 & 2 & 3 \\ 1 & 2 & 3 \end{pmatrix},$$

$$\pi_{\bar{1}} = \begin{pmatrix} \bar{0} & \bar{1} & \bar{2} \\ \bar{1} & \bar{2} & \bar{0} \end{pmatrix} = \begin{pmatrix} a_1 & a_2 & a_3 \\ a_2 & a_3 & a_1 \end{pmatrix} = \begin{pmatrix} 1 & 2 & 3 \\ 2 & 3 & 1 \end{pmatrix},$$

$$\pi_{\bar{2}} = \begin{pmatrix} \bar{0} & \bar{1} & \bar{2} \\ \bar{2} & \bar{0} & \bar{1} \end{pmatrix} = \begin{pmatrix} a_1 & a_2 & a_3 \\ a_3 & a_1 & a_2 \end{pmatrix} = \begin{pmatrix} 1 & 2 & 3 \\ 3 & 1 & 2 \end{pmatrix},$$

因此，$\pi(Z_3) = \{\pi_{\bar{0}}, \pi_{\bar{1}}, \pi_{\bar{2}}\} = A_3 \subset S_3$ (参见例 3.6.1).

例 4.7.2 C_{4v} 的讨论.

C_{4v} 是正方形的对称性群(参见图 4.3.3). 如果如图 4.7.2(a)所示那样将它的 4 个顶点标记为 1, 2, 3, 4 的话,那么它的 4 个分别为 0°, 90°, 180°, 270°的转动可表示为

$$\begin{pmatrix} 1 & 2 & 3 & 4 \\ 1 & 2 & 3 & 4 \end{pmatrix}, \begin{pmatrix} 1 & 2 & 3 & 4 \\ 2 & 3 & 4 & 1 \end{pmatrix}, \begin{pmatrix} 1 & 2 & 3 & 4 \\ 3 & 4 & 1 & 2 \end{pmatrix}, \begin{pmatrix} 1 & 2 & 3 & 4 \\ 4 & 1 & 2 & 3 \end{pmatrix},$$

它的 4 个以 $\sigma_1, \sigma_2, \sigma_3, \sigma_4$ 为反射平面的反射分别可表示为

$$\begin{pmatrix} 1 & 2 & 3 & 4 \\ 4 & 3 & 2 & 1 \end{pmatrix}, \begin{pmatrix} 1 & 2 & 3 & 4 \\ 1 & 4 & 3 & 2 \end{pmatrix}, \begin{pmatrix} 1 & 2 & 3 & 4 \\ 2 & 1 & 4 & 3 \end{pmatrix}, \begin{pmatrix} 1 & 2 & 3 & 4 \\ 3 & 2 & 1 & 4 \end{pmatrix}.$$

这 8 个元构成了 24 阶的 S_4 的一个子群 H. 如果,我们要求出绕 90°的转动以后再关于 σ_3 反射,那么我们只要计算

$$\begin{pmatrix} 1 & 2 & 3 & 4 \\ 2 & 1 & 4 & 3 \end{pmatrix} \begin{pmatrix} 1 & 2 & 3 & 4 \\ 2 & 3 & 4 & 1 \end{pmatrix} = \begin{pmatrix} 1 & 2 & 3 & 4 \\ 1 & 4 & 3 & 2 \end{pmatrix},$$

这是一个关于 σ_2 为反射面的反射. 再例如取 $\begin{pmatrix} 1 & 2 & 3 & 4 \\ 2 & 4 & 3 & 1 \end{pmatrix} \in S_3 - H$, 此时,我们得出了图 4.7.2(b). 在(a)中,若 1, 2 之间的距离为 1 个单位,那么在(b)中 1, 2 之间的距离为 $\sqrt{2}$ 个单位. 所以,尽管 $\begin{pmatrix} 1 & 2 & 3 & 4 \\ 2 & 4 & 3 & 1 \end{pmatrix}$ 是 S_3 中的一个元素,即它是 1, 2, 3, 4 的一个置换,但它不是一个运动,因此它不在正方形

的对称性群之中.

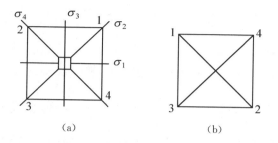

图 4.7.2　(a) C_{4v} 的对称运算, (b) 一个不是运动的例子.

§4.8　偶置换与奇置换

对于 n 个变量 $x_1, x_2, \cdots, x_n$, 我们定义

$$\Delta(x_1, x_2, \cdots, x_n) = (x_{n-1} - x_n)(x_{n-2} - x_2)\cdots(x_1 - x_n)\cdots$$
$$(x_{n-2} - x_{n-1})\cdots(x_1 - x_{n-1})\cdots(x_1 - x_2). \tag{4.4}$$

即 $\Delta(x_1, x_2, \cdots, x_n)$ 是所有 $(x_i - x_j)$, $i < j$ 形式项的乘积.

对于 $s = \begin{pmatrix} 1 & 2 & \cdots & n \\ s_1 & s_2 & \cdots & s_n \end{pmatrix}$, 我们定义 s 对 Δ 的作用:

$$s\Delta(x_1, x_2, \cdots, x_n) = \Delta(x_{s_1}, x_{s_2}, \cdots, x_{s_n}). \tag{4.5}$$

那么显然有 $s\Delta(x_1, x_2, \cdots, x_n) = \pm\Delta(x_1, x_2, \cdots, x_n)$. 当 s 使得"＋"号出现时, 我们称 s 是一个偶置换; 当 s 使得"－"号出现时, 称 s 是一个奇置换. 我们把 S_n 中所有偶置换构成的集合记为 A_n, 而把 S_n 中所有奇置换构成的集合记为 B_n. 于是有 $S_n = A_n \bigcup B_n$, 而且:

> 两个偶置换的乘积, 或两个奇置换的乘积是偶置换;
> 一个偶置换与一个奇置换的乘积是奇置换. $\qquad(4.6)$

我们再来分析 A_n. 首先, 从 $e \in S_n$, 有 $e\Delta(x_1, x_2, \cdots, x_n) = \Delta(x_1, x_2, \cdots, x_n)$, 则 $e \in A_n$. 对于 $a \in A_n$, 从 $aa^{-1} = e \in A_n$, 可知 $a^{-1} \in A_n$.

于是就有 A_n 是 S_n 的一个子群的结论. 那么 A_n 是多少阶的?

首先考虑 $\begin{pmatrix} x_1 & x_2 & x_3 & \cdots & x_n \\ x_2 & x_1 & x_3 & \cdots & x_n \end{pmatrix} \in S_n$, 即把 x_1, x_2 对换而其他变量保持不变的这一置换. 此时 (4.4) 中的最后一个因式 $(x_1 - x_2)$ 变成了 $(x_2 - x_1) = -(x_1 - x_2)$, 而其他因式不变. 所以这一对换是一个奇置换. 记 $\begin{pmatrix} 1 & 2 & 3 & \cdots & n \\ 2 & 1 & 3 & \cdots & n \end{pmatrix} = (12) = (12)^{-1}$, 而构造 S_n 中 A_n 的左陪集 $(12)A_n$. 对 $a \in A_n$, 由 (4.6) 可知 $(12)a \in B_n$. 因此, $B_n \supseteq (12)A_n$. 反过来, 设 $b \in B_n$, 则 $(12)b \in A_n$, 即 $b \in (12)^{-1}A_n$. 这就有 $B_n \subseteq (12)A_n$. 于是最后有 $B_n = (12)A_n$. 这样, 从 $S_n = A_n \bigcup B_n = A_n \bigcup (12)A_n$, 就得出了 S_n 的陪集分解, 而且有 $|A_n| = \frac{1}{2}n!$, 以及 A_n 是 S_n 的一个正规子群的结论. (参见例 3.11.3).

§4.9 循环、对换以及用对换的乘积来表示 S_n 中的元素

在 $s = \begin{pmatrix} 1 & 2 & 3 & 4 & 5 & 6 & 7 & 8 \\ 4 & 8 & 6 & 5 & 1 & 3 & 7 & 2 \end{pmatrix}$ 中, $1 \to 4 \to 5 \to 1$, 形成一个循环, 记作 (145); $2 \to 8 \to 2$, 形成一个循环, 记作 (28); 同样, $3 \to 6 \to 3$ 形成一个循环, 记作 (36), 而 $7 \to 7 \to 7$ 也形成一个独特的循环, 记作 (7). 于是我们可将 s 表成 $s = (145)(28)(36)(7)$[①]. s 表示为不含共同文字的循环置换的乘积称为 s 的循环分解. (145) 中含有 3 个数字, 我们把它称为一个 3 循环, 而 (28) 就是一个 2 循环了. 2 循环就是上一节中提到过的对换.

例 4.9.1 S_4 中有 8 个 3 循环: (123), (132), (124), (142), (134), (143), (234), (243). 它们都是偶置换. 因此它们都是 A_4 中的元素, 也即 A_4 有 8 个 3 循环.

对于一个 r 循环 $(i_1 i_2 \cdots i_r)$, 我们来计算 (从右到左)
$$(i_1 i_r)(i_1 i_{r-1}) \cdots (i_1 i_4)(i_1 i_3)(i_1 i_2): i_1 \to i_2.$$

---

① 我们也可以略去其中的 (7), 而把 s 写成 $s = (145)(28)(36)$. 这个缺席的 7 意味着在 s 中 7 是固定不变的.

$$i_2 \rightarrow i_1 \rightarrow i_3$$

$$i_3 \rightarrow i_1 \rightarrow i_4$$

$$\vdots$$

$$i_{r-1} \rightarrow i_1 \rightarrow i_r$$

$$i_r \rightarrow i_1$$

这表明 $(i_1, i_2, \cdots, i_r) = (i_1\ i_2)(i_2\ i_3) \cdots (i_{r-2}\ i_{r-1})(i_{r-1}\ i_r)$.

于是对任意 $s \in S_n$,作循环分解,再将其中的各个 r 循环 $(r \geqslant 3)$ 分解为对换,而不计出现在 s 中的那些固定某些数的 1 循环,那么每一个置换都可以用一系列的对换的乘积来表示.

例 4.9.2 对于 2 循环 $s = (i_1, i_2)$,从 $s^2 = e$,可知由 s 生成的循环群是 2 阶的.同样,对于 3 循环 $s = (i_1, i_2, i_3)$,从 $s^3 = e$,可知由 s 生成的循环群是 3 阶的.

例 4.9.3 $s \in S_n$ 的对换分解不是唯一的,如 $(123) = (13)(12) = (23)(23)$.不过,由于对换是奇置换,所以当 s 的一种对换分解中有偶(奇)数个对换,那么 s 的其他对换分解中也有偶(奇)数个对换.

例 4.9.4 拉格朗日定理(定理 3.10.1)的逆定理不成立:交代群 A_4 没有一个 6 阶子群.

反证法:若 A_4 有一个 6 阶子群 H,那么因为 $|A_4| = 12$,就有 $A_4 = H \bigcup aH, a \notin H$.若 $b \in A_4$ 是一个 3 循环,那么因为 $b \in A_4$,有 $b^2 \in H$(参见例 3.10.8),又因为 b 是一个 3 循环,所以 b 是 3 阶的,即 $b^3 = e$.因此,$b = b^3b = b^4 = (b^2)^2 \in H$.这就是说 A_4 中的任意 3 循环都属于 H.然而,例 4.9.1 已明示 A_4 中有 8 个 3 循环,而 $|H| = 6$,这就矛盾了.

§4.10 应用:量子力学中的多粒子体系的波函数

我们把质量、电荷、自旋等固有性质都相同的微观粒子称为全同粒子.因此,所有的电子是全同粒子,所有的中子也是全同粒子.全同粒子具有不可区分性,因此两个全同粒子对换以后不会引起物理状态的改变.这样,S_n 群在量子力学中就具有重要性了(参见[15],[21],[25],[34]).为简单起见,我们考虑

没有内部结构的 n 个全同粒子构成的一个体系,且用 x_i 表示第 i 个粒子的坐标 r_i. 于是,按照量子力学,该体系由其波函数 $\psi(x_1, x_2, \cdots, x_n, t)$ 所描述,而 $|\psi(x_1, \cdots, x_n, t)|^2$ 称 为 几 率 密 度, 因 为 $|\psi(x_1, \cdots, x_n, t)|^2$ $d^3x_1 d^3x_2 \cdots d^3x_n$ 表示在时刻 t,我们能在关于 x_1 的体积元 d^3x_1 中找到粒子 1,同时在关于 x_2 的体积元 d^3x_2 中找到粒子 2,等等的几率. 由于我们讨论的 是 一 个 全 同 粒 子 体 系, 所 以 在 S_n 对 $x_1, x_2, \cdots, x_n$ 的 置 换 下, $|\psi(x_1, \cdots, x_n, t)|^2$ 应保持不变. 特别地,对于 x_i 与 x_j 之间的对换 (ij) 应有

$$|\psi(x_1, \cdots, x_i, \cdots, x_j, \cdots, x_n, t)|^2 \qquad (4.7)$$
$$= |\psi(x_1, \cdots, x_j, \cdots, x_i, \cdots, x_n, t)|^2,$$

这表明,对于 S_n 中的任意对换 (ij),应有

$$\psi(x_1, \cdots, x_i, \cdots, x_j, \cdots, x_n, t) \qquad (4.8)$$
$$= \pm \psi(x_1, \cdots, x_j, \cdots, x_i, \cdots, x_n, t),$$

对那些在 (4.8) 中取"+"号的波函数,我们称为对称波函数,而取"-"号的波函数,称为反对称波函数. 因此,全同粒子体系应由对称,或反对称波函数描述.

§4.11 对称波函数和反对称波函数的构成

例 4.11.1 对 3 个变量 x_1, x_2, x_3 的任意函数 $f(x_1, x_2, x_3)$ 构成相关的对称函数 $f_s(x_1, x_2, x_3)$ 和反对称函数 $f_A(x_1, x_2, x_3)$.

由以前的讨论(参见 §4.8)可知,对称群 $S_3 = A_3 \bigcup (12)A_3$,且 A_3 中的 3 个元 a_1, a_2, a_3 都是偶置换,而 $(12)A_3$ 中的 3 个元 a_4, a_5, a_6 都是奇置换. 由此,我们构造

$$f_s(x_1, x_2, x_3) = a_1 f(x_1, x_2, x_3) + a_2 f(x_1, x_2, x_3) + a_3 f(x_1, x_2, x_3) +$$
$$a_4 f(x_1, x_2, x_3) + a_5 f(x_1, x_2, x_3) + a_6 f(x_1, x_2, x_3).$$
$$(4.9)$$

此时,对于任意对换 (ij),计算

$$(ij)f_s = (ij)a_1 f + (ij)a_2 f + (ij)a_3 f + (ij)a_4 f + (ij)a_5 f + (ij)a_6 f$$

$$=a_4 f+a_5 f+a_6 f+a_1 f+a_2 f+a_3 f=f_s,$$

其中用到了 $(ij)a_1$，$(ij)a_2$，$(ij)a_3$ 都是奇置换(参见(4.6))且互不相等,因此 $\{(ij)a_1, (ij)a_2, (ij)a_3\}=\{a_4, a_5, a_6\}$. 同样的推理可得: $\{(ij)a_4, (ij)a_5, (ij)a_6\}=\{a_1, a_2, a_3\}$. 于是(4.9)给出了对称函数 f_s(参见§4.9).

至于反对称函数 f_A,我们只要在(4.9)中的 $a_4 f$，$a_5 f$，$a_6 f$ 这 3 项前都冠以"—"号即可,即

$$f_A(x_1, x_2, x_3)=a_1 f+a_2 f+a_3 f-a_4 f-a_5 f-a_6 f, \quad (4.10)$$

由此不难得出 $(ij)f_A(x_1, x_2, x_3)=-f_A(x_1, x_2, x_3)$(作为练习).

于是,我们从体系的薛定谔方程的一个解 $\psi(x_1, x_2, \cdots, x_n, t)$,类似于(4.9)的形式,而构造出

$$\psi_s(x_1, \cdots, x_n, t)=\sum_p p\psi(x_1, \cdots, x_n, t), \quad (4.11)$$

这里的求和是对所有 $p \in S_n$ 进行的. 要把(4.10)也纳入这一形式,我们引入符号 $\delta_p=\pm 1$,其中 δ_p 当 p 是偶置换时取值+1;当 p 是奇置换时取值-1. 于是(4.10)可推广为

$$\psi_A(x_1, \cdots, x_n, t)=\sum_p \delta_p p\psi(x_1, \cdots, x_n, t). \quad (4.12)$$

数学上的这样对称化或反对称化的做法要有物理意义,我们还得说明:若 $\psi(x_1, \cdots, x_n, t)$ 是体系的薛定谔方程的波函数,那么由 $\forall p \in S_n$ 产生的 $n!$ 解 $p\psi(x_1, \cdots, x_n, t)$ 也都是这个方程的解. 事实上,由于我们对全同粒子体系的定义,该体系的薛定谔方程在粒子的对换下是不变的(参见[8]). 因此,在这 n 个粒子的全体置换下也是不变的(参见§4.9). 因此,$p\psi(x_1, \cdots, x_n, t)$ 也是原方程的解.

§4.12 玻色子与费米子

实验表明,自旋(参见§13.9)为 $\dfrac{\hbar}{2}$($\hbar$ 为约化普朗克常数),或其奇数倍的粒子所构成的全同粒子体系的波函数是反对称的. 这些粒子称为费米子. 例

如,质子、中子、电子等都是费米子.

另一方面,自旋为零或 $\hbar$ 的整数倍的粒子所构成的全同粒子体系的波函数是对称的.这些粒子称为玻色子.例如,光子,π 介子等都是玻色子.

粒子的自旋是粒子所具有的一种内禀性质,那么需要什么数学工具来研究粒子的自旋以及其他的内禀特性呢?为此,我们要讨论无限群 $GL(n,\mathbb{C})$.

§4.13　$gl(n,m,K)$,$gl(n,K)$ 与 $GL(n,K)$

我们把矩阵元取自数系 K 的,所有 $n \times m$ 矩阵所构成的集合记为 $gl(n,m,K)$.其中 g,l 分别是英语中 general(一般的),linear(线性的)的首字母,因为 $gl(n,m,K)$ 中的每一个元都给出了从一个 n 维向量空间到一个 m 维向量空间中的一个线性映射(参见例 8.5.1,[15]).在 $m=n$ 时,我们有一个重要情况(参见 §8.8),且记 $gl(n,n,K)=gl(n,K)$.下面我们主要讨论 K 取为 $\mathbb{R}$,$\mathbb{C}$ 的那两种情况.

对于 A,B,C,$\cdots \in gl(n,K)$,我们会用到下列各性质:

(1) $A=(a_{ij})$ 的行列式记为 $|A|=|a_{ij}|$.我们有时也用 $\det A$ 表示 $|A|$,这里 $\det$ 是英语中 determinant(行列式)一词的缩写.若 $|A| \neq 0$,称 A 是满秩的(参见[9]).对于 A,$B \in gl(n,K)$,我们有(参见[13])

$$|AB|=|A||B|, \tag{4.13}$$

即矩阵 A,B 的乘积的行列式等于 A 的行列式与 B 的行列式之积.

(2) 若 A 是满秩的,即 $|A| \neq 0$,那么 A 有逆矩阵 A^{-1},满足 $AA^{-1}=$

$$E_n=\begin{bmatrix} 1 & 0 & \cdots & 0 \\ 0 & 1 & \cdots & 0 \\ & & \cdots & \\ 0 & 0 & \cdots & 1 \end{bmatrix},\text{而且可以如下求得:(参见[9]):}$$

(i) 对 A 的矩阵元 a_{ij},在 A 中划去它所在的 i 行,j 列各元,再把剩下的 $(n-1)^2$ 个元按原来的次序组成一个 $(n-1) \times (n-1)$ 的行列式,记为 m_{ij},称为 a_{ij} 的余子式,而 $A_{ij}=(-1)^{i+j}m_{ij}$,称为 a_{ij} 的代数余子式.

(ii) 由这些 A_{ij},i,$j=1,2,\cdots,n$,以 i 为行指标,j 为列指标构成矩阵

(A_{ij}). 再对 (A_{ij}) 进行转置运算"T",而将最终得出的矩阵记为 A^*,即

$$A^* = (A_{ij})^T = \begin{pmatrix} A_{11} & A_{21} & \cdots & A_{n1} \\ A_{12} & A_{22} & \cdots & A_{n2} \\ & \cdots & & \\ A_{1n} & A_{2n} & \cdots & A_{nn} \end{pmatrix}, \tag{4.14}$$

A^* 称为 A 的伴随矩阵,T 是英语 transpose(转置)一词的首字母.

(iii) 下式给出的矩阵 A^{-1} 是 A 的逆矩阵(参见[9])

$$A^{-1} = \frac{1}{|A|} A^*, \tag{4.15}$$

我们把 $gl(n,K)$ 中所有满秩的矩阵构成的集合记作 $GL(n,K)$. 因此 $GL(n,K)$ 中每个矩阵都有逆矩阵,即都是可逆的.

例 4.13.1 设 $A = \begin{pmatrix} a_{11} & a_{12} \\ a_{21} & a_{22} \end{pmatrix} \in GL(2,\mathbb{C})$,求 A^{-1}.

从 $A_{ij} = (-1)^{i+j} m_{ij}$,有 $A_{11} = a_{22}$,$A_{12} = -a_{21}$,$A_{21} = -a_{12}$,$A_{22} = a_{11}$. 因此,

$$A^{-1} = \frac{1}{\begin{vmatrix} a_{11} & a_{12} \\ a_{21} & a_{22} \end{vmatrix}} \begin{pmatrix} a_{22} & -a_{12} \\ -a_{21} & a_{11} \end{pmatrix}. \tag{4.16}$$

例 4.13.2 不难证明下列各性质(作为练习)

(i) A 可逆,则 A^{-1} 也可逆,且 $(A^{-1})^{-1} = A$;(ii) A 可逆,则 A^T 也可逆,且 $(A^T)^{-1} = (A^{-1})^T$;(iii) $A,B \in GL(n,K)$,则 $AB \in GL(n,K)$(参见 (4.13)),且 $(AB)^{-1} = B^{-1}A^{-1}$(参见 §3.2 中的(7));(iv) $(AB)^T = B^T A^T$.

(3) 对于 $A \in gl(n,K)$,则我们把 A 的对角元加起来,而有 A 的迹:

$$\text{tr}\, A = \sum_{i=1}^{n} a_{ii}, \tag{4.17}$$

其中 tr 是英语名词 trace(痕迹)一词的缩写.

例 4.13.3 对于 $A = (a_{ij})$,$B = (b_{ij}) \in gl(n,K)$. 从 $(AB)_{ii} = \sum_{j} a_{ij} b_{ji}$,

$(BA)_{jj} = \sum\limits_{i} b_{ji} a_{ij}$. 因此,

$$\operatorname{tr} AB = \sum\limits_{i} \sum\limits_{j} a_{ij} b_{ji} = \operatorname{tr} BA.$$

例 4.13.4   对于 $A, B \in gl(n, K)$, 若存在 $P \in GL(n, K)$, 使得 $B = PAP^{-1}$, 则称 A, B 是相似的(参见 §3.12). 此时应用例 4.13.3 有 $\operatorname{tr} B = \operatorname{tr} PAP^{-1} = \operatorname{tr} AP^{-1}P = \operatorname{tr} A$, 可知相似矩阵有相同的迹.

(4) 对于 $A \in gl(n, K)$, 若存在 n 维非零列向量 v 满足 $Av = \lambda v$, 则称 v 是 A 对应于特(本)征值 λ 的一个特(本)征向量. 令 $v = \begin{pmatrix} a_1 \\ a_2 \\ \vdots \\ a_n \end{pmatrix}$, 则方程

$A \begin{pmatrix} a_1 \\ a_2 \\ \vdots \\ a_n \end{pmatrix} - \lambda \begin{pmatrix} a_1 \\ a_2 \\ \vdots \\ a_n \end{pmatrix} = 0$, 即

$$(A - \lambda E_n) \begin{pmatrix} a_1 \\ a_2 \\ \vdots \\ a_n \end{pmatrix} = \begin{pmatrix} 0 \\ 0 \\ \vdots \\ 0 \end{pmatrix}, \tag{4.18}$$

有非零解 v 的充要条件为(参见[9])

$$f(\lambda) = |A - \lambda E_n| = |\lambda E_n - A| = 0, \tag{4.19}$$

这是 λ 的一个 n 次多项式方程, 称为 A 的特(本)征方程.

例 4.13.5   讨论 $n = 2$ 时的特征方程.

此时 $f(\lambda) = |\lambda E_2 - A|$ 是一个 2 次方程. 设它的根为 λ_1, λ_2, 则有 $f(\lambda) = |\lambda E_2 - A| = (\lambda - \lambda_1)(\lambda - \lambda_2) = \lambda^2 - (\lambda_1 + \lambda_2)\lambda + \lambda_1 \lambda_2$. 在其中令 $\lambda = 0$, 可得到 $|-A| = |A| = \lambda_1 \lambda_2$. 我们还可以证明(作为练习) $\lambda_1 + \lambda_2 = \operatorname{tr} A$. 于是有 $f(\lambda) = |\lambda E_2 - A| = \lambda^2 - \operatorname{tr} A\lambda + |A|$. 再者 $|A| \neq 0 \Leftrightarrow \lambda_1$, $\lambda_2 \neq 0$. 我们可以把此例的结果推论到一般的情况中去, 也就是说, 可以证明

出 A 的 n 次的特征方程 $f(\lambda)$ 的各系数,可以用 A 的特征值 $\lambda_1,\lambda_2,\cdots,\lambda_n$ 来表达,或者还可以用 A 的元素来予以表示.读者可在附录 3 中找到对 $n=3$ 这一情况的一个证明.

例 4.13.6 相似矩阵有相同的特征方程.

沿用例 4.13.4 和上述性质(4)的记号,计算

$$|\lambda E_n - B| = |\lambda PP^{-1} - PAP^{-1}| = |P(\lambda E_n - A)P^{-1}|$$
$$= |(\lambda E_n - A)P^{-1}P| = |\lambda E_n - A|.$$

命题证毕.

例 4.13.7 对于 E_n,以及任意 n 维列向量 v 都有 $E_n v = v$. 因此任意 n 维非零列向量 u 都是 E_n 对应于特征值 1 的一个特征向量.事实上,$|\lambda E_n - E_n| = 0$,即是 $(\lambda - 1)^n = 0$,此方程的解 $\lambda_1 = \lambda_2 = \cdots = \lambda_n = 1$.

例 4.13.8 若 $|A| \neq 0$,则从(4.19)可知 $\lambda = 0$ 不是它的根,即(4.19)的解——A 的特征根都不等于 0.

§4.14 群 $GL(n,K)$ 及其子群

在 §4.13 中,我们已定义了集合

$$GL(n,K) = \{A \mid A \in gl(n,K), |A| \neq 0\}. \tag{4.20}$$

若 $A,B \in GL(n,K)$,则从 $|AB| = |A| \, |B|$ 可知 $AB \in GL(n,K)$;矩阵的乘法满足结合律;$|E_n| = 1$,所以 $E_n \in GL(n,K)$. 它是乘法的单位元;由 $AA^{-1} = E_n$,有 $|A^{-1}| = \dfrac{1}{|A|}$,因此 $A^{-1} \in GL(n,K)$. 即 A 的逆元 A^{-1} 也在 $GL(n,K)$ 之中.由此,得出 $GL(n,K)$ 是一个群,称为一般线性群.它是 n 维向量空间的线性变换群,它揭示了这一空间的对称性(参见 §8.8,§12.2).在 $GL(n,K)$ 中我们构造下列这些子群(作为练习):

(1) $SL(n,K) = \{A \mid A \in GL(n,K), |A| = 1\}$,称为 n 阶特殊(special)线性群.

(2) $U(n) = \{A \mid A \in GL(n,\mathbb{C}), A\overline{A}^T = E_n\}$,称为 n 阶酉(么正,unitary)矩阵群,其中"—"是对每一个矩阵元取复共轭的运算.矩阵的转置共

轭运算用符号"十"表示.

(3) $O(n) = \{A \mid A \in GL(n, \mathbb{R}), AA^T = E_n\}$，称为 n 阶正交矩阵群.

(4) $SU(n) = SL(n, \mathbb{C}) \bigcap U(n)$，称为 n 阶特殊酉群.

$SO(n) = SL(n, \mathbb{R}) \bigcap O(n)$，称为 n 阶特殊正交群.

例 4.14.1　酉矩阵 A 的特征值

从 $Av = \lambda v$，有 $\overline{v}^T \overline{A}^T = \overline{\lambda} \overline{v}^T$. 于是 $(\overline{v}^T \overline{A}^T)(Av) = \overline{\lambda} \overline{v}^T (\lambda v)$. 利用 $\overline{A}^T A = E_n$，有 $\overline{v}^T v = \lambda \overline{\lambda} \overline{v}^T v$. 由于 $v \neq 0$，即 $\overline{v}^T v \neq 0$，这就表明 $\lambda \overline{\lambda} = 1$，即酉矩阵的特征值 λ 的模 $|\lambda|$ 等于 1. $O(n)$ 作为 $U(n)$ 的子群，其中元的特征值的模也等于 1.

下面我们将着重地讨论 $SU(3)$，$SU(2)$，$O(3)$，$SO(3)$，以及 $SO(2)$. 此外，还有描述时间-空间对称性的洛伦兹群. 它可以看成是 4 阶复正交群 $O(4, \mathbb{C}) = \{A \mid A \in GL(4, \mathbb{C}), AA^T = E_4\}$ 的一个子群(参见[13]，[15]).

第五章

应用：群 $SO(2)$，$O(2)$，$SO(3)$ 以及 $O(3)$

§5.1　平面中定点转动的矩阵表示

在 §4.14 中，我们在代数的角度上定义了 $SO(n)$ 群，现在我们要在几何的视角上来得出 $SO(2)$ 群，从而阐明它是平面的转动对称群.

在图 5.1.1 中，我们在平面上定义了一个直角坐标系，其原点为 O，且明示了转动 $r(\theta)$：它使坐标为 (x, y) 的向量 v，绕 O 点逆时针转动 θ 角，转为坐标为 (x', y') 的向量 v'：

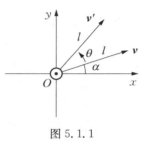

图 5.1.1

$$r(\theta): v(x, y) \to v'(x', y'). \tag{5.1}$$

设 v 的长度为 l，那么由于转动不改变两点间的距离，即它是一个运动，所以 v' 的长度也为 l. 这样，从 $x = l\cos\alpha$，$y = l\sin\alpha$，就有

$$x' = l\cos(\alpha + \theta) = l(\cos\alpha\cos\theta - \sin\alpha\sin\theta) = (\cos\theta)x - (\sin\theta)y,$$
$$y' = l\sin(\alpha + \theta) = l(\sin\alpha\cos\theta + \cos\alpha\sin\theta) = (\cos\theta)y + (\sin\theta)x.$$
$$\tag{5.2}$$

用矩阵来写出来，即有

$$\begin{pmatrix} x' \\ y' \end{pmatrix} = \begin{pmatrix} \cos\theta & -\sin\theta \\ \sin\theta & \cos\theta \end{pmatrix} \begin{pmatrix} x \\ y \end{pmatrix} = A(\theta) \begin{pmatrix} x \\ y \end{pmatrix}. \tag{5.3}$$

对于两个转动 $r(\theta_1)$，$r(\theta_2)$ 的合成，我们有

$$r(\theta_2)r(\theta_1) = r(\theta_1 + \theta_2). \tag{5.4}$$

而此时对于相应于 $r(\theta_i)$ 的矩阵 $A(\theta_i) = \begin{pmatrix} \cos\theta_i & -\sin\theta_i \\ \sin\theta_i & \cos\theta_i \end{pmatrix}$，$i=1,2$，我们也有（作为练习）

$$\begin{pmatrix} \cos\theta_2 & -\sin\theta_2 \\ \sin\theta_2 & \cos\theta_2 \end{pmatrix} \begin{pmatrix} \cos\theta_1 & -\sin\theta_1 \\ \sin\theta_1 & \cos\theta_1 \end{pmatrix} = \begin{pmatrix} \cos(\theta_1+\theta_2) & -\sin(\theta_1+\theta_2) \\ \sin(\theta_1+\theta_2) & \cos(\theta_1+\theta_2) \end{pmatrix}.$$

$$(5.5)$$

因此 $A(\theta) = \begin{pmatrix} \cos\theta & -\sin\theta \\ \sin\theta & \cos\theta \end{pmatrix}$ 就是 $r(\theta)$ 的一个实现，或一个表示（参见 §9.1）.

从 $|A(\theta)| = \cos^2\theta + \sin^2\theta = 1$，以及 $A^T(\theta) = A^{-1}(\theta)$，可知

$$\{A(\theta) \mid 0 \leqslant \theta \leqslant 2\pi\} \subseteq SO(2).$$

例 5.1.1 $A(\pi) = \begin{pmatrix} -1 & 0 \\ 0 & -1 \end{pmatrix}$，$A(2\pi-\theta) = \begin{pmatrix} \cos(2\pi-\theta) & -\sin(2\pi-\theta) \\ \sin(2\pi-\theta) & \cos(2\pi-\theta) \end{pmatrix}$

$= \begin{pmatrix} \cos\theta & \sin\theta \\ -\sin\theta & \cos\theta \end{pmatrix}.$

§5.2　$\{A(\theta) \mid 0 \leqslant \theta \leqslant 2\pi\}$ 就是 $SO(2)$

对于任意 $B = \begin{pmatrix} a & b \\ c & d \end{pmatrix} \in SO(2)$，我们要证明 B 可表示为 $A(\theta)$ 的形式.

先从 $|B|=1$，有 $ad-bc=1$，再从 $B^{-1}=B^T$，有

$$B^{-1} = \begin{pmatrix} d & -b \\ -c & a \end{pmatrix} = B^T = \begin{pmatrix} a & c \\ b & d \end{pmatrix},$$

$$(5.6)$$

其中我们用到了 (4.16) 的结果. 由此，我们得出 $a=d$，$b=-c$. 于是从 $ad-bc=1$，有 $a^2+b^2=1$. 令 $a=\cos\theta$，那么 $b=\pm\sin\theta$，于是

$$B = \begin{pmatrix} a & b \\ c & d \end{pmatrix} = \begin{pmatrix} \cos\theta & \pm\sin\theta \\ \mp\sin\theta & \cos\theta \end{pmatrix}.$$

$$(5.7)$$

例 5.1.1 告诉我们不管上式中的"±"号怎样取,都有 $B \in \{A(\theta) \mid 0 \leqslant \theta \leqslant 2\pi\}$ 的结论.因此,最后有 $\{A(\theta) \mid 0 \leqslant \theta \leqslant 2\pi\} = SO(2)$ 的结果.由此,我们把 $SO(2)$ 又称为平面的转动群.又由(5.5)可知,它是一个可换群.

§5.3　$A(\theta) \in SO(2)$ 的特征方程与特征根

从 $|\lambda E_2 - A(\theta)| = \begin{vmatrix} \lambda - \cos\theta & \sin\theta \\ -\sin\theta & \lambda - \cos\theta \end{vmatrix} = (\lambda - \lambda_1)(\lambda - \lambda_2) = 0$,有

$$\lambda^2 - 2\lambda\cos\theta + 1 = \lambda^2 - (\lambda_1 + \lambda_2)\lambda + \lambda_1\lambda_2 = 0. \tag{5.8}$$

由此可得

$$\begin{aligned} \lambda_1 + \lambda_2 &= 2\cos\theta = \mathrm{tr}\,A(\theta), \\ \lambda_1\lambda_2 &= 1 = |A(\theta)|, \end{aligned} \tag{5.9}$$

这与例 4.13.5 的结果一致.由(5.8),用 2 次方程的求根公式,可得[参见(7.29)]

$$\lambda_1 = \mathrm{e}^{\mathrm{i}\theta}, \quad \lambda_2 = \mathrm{e}^{-\mathrm{i}\theta}, \tag{5.10}$$

而其中的转角 θ,根据(5.9),可由 $A(\theta)$ 如下得出

$$\theta = \arccos\frac{\mathrm{tr}\,A(\theta)}{2}. \tag{5.11}$$

那么转动 $A(\theta)$ 的转轴在哪里?这个问题我们在 §5.5 中讨论.

§5.4　计入非真转动

我们把(5.3)推广到

$$\begin{pmatrix} x' \\ y' \end{pmatrix} = O\begin{pmatrix} x \\ y \end{pmatrix}, \tag{5.12}$$

其中 $O \in GL(2, \mathbb{R})$.对于(5.12)所示的变换,原点的坐标$(0,0)$在此变换下变为$(0,0)$,也即原点 O 是不变的.此外,我们要求点(x,y)到$(0,0)$的距离

$\sqrt{x^2+y^2}$ 与 (x',y') 到 $(0,0)$ 的距离 $\sqrt{(x')^2+(y')^2}$ 不变，也即 O 给出的变换是一个运动. 这一条件也等价于 x^2+y^2 在 (5.12) 的变换下不变. 于是，我们有

$$(x',y')\binom{x'}{y'}=(x,y)O^TO\binom{x}{y}=(x,y)\binom{x}{y}. \tag{5.13}$$

由于这一条件是对任意 (x,y) 都要成立，这就有

$$O^TO=E_2. \tag{5.14}$$

因此，根据 §4.14 中（3）的说法，全体 O 构成了一个 2 阶正交矩阵群 $O(2)$.

对 (5.14) 两边取行列式，则有 $|O|^2=1$，因此

$$|O|=\pm 1. \tag{5.15}$$

对于 $|O|=1$ 的那些矩阵，我们知道它们属于 $SO(2)$，即平面的（真）转动，而 $O(2)-SO(2)$ 中的矩阵，则称为非真转动. 下面我们来讨论非真转动的几何意义.

首先下面变换

$$\binom{x'}{y'}=\begin{pmatrix}1 & 0\\0 & -1\end{pmatrix}\binom{x}{y} \tag{5.16}$$

中的矩阵 $I_x=\begin{pmatrix}1 & 0\\0 & -1\end{pmatrix}\in O(2)-SO(2)$，即是一个非真转动，它将点 (x,y) 变为点 $(x,-y)$. 显然，它是关于 x 轴的反射运算（参见 §4.2 中的 (ii)）. 接下来我们研究一般的非真转动 B. 从 $|I_x|=-1$，$|B|=-1$，可知 $|I_xB|=1$，即 $I_xB\in SO(2)$. 因此，I_xB 等于某个 $A(\theta)$. 于是 $B=(I_x)^{-1}A(\theta)=I_xA(\theta)$. 这样，一个非真转动就是一个（关于 x 轴的）反射与一个真转动的合成.

例 5.4.1　$I_y=\begin{pmatrix}-1 & 0\\0 & 1\end{pmatrix}$ 给出一个关于 y 轴的反射运算. $I_yI_x=\begin{pmatrix}-1 & 0\\0 & 1\end{pmatrix}\begin{pmatrix}1 & 0\\0 & -1\end{pmatrix}=\begin{pmatrix}-1 & 0\\0 & -1\end{pmatrix}$，给出的变换（记为 I）将 (x,y) 变为

$(-x，-y)$，即是关于原点 O 的反演. 然而，$|I|=1$，即平面上关于原点的反演是一个真转动. 事实上，$A(\pi)=\begin{pmatrix} -1 & 0 \\ 0 & -1 \end{pmatrix}$（参见例 5.1.1）.

例 5.4.2　关于过原点 O 的任意直线 L 的反射.

设直线 L 和向量 $\boldsymbol{v}$ 与 x 轴的夹角分别为 θ 和 α. 那么向量 $\boldsymbol{v}$ 与由它关于 L 反射得到向量 $\boldsymbol{v}'$ 与直线 L 的夹角都为 $\theta-\alpha$. 再设 $\boldsymbol{v}$ 与 $\boldsymbol{v}'$ 的坐标分别为 $(x，y)$ 与 $(x'，y')$，且长度都为 l，则有

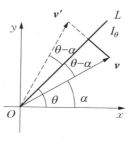

图 5.4.1

$$x=l\cos\alpha，y=l\sin\alpha；$$
$$x'=l(\cos(2\theta-\alpha))，y'=l(\sin(2\theta-\alpha)).$$

$$(5.17)$$

对于 $x'，y'$，我们分别计算如下：

$$x'=l(\cos 2\theta\cos\alpha+\sin 2\theta\sin\alpha)=x\cos 2\theta+y\sin 2\theta，$$
$$y'=l(\sin 2\theta\cos\alpha-\cos 2\theta\sin\alpha)=x\sin 2\theta-y\cos 2\theta.$$

因此，有

$$\begin{pmatrix} x' \\ y' \end{pmatrix}=\begin{pmatrix} \cos 2\theta & \sin 2\theta \\ \sin 2\theta & -\cos 2\theta \end{pmatrix}\begin{pmatrix} x \\ y \end{pmatrix}.$$

$$(5.18)$$

容易验证（作为练习）：$I_\theta=\begin{pmatrix} \cos 2\theta & \sin 2\theta \\ \sin 2\theta & -\cos 2\theta \end{pmatrix}$，满足(5.14). 因此，$I_\theta$ 是一个 2 维正交矩阵. 再者，$|I_\theta|=-1$，所以 I_θ 是一个非真转动. 事实上，

$$I_\theta=\begin{pmatrix} 1 & 0 \\ 0 & -1 \end{pmatrix}\begin{pmatrix} \cos 2\theta & \sin 2\theta \\ -\sin 2\theta & \cos 2\theta \end{pmatrix}=I_x A(2\pi-2\theta)$$（参见例 5.1.1）.

例 5.4.3　利用 I_θ 的定义，容易得出 $I_x=\begin{pmatrix} 1 & 0 \\ 0 & -1 \end{pmatrix}=I_0$，$I_y=\begin{pmatrix} -1 & 0 \\ 0 & 1 \end{pmatrix}=I_{90}$. 于是 $O(2)$ 与 $SO(2)$ 之间的关系可一般地表达为 $O(2)=SO(2)\bigcup I_\theta SO(2)$. 这表明 $SO(2)$ 是 $O(2)$ 的一个正规子群（参见例 3.11.3）.

例 5.4.4　对于 $\forall B\in O(3)$，$\forall A\in SO(3)$，有 $|BAB^{-1}|=|A|=1$，即

$BAB^{-1} \in SO(3)$. 由此可知 $SO(3)$ 是 $O(3)$ 的一个正规子群(参见例 3.11.4).

§5.5 $SO(2)$ 中元素的转轴

我们在 §5.1，§5.2 两节中证明了 $SO(2) = \{A(\theta) \mid 0 \leqslant \theta \leqslant 2\pi\}$. 这就表明了 $SO(2)$ 中元 $A(\theta)$ 的几何意义：在 $\theta \neq 0$ 时，$A(\theta)$ 使平面中的原点 O 以外的各点都绕着原点 O，逆时针地转动了 θ 角；在 $\theta = 0$ 时，$A(0) = E_2$ 是恒等变换，它使平面中的各点都不变. 这从 $\mathrm{tr}\,E_2 = 2$，而 (5.11) 给出的 $\theta = 0$ 也可以看出. E_2 既然使平面中的各点都不变，所以也谈不上转轴了.

$A(\theta)$ 在 $\theta \neq 0$ 的情况下，它的转轴是明显的. 在图 5.1.1 中，通过原点 O，而垂直纸面的 z 轴即是此时的各平面转动的共同转轴. 为了从数学上给予描述，我们要从平面向量 (x, y) 扩展到空间向量 (x, y, z). 作为第一步，我们首先固定 z 分量，而考虑下面的变换

$$\begin{pmatrix} x' \\ y' \\ z' \end{pmatrix} = \begin{pmatrix} \cos\theta & -\sin\theta & 0 \\ \sin\theta & \cos\theta & 0 \\ 0 & 0 & 1 \end{pmatrix} \begin{pmatrix} x \\ y \\ z \end{pmatrix}. \tag{5.19}$$

具有这一形式的变换的全体具有以下三个共性：(i) 它们使原点 $(0, 0, 0)$ 不变；(ii) 它们使 $(0, 0, z)$，$\forall z \in \mathbb{R}$ 不变，即 z 轴上的点都不变；(iii) 它们对平面中向量 (x, y) 的作用如同 $A(\theta)$ 对 (x, y) 的作用. 这就表明 z 轴是我们要求的平面转动的转轴.

下一节中，我们将把 (5.19) 推广到 3 维空间 $\mathbb{R}^3$ 的一般情况中去.

例 5.5.1   (5.19) 是列向量 $(x, y, z)^T$ 在绕 z 轴，转角为 θ 下的变换. 如果是绕 x 轴或 y 轴，转角为 θ 的变换. 则它们分别为（作为练习）

$$\begin{pmatrix} 1 & 0 & 0 \\ 0 & \cos\theta & -\sin\theta \\ 0 & \sin\theta & \cos\theta \end{pmatrix}, \quad \begin{pmatrix} \cos\theta & 0 & \sin\theta \\ 0 & 1 & 0 \\ -\sin\theta & 0 & \cos\theta \end{pmatrix}.$$

§5.6 $O(3)$ 群与 $SO(3)$ 群

正如 2 阶正交群 $O(2)$ 的几何意义是其中的元或是 2 维空间(平面)中的

真转动，或是 2 维空间中的非真转动一样，3 阶正交群 $O(3)$ 是由 3 维空间中的真转动与非真转动构成的. 此时只需将 (5.12) 与 (5.13) 分别推广为：对于 $(x，y，z)^T \in \mathbb{R}^3$，$O \in GL(3，\mathbb{R})$，有

$$\begin{pmatrix} x' \\ y' \\ z' \end{pmatrix} = O \begin{pmatrix} x \\ y \\ z \end{pmatrix}, \tag{5.20}$$

$$(x'，y'，z') \begin{pmatrix} x' \\ y' \\ z' \end{pmatrix} = (x，y，z) O^T O \begin{pmatrix} x \\ y \\ z \end{pmatrix} = (x，y，z) \begin{pmatrix} x \\ y \\ z \end{pmatrix}. \tag{5.21}$$

于是，类似于 (5.14) 与 (5.15)，我们有

$$O^T O = E_3，\quad |O| = \pm 1. \tag{5.22}$$

在 $O(3)$ 的情况中，空间关于原点的反演由 $I = \begin{pmatrix} -1 & 0 & 0 \\ 0 & -1 & 0 \\ 0 & 0 & -1 \end{pmatrix}$ 给出，

它是一个非真转动（比较例 5.4.1）. 由此，类似于 $O(2) = SO(2) \bigcup I_\theta SO(2)$，（参见例 5.4.3），此时有

$$O(3) = SO(3) \bigcup I SO(3). \tag{5.23}$$

我们把 $A \in SO(3)$ 称为转动，那么由 A 怎样求出它的转轴与转角呢？

例 5.6.1 $A \in SO(3)$ 有特征值 1.

对于任意 3×3 矩阵 $B = (b_{ij})$，构成 $-B$，则 $-B$ 以 $(-b_{ij})$ 为矩阵元，且 $|-B| = -|B|$.

利用这一点，我们有 $|E_3 - A| = |A^T A - A| = |(A^T - E_3)A| = |A^T - E_3| |A| = |A^T - E_3| = |A - E_3| = -|E_3 - A|$. 其中用到了 $(A^T - E_3)^T = A - E_3$，且 $\det(A^T - E_3) = \det(A^T - E_3)^T$. 由此得出 $|E_3 - A| = 0$，即 $\lambda = 1$ 时 $|\lambda E_3 - A| = 0$.

§5.7 $A \in SO(3)$ 的特征方程与特征值

1是 A 的一个特征值,这表示存在与其对应的特征向量 $v = \begin{pmatrix} a_1 \\ a_2 \\ a_3 \end{pmatrix}$,满足

$$A \begin{pmatrix} a_1 \\ a_2 \\ a_3 \end{pmatrix} = \begin{pmatrix} a_1 \\ a \\ a_3 \end{pmatrix}, \tag{5.24}$$

也即 $(a_1, a_2, a_3)^T$ 在 A 下不变. 因此, $k(a_1, a_2, a_3) = (ka_1, ka_2, ka_3)$, $\forall k \in \mathbb{R}$ 在 A 下都不变. $k(a_1, a_2, a_3)$ 是 $\mathbb{R}^3$ 中过原点 O 的一条直线,所以这即是 A 给出的转动的转轴. 为了精确地求得这条转轴,以及求出 A 给出的转角,我们必须更全面地研究 A 的特征方程,以及与它相关的各特征值与特征向量.

对于 3×3 的矩阵 $A = (a_{ij})$. 我们有(参见附录[3])

$$|\lambda E_3 - A| = \lambda^3 - \operatorname{tr} A \lambda^2 + \left(\begin{vmatrix} a_{22} & a_{23} \\ a_{32} & a_{33} \end{vmatrix} + \begin{vmatrix} a_{11} & a_{13} \\ a_{31} & a_{33} \end{vmatrix} + \begin{vmatrix} a_{11} & a_{12} \\ a_{21} & a_{22} \end{vmatrix} \right) \lambda - |A| = 0.$$

$$\tag{5.25}$$

对于 $A \in SO(3)$,其矩阵元都是实数,所以这是 λ 的一个实系数 3 次方程.

例 5.7.1 对一般的实系数 3 次方程 $x^3 + ax^2 + bx + c = 0$, a, b, $c \in \mathbb{R}$,若 λ 是它的一个复根,即 $\lambda^3 + a\lambda^2 + b\lambda + c = 0$,那么从 $\overline{\lambda}^3 + a\overline{\lambda}^2 + b\overline{\lambda} + \overline{c} = \overline{\lambda^3 + a\lambda^2 + b\lambda + c} = 0$,可知 λ 的共轭复数 $\overline{\lambda}$ 也是该方程的一个根. 因此,此方程的 3 个根,只有下列 2 种情况:(i) 3 个根都是实根;(ii) 有一个实数根和一对共轭复数根.

设 λ_1, λ_2, λ_3 是(5.25)的 3 个根(参见推论 7.12.2,例 7.13.3),则有

$$|\lambda E_3 - A| = (\lambda - \lambda_1)(\lambda - \lambda_2)(\lambda - \lambda_3)$$

$$= \lambda^3 - (\lambda_1 + \lambda_2 + \lambda_3)\lambda^2 + (\lambda_1\lambda_2 + \lambda_2\lambda_3 + \lambda_3\lambda_1)\lambda - \lambda_1\lambda_2\lambda_3.$$

$$\tag{5.26}$$

于是对 $A \in SO(3)$,有

$$\text{tr} A = a_{11} + a_{22} + a_{33} = \lambda_1 + \lambda_2 + \lambda_3,$$
$$|A| = \lambda_1 \lambda_2 \lambda_3 = 1. \tag{5.27}$$

而且我们已证得 $|\lambda_1| = |\lambda_2| = |\lambda_3| = 1$(参见例 4.14.1),以及其中有一个根为 1(参见例 5.6.1),不妨设 $\lambda_1 = 1$,于是有 $\lambda_2 \lambda_3 = 1$. 所以,此时共有 3 种情况:(i) $\lambda_1 = \lambda_2 = \lambda_3 = 1$, (ii) $\lambda_1 = 1$, $\lambda_2 = \lambda_3 = -1$, (iii) $\lambda_1 = 1$, $\lambda_2 = e^{i\theta}$, $\lambda_3 = e^{-i\theta}$ (参见 §7.14). 进而当 $\theta = 0$, π 时,(iii) 分别给出了 (i),(ii),因此剩下来的为

$$\lambda_1 = 1, \lambda_2 = e^{i\theta}, \lambda_3 = e^{-i\theta}, \theta \neq 0, \pi. \tag{5.28}$$

例 5.7.2 对 $A = E_3$,有 $|\lambda E_3 - E_3| = (\lambda - 1)^3$. 因此,$\lambda_1 = \lambda_2 = \lambda_3 = 1$. 这是 (5.28) 中取 $\theta = 0°$ 的情况. 对 $A = \begin{pmatrix} 1 & 0 & 0 \\ 0 & -1 & 0 \\ 0 & 0 & -1 \end{pmatrix}$,有 $|\lambda E_3 - A| = (\lambda - 1)(\lambda + 1)^2$. 因此,$\lambda_1 = 1$,$\lambda_2 = \lambda_3 = -1$. 这是 (5.28) 中取 $\theta = 180°$ 的情况. 在 $A = E_3$ 时,此时由于任意非零的向量 v 都满足 $Av = v$,即在 A 下都不变,故 E_3 就没有转轴了(参见 §5.8).

§5.8 $A \in SO(3)$ 给出的转轴

设对应于 A 的特征值 1, $e^{i\theta}$, $e^{-i\theta}$ 的特征向量为 $r^{(1)}$, $r^{(2)}$, $r^{(3)}$,即

$$Ar^{(1)} = r^{(1)}, Ar^{(2)} = e^{i\theta} r^{(2)}, Ar^{(3)} = e^{-i\theta} r^{(3)}. \tag{5.29}$$

方程 $Ar^{(1)} = r^{(1)}$ 有实数解,即 $r^{(1)}$ 是实向量,而 $r^{(2)}$, $r^{(3)}$ 一般就是复向量了. 我们要对 $r^{(2)}$, $r^{(3)}$ 进行变换,才能使它们与 $\mathbb{R}^3$ 关联起来.

对 $Ar^{(3)} = e^{-i\theta} r^{(3)}$,两边取复共轭"—"运算,而得出 $\overline{Ar^{(3)}} = e^{i\theta} \overline{r^{(3)}}$,其中 $\overline{A} = A$. 把此式与 $Ar^{(2)} = e^{i\theta} r^{(2)}$ 相比,就有 $\overline{r^{(3)}} = r^{(2)}$.

类似地,对于复数 $\alpha = a + bi$, $\overline{\alpha} = a - bi$,有 $a = \dfrac{\alpha + \overline{\alpha}}{2}$, $b = \dfrac{-i(\alpha - \overline{\alpha})}{2}$ (参见例 7.13.2),我们定义

$$v^{(1)} = r^{(1)}, \quad v^{(2)} = \frac{1}{\sqrt{2}}(r^{(2)} + r^{(3)}), \quad v^{(3)} = \frac{i}{\sqrt{2}}(r^{(2)} - r^{(3)}). \quad (5.30)$$

不难由此得出（作为练习）$\bar{v}^{(2)} = v^{(2)}$，$\bar{v}^{(3)} = v^{(3)}$，即它们都是实向量. 上式中的因数 $\frac{1}{\sqrt{2}}$ 用以保证：若 $r^{(1)}, r^{(2)}, r^{(3)}$ 是相互垂直的单位向量时，则 $v^{(1)}, v^{(2)}$，$v^{(3)}$ 也是相互垂直的单位向量.[①]

当然，$v^{(2)}, v^{(3)}$ 都不再是 A 的特征向量了. 不过，它们有下列性质（作为练习）：

$$A v^{(1)} = v^{(1)}, \quad A v^{(2)} = \cos\theta v^{(2)} + \sin\theta v^{(3)}, \quad A v^{(3)} = -\sin\theta v^{(2)} + \cos v^{(3)}. \quad (5.31)$$

这用矩阵来表达则有

$$\begin{pmatrix} A v^{(1)} \\ A v^{(2)} \\ A v^{(3)} \end{pmatrix} = \begin{pmatrix} 1 & 0 & 0 \\ 0 & \cos\theta & \sin\theta \\ 0 & -\sin\theta & \cos\theta \end{pmatrix} \begin{pmatrix} v^{(1)} \\ v^{(2)} \\ v^{(3)} \end{pmatrix}, \quad (5.32)$$

这是 $\mathbb{R}^3$ 的基向量 $v^{(1)}, v^{(2)}, v^{(3)}$ 在 A 下的变换，将上式中的 3×3 矩阵记为 $A(\theta)$，它就是 $A \in SO(3)$ 在基 $v^{(1)}, v^{(2)}, v^{(3)}$ 下的表示矩阵（参见 §8.8）.[②]由

[①] 下面的论述要用到酉空间中的一些知识（参见 §8.15）. 设 $Au = \lambda u$，$Av = \mu v$，$\lambda \neq \mu$，则有 $\bar{u}^T v = \left(\frac{1}{\lambda}\bar{u}^T A^T\right)\left(\frac{1}{\mu} Av\right) = \frac{1}{\lambda\mu}\bar{u}^T A^T A v = \frac{1}{\lambda\mu}\bar{u}^T v$. 再由 $\lambda \neq \mu$，以及 (5.28) 可得 $\bar{\lambda}\mu \neq 1$. 因此，$\bar{u}^T v = 0$，即 u 与 v 垂直. 这样，$r^{(1)}, r^{(2)}, r^{(3)}$ 就相互垂直. 不失一般性，可将它们标准（归一）化. 于是，$r^{(1)}, r^{(2)}, r^{(3)}$ 就是 $\mathbb{R}^3$ 中的一个标准正交基. 而 (5.30) 给出了

$$\begin{pmatrix} v^{(1)} \\ v^{(2)} \\ v^{(3)} \end{pmatrix} = \begin{pmatrix} 1 & 0 & 0 \\ 0 & \frac{1}{\sqrt{2}} & \frac{1}{\sqrt{2}} \\ 0 & \frac{i}{\sqrt{2}} & \frac{-i}{\sqrt{2}} \end{pmatrix} \begin{pmatrix} r^{(1)} \\ r^{(2)} \\ r^{(3)} \end{pmatrix},$$

不难证明其中的 3×3 矩阵是酉矩阵. 因此，$v^{(1)}, v^{(2)}, v^{(3)}$ 也是一个标准正交基.

[②] 这里的整个过程是：对 $A \in SO(3)$，用它的特征向量 $r^{(1)}, r^{(2)}, r^{(3)}$ 可表为 (5.29)：

$$\begin{pmatrix} 1 & 0 & 0 \\ 0 & e^{i\theta} & 0 \\ 0 & 0 & e^{-i\theta} \end{pmatrix},$$

这在线性代数中称为将 A 对角化（参见 [9]，[20]）. 然后，再引入基 $v^{(1)}, v^{(2)}, v^{(3)}$ 将其"实数化"，而最后成为 $A(\theta)$.

$|A(\theta)|=1$,且 $A^T(\theta)A(\theta)=E_3$,因此 $A(\theta)\in SO(3)$.

(5.32)表明了基向量 $v^{(1)}$,$v^{(2)}$,$v^{(3)}$ 在 $A\in SO(3)$ 下的变换方式:$v^{(1)}$ 在 A 下不变,所以它是 A 所表示的转动的轴;与 $v^{(1)}$ 垂直的向量 $v^{(2)}$,$v^{(3)}$ 张成的 2 维平面在 A 下构成一个不变子空间,转动的角度为 θ(参见例 5.5.1,其中给出的是分量的变换,而(5.32)是基向量的变换,这由例 5.8.1 所明示).

例 5.8.1 $A\in SO(3)$ 对向量 $v\in \mathbb{R}_3$ 的分量的变换.

设向量 v,向量 $v'=Av$ 在基 $v^{(1)}$,$v^{(2)}$,$v^{(3)}$ 下分别展开成 $v=xv^{(1)}+yv^{(2)}+zv^{(3)}$,$v'=x'v^{(1)}+y'v^{(2)}+z'v^{(3)}$. 现在研究 $(x',y',z')^T$ 与 $(x,y,z)^T$ 之间的关系. 按假设有

$$v=(x,\,y,\,z)\begin{pmatrix} v^{(1)} \\ v^{(2)} \\ v^{(3)} \end{pmatrix},\ v'=Av=(x',\,y',\,z')\begin{pmatrix} v^{(1)} \\ v^{(2)} \\ v^{(3)} \end{pmatrix}. \quad (5.33)$$

按变换 A 的线性性(或矩阵乘法满足分配律),有

$$v'=Av=A(xv^{(1)}+yv^{(2)}+zv^{(3)})=xAv^{(1)}+yAv^{(2)}+zAv^{(3)}$$

$$=(x,\,y,\,z)\begin{pmatrix} Av^{(1)} \\ Av^{(2)} \\ Av^{(3)} \end{pmatrix}=(x,\,y,\,z)A(\theta)\begin{pmatrix} v^{(1)} \\ v^{(2)} \\ v^{(3)} \end{pmatrix}. \quad (5.34)$$

将(5.33),(5.34)中的 v' 的两个表达式比较,即有

$$(x',\,y',\,z')=(x,\,y,\,z)A(\theta),$$

或

$$\begin{pmatrix} x' \\ y' \\ z' \end{pmatrix}=A^T(\theta)\begin{pmatrix} x \\ y \\ z \end{pmatrix}=\begin{pmatrix} 1 & 0 & 0 \\ 0 & \cos\theta & -\sin\theta \\ 0 & \sin\theta & \cos\theta \end{pmatrix}\begin{pmatrix} x \\ y \\ z \end{pmatrix}, \quad (5.35)$$

这正是例 5.5.1 所表明的(参见[15]).

例 5.8.2 用 $A=(a_{ij})\in SO(3)$ 直接给出由 A 确定的转轴 $v^{(1)}=r^{(1)}$ 的取向.

令 $r^{(1)} = (r_1^{(1)}, r_2^{(1)}, r_3^{(1)})^T$，从 $Ar^{(1)} = r^{(1)}$，有 $A^T r^{(1)} = A^T A r^{(1)} = r^{(1)}$．于是 $(A - A^T) r^{(1)} = 0$，即有

$$\begin{pmatrix} 0 & a_{12} - a_{21} & a_{13} - a_{31} \\ a_{21} - a_{12} & 0 & a_{23} - a_{32} \\ a_{31} - a_{13} & a_{32} - a_{23} & 0 \end{pmatrix} \begin{pmatrix} r_1^{(1)} \\ r_2^{(1)} \\ r_3^{(1)} \end{pmatrix} = \begin{pmatrix} 0 \\ 0 \\ 0 \end{pmatrix}.$$

解此方程，可得 $r^{(1)}$ 的分量，即转轴的方向余弦，满足

$$r_1^{(1)} : r_2^{(1)} : r_3^{(1)} = (a_{23} - a_{32}) : (a_{31} - a_{13}) : (a_{12} - a_{21}). \tag{5.36}$$

§5.9 由 $A \in SO(3)$ 直接给出由 A 确定的转动的转角 θ

(5.32)已明示，其中的 θ 是由 A 确定的转动的转角．这样一来，(5.28)所示的 A 的特征值 $e^{\pm i\theta}$ 中的 θ 也就有了确切的几何意义了．忆及(5.27)中 $\mathrm{tr}\, A$ 的表达式，再由(5.28)就有

$$\mathrm{tr}\, A = \lambda_1 + \lambda_2 + \lambda_3 = 1 + e^{i\theta} + e^{-i\theta} = 1 + 2\cos\theta, \tag{5.37}$$

从而有(比较(5.11))

$$\theta = \arccos \frac{\mathrm{tr}\, A - 1}{2}. \tag{5.38}$$

设 $A, B \in SO(3)$，且 A, B 共轭，即 $\exists C \in SO(3)$，使得 $A = CBC^{-1}$，也即 A, B 是相似的(参见例 4.13.4)，那么从 $\mathrm{tr}\, A = \mathrm{tr}\, B$ (参见例 4.13.4)可知它们的转角是相等的．于是，$SO(3)$ 中的共轭元有相同的转角．

反过来，若 A, B 有相同的转角 θ，而转轴分别为 a, b，那么在 $SO(3)$ 中存在以 $a \times b$ 为转轴，a 与 b 之间的夹角为转角的转动 P．由此构造 $P^{-1}BP$．这一操作先将 a 按 P 转到 b，然后以 b 为转轴转了 θ，最后再将 b 按 P^{-1} 转回到 a．这就等价于以 a 为转轴转了 θ，即 $P^{-1}BP = A$．这表示 A, B 属于同一共轭类．综上所述，$SO(3)$ 中元 A, B 属于同一共轭类的充要条件是它们有同样的转角 θ，或 $\mathrm{tr}\, A = \mathrm{tr}\, B$．

对于 $SO(3)$ 的真子群 G 而言，如果 $A, B \in G$ 有同样的转角，此时若在

G 中存在 P，使得 A 的转轴 a 转到 B 的转轴 b，那么 A，B 属于 G 中的同一共轭类；若不存在这样的 P，则它们属于不同的共轭类.

　　在下面一章中我们再回过来研究 $SO(3)$ 的一些有限子群.

第六章

应用：用群论方法证明只有五种正多面体

§6.1 转动群的元对球面上点的转动

在 3 维空间 $\mathbb{R}^3$ 中设定一个直角坐标系，而其原点为 O，并再以此点 O 为球心，作一个半径为 1 的球面，称为单位球面．对于 $\alpha \in SO(3)$，以及该球面上的任意点 Q 给出的向量 OQ，令 α 转动 OQ，而得出 OR，即 $\alpha(OQ) = OR$，则由于 α 是转动，因此 $|OQ| = |OR|$．所以，点 R 也在球面上．这样，点 Q 经转动 α 就给出了点 R，记为

$$Q^\alpha = R. \tag{6.1}$$

这就定义了 $\alpha \in SO(3)$，对球面上任意点 Q 进行的转动，而得出了点 R．对于 $\alpha, \beta, \gamma \in SO(3)$，由 $\alpha(OQ) = OR$，$\beta(OR) = OS$，$\gamma(OS) = OT$，即

$$\gamma\beta\alpha(OQ) = \gamma\beta(OR) = \gamma(OS) = OT. \tag{6.2}$$

相应地，有

$$Q^{\alpha\beta\gamma} = (Q^\alpha)^{\beta\gamma} = (R^\beta)^\gamma = S^\gamma = T. \tag{6.3}$$

§6.2 转轴的极、转动的极点数与极的极点数

下面我们讨论 $SO(3)$ 的 n 阶子群 G．G 中的恒等转动，记为 1，是没有转轴的（参见 §5.5，例 5.7.2），而 G 中的 $n-1$ 个非恒等转动，个个都有转轴．每一个转轴都通过上节中定义的单位球面的球心，且与该球面交于 2 点，它们称为该轴的 2 个极．若 G 有 l 根转轴，则 G 有分布在单位球面上的 $2l$ 个极．这

里的极是针对 G 的转轴来定义的.

考虑到,例如说,G 中的一根 4 重转轴,它有 $\frac{\pi}{2}$, π, $\frac{3\pi}{2}$ 这 3 个非恒等转动,所以为了更精确地描述 G,我们从 G 的转动去定义转动的极点数:每个非恒等转动给出极点数 2.因此,一根 4 重轴就确定了 2 个极(几何上的),而具有的极点数(数值上的)为 6.换言之,在计算 G 的极点数时,我们应计入由同一转轴,而不同转角的转动带来的重复度.因此,若 $|G|=n$,则 G 一共有 $2(n-1)$ 个极点数.

G 中的一个由球面上 P 点与其对径点 P' 点给出的 m 重轴 PP',给出了 2 个极 P, P',以及 $2(m-1)$ 个极点数.依此,我们定义极 P, P' 分别给出了 $m-1$ 个极点数,即极 P,极 P' 的重复度都为 $m-1$.总计给出了 $2(m-1)$ 个极点数.于是考虑了极的重复度,而从极来计算极点数,就与上述用转动来得出极点数一了.

按 §4.4 所述,$|D_3|=6$,它有 1 根 3 重轴,与 3 根 2 重轴(参见图 6.11.1).因此,它有 $l=4$ 根轴.这表明 D_3 有 8 个极.D_3 的 3 重轴的 2 个极重复度都为 2,而它的 3 根 2 重轴,一共有 6 个极,而各自的重复度都为 1.因此 D_3 的极点数为 $2\times2+6\times1=10$.另一方面 $|D_3|=6$,它有 $(6-1)=5$ 个非恒等转动.由此,用这样的方法也可得 D_3 的极点数 $=2(6-1)=10$.

下面我们要从 G 的群结构得出 G 的极点数的另一个表达式.这与 $2(n-1)$ 应相等,这就会得出一个等式.这个等式会极大地限制 $SO(3)$ 可能有的有限子群 G 的类型.

§6.3　群 G_p 是 G 的一个循环子群

设点 P 是 G 的一个非恒等转动 α 的一个极,因此 OP 就是 α 的转轴.G 中使 P 点不动的所有转动(包括恒等转动 1),显然构成了 G 的一个子群,记为 G_p.

$1, \alpha \in G_p$,再设 $\beta \in G_p$,则从 β 使 P 不变,因此 OP 也是它的转轴,即 G_p 中的任意元都以 OP 为转轴.这样,我们就得出了 G_p 是 $SO(2)$ 的一个子群.下面我们要从 G_p 是一个有限可换群,推出它是一个循环群.

G 是有限的, 因此 G_p 也是有限的. 所以, 在 G_p 中存在有最小转角的转动 σ, 其转角记为 $\varphi_\sigma(\varphi_\sigma > 0)$. 于是, 对于任意 $\tau \in G_p$ (其转角为 φ_τ), 存在一个正整数 q, 满足

$$q\varphi_\sigma \leqslant \varphi_\tau < (q+1)\varphi_\sigma. \tag{6.4}$$

由此可推得

$$-q\varphi_\sigma \geqslant -\varphi_\tau, \text{ 即 } -q\varphi_\sigma + \varphi_\tau \geqslant 0, \tag{6.5}$$

$$\varphi_\tau < q\varphi_\sigma + \varphi_\sigma, \text{ 即 } -q\varphi_\sigma + \varphi_\tau < \varphi_\sigma, \tag{6.6}$$

另一方面, 对于 $\beta, \gamma \in G_p$, 有 $\varphi_{\beta\gamma} = \varphi_\beta + \varphi_\gamma$, 以及对 $\sigma \in G_p$, 有 $\varphi_{\sigma^{-1}} = -\varphi_\sigma$, $\varphi_{\sigma^q} = q\varphi_\sigma$, 从而有

$$\varphi_{\sigma^{-q}\tau} = \varphi_{\sigma^{-q}} + \varphi_\tau = -q\varphi_\sigma + \varphi_\tau. \tag{6.7}$$

(6.7) 的右边就是 (6.5) 和 (6.6) 的左边. 于是, 对于 (6.7) 的左边就得出

$$0 \leqslant \varphi_{\sigma^{-q}\tau} < \varphi_\sigma. \tag{6.8}$$

按 φ_σ 是最小的这一假定, 这就得出 $\varphi_{\sigma^{-q}\tau} = 0$, 即 $\sigma^{-q}\tau = 1$, 或 $\tau = \sigma^q$, 即 $G_p = \langle \sigma \rangle$.

例 6.3.1 G_p 是循环群给出的推论.

设 $|G_p| = m$, 于是有 $G_p = \langle \sigma \rangle = \{\sigma^0, \sigma^1, \sigma^2, \cdots, \sigma^{m-1}\}$. 由此, 我们把极 $\overset{\cdot}{P}$ 称为是一个 $\overset{\cdot}{m}$ 次极, 与它对应的转轴 OP 就是一个 m 重轴 (参见 §4.2). 此时极 P 就与 $(m-1)$ 个非恒等转动 $\sigma^1, \sigma^2, \cdots, \sigma^{m-1}$ 相关联, 即极 P 应计数 $(m-1)$ 次, 或极 P 的重复度应为 $m-1$.

例 6.3.2   若 $|G_p| = m$, 则 $G_p = C_m$, 此时最小的转动 σ 的转轴为 OP, 转角 $\theta = \dfrac{2\pi}{m}$.

从 $\sigma \in G_p$, $\sigma \neq 1$, 可知 $|G_p| = m \geqslant 2$.

§6.4 G 关于 G_p 的右陪集分解

从 $|G| = n$, $|G_p| = m$, $j = \dfrac{n}{m}$, 有 G 关于 G_p 的下列右陪集分解 (参见

§3.10).

$$G = G_p \bigcup G_p\sigma_1 \bigcup G_p\sigma_2 \bigcup \cdots \bigcup G_p\sigma_{j-1}. \tag{6.9}$$

接下来,我们用群元 σ_1, σ_2, $\cdots$, $\sigma_{j-1} \in G$ 对 P 进行转动(参见§6.1),从而从 P 分别得出 $P^{\sigma_i} = P_i$, $i = 1, 2, \cdots, j-1$. 连同点 P,我们有单位球面上的 j 个点

$$P, P_1, P_2, \cdots, P_{j-1}, n = mj. \tag{6.10}$$

它们具有性质:

(i) $P_i \neq P$, $i = 1, 2, \cdots, j-1$. 我们用反证明来加以证明:

若 $P_i = P$,即 $P^{\sigma_i} = P$,则 σ_i 使点 P 不变.因此,$\sigma_i \in G_p$.

但 $\sigma_i \in G_p\sigma_i$,且 $G_p \bigcap G_p\sigma_i = \varnothing$,矛盾.

(ii) 当 $i \neq j$ 时,$P_i \neq P_j$.若 $P_i = P_j$,即 $P^{\sigma_i} = P^{\sigma_j}$.

于是,有 $(P^{\sigma_j})^{\sigma_i^{-1}} = P^{\sigma_j\sigma_i^{-1}} = P^1 = P$.这表示 $\sigma_j\sigma_i^{-1} \in G_p$.

令 $\sigma_j\sigma_i^{-1} = \tau$,则 $\sigma_j = \tau\sigma_i$,有 $G_p\sigma_j = G_p\tau\sigma_i = G_p\sigma_i$, $i \neq j$. 矛盾.

综上所述,由(6.10)给出的单位球面上的 j 个点 P, P_1, $\cdots$, P_{j-1} 是互不相同的.

针对(6.9)中的各陪集,我们还有如下的问题:

$\alpha \in G_p$ 的充要条件是 $P^\alpha = P$,那么 $\tau \in G_p\sigma_i$, $i = 1, 2, \cdots, j-1$ 的充要条件是什么?

§6.5　右陪集 $G_p\sigma_i$ 中元的性质

若 $\tau \in G_p\sigma_i$,那么就存在 $\alpha \in G_p$,有 $\tau = \alpha\sigma_i$.于是 $P^\tau = P^{\alpha\sigma_i} = P^{\sigma_i} = P_i$,即 $G_p\sigma_i$ 中任意元 τ,如同 σ_i 一样,将极 P 变为 P_i.

反过来,若 $\tau \in G$,满足 $P^\tau = P_i = P^{\sigma_i}$,那么从 $P^{\tau\sigma_i^{-1}} = (P^{\sigma_i})^{\sigma_i^{-1}} = P$,有 $\tau\sigma_i^{-1} \in G_p$,即 $\tau \in G_p\sigma_i$.

这样,G 中能使 P 变换到 P_i 的转动必定在,且只能在右陪集 $G_p\sigma_i$ 之中.其中 σ_i 满足 $P_i = P^{\sigma_i}$, $i = 1, 2, \cdots, j-1$.

§6.6   研究与 G_p 共轭的群 $\sigma_i^{-1}G_p\sigma_i$

对于 $\sigma_i^{-1}G_p\sigma_i$ 中的任意元 $\sigma_i^{-1}\alpha\sigma_i$，$\alpha\in G_p$，以及 $P_i=P^{\sigma_i}$，有 $P_i^{\sigma_i^{-1}\alpha\sigma_i}=P^{\sigma_i\sigma_i^{-1}\alpha\sigma_i}=(P^\alpha)^{\sigma_i}=P^{\sigma_i}=P_i$，即 $\sigma_i^{-1}G_p\sigma_i$ 中任意元使得 P_i 不变. 反过来，对于 $\tau\in G$，若有 $P_i^\tau=P_i$，则从 $P^{\sigma_i\tau\sigma_i^{-1}}=(P_i)^{\tau\sigma_i^{-1}}=P_i^{\sigma_i^{-1}}=(P^{\sigma_i})^{\sigma_i^{-1}}=P$，可得出 $\sigma_i\tau\sigma_i^{-1}\in G_p$，即 $\tau\in\sigma_i^{-1}G_p\sigma_i$.

这样，$\sigma_i^{-1}G_p\sigma_i$ 中的元，且只有 $\sigma_i^{-1}G_p\sigma_i$ 中的元，才能使由 $P_i=P^{\sigma_i}$ 定义的点 P_i 不变. 因此，与 G_p 共轭的群（参见 §3.12）$\sigma_i^{-1}G_p\sigma_i(\subseteq G)$ 中的元使点 P_i 不变，而且只有其中元才使 P_i 不变. 这还表明 OP_i 也是 G 中转动的转轴，因此 P_i 就是 G 中某一元的极，且

$$G_{P_i}=\sigma_i^{-1}G_p\sigma_i,\ i=1,2,\cdots,j-1,\qquad(6.11)$$

$P_1,P_2,\cdots,P_{j-1}$ 称为与 P 共轭的极. 由于 $|G_{P_i}|=|\sigma_i^{-1}G_p\sigma_i|=|G_p|$，所以 $P_1,P_2,\cdots,P_{j-1}$ 的重复度与极 P 的重复度是一样的，都等于 $|G_p|-1=m-1$.

§6.7   在 G 的所有极构成的集合 K 中引入共轭关系

在 §6.4 中，我们从极 P，由 $P_i=P^{\sigma_i}$，$i=1,2,\cdots,j-1$ 定义了点 P_1，$P_2,\cdots,P_{j-1}$. 并在 §6.6 证明了它们也是极，且把它们称为是共轭于 P 的. 由此原型，我们要在 G 的所有极（注意，不是 G 的群元）构成的集合 K 中引入一个共轭关系：

当且仅当 G 中有转动 σ，使极 S 变为极 T，即 $S^\sigma=T$ 时，称 T 共轭于 S. 对此关系，我们有：(i) 自反律：K 中每一个极都与它自身共轭，因为 G 中有恒等转动 1，使任意 $S\in K$，变为 S，即 $S^1=S$；(ii) 对称律：若 T 与 S 共轭，即 $\exists\sigma\in G$，使得 $S^\sigma=T$，那么对于 $\sigma^{-1}\in G$，就有 $T^{\sigma^{-1}}=S$；(iii) 传递律：从 $S^\sigma=T$，$T^\tau=R$，$\sigma,\tau\in G$. 那么对 $\upsilon=\sigma\tau$，就有 $S^{\sigma\tau}=T^\tau=R$. 因此，K 中的共轭关系就是一个等价关系. 依此，我们可将 K 分成 h 个共轭类（定理 1.6.1）：

$$K: K_1, K_2, \cdots, K_h. \qquad (6.12)$$

注意，若 G 有 l 根轴，那么我们这里是对 G 的 $2l$ 个极构成的集合 K 进行的共轭关系分类，而不是对 n 个元的群 G 进行群元之间共轭关系的分类.

由前面的讨论可知 $P, P_1, P_2, \cdots, P_{j-1}$ 构成一个共轭类，例如说 K_1. 相应地，我们把以前的符号作些改动：当时的 j, m 分别改为 j_1, m_1，即 $|G_P| = m_1$，$|G| = n = jm = m_1 j_1$，而

$$K_1 = \{P, P_1, \cdots, P_{j_1-1}\}, \quad |K_1| = j_1, \qquad (6.13)$$

其中每一个极的重复度都是 $m_1 - 1$. 若此时 $\exists Q \in K - K_1$，那么我们可以类似地对极 Q 加以讨论：令 $|G_Q| = m_2$，而从 $n = m_2 j_2$，以及类似于(6.9)的，G 关于 G_Q 的右陪集分解，就能得出此时陪集的代表 $\tau_1, \tau_2, \cdots, \tau_{j_2-1}$. 由此，再构成与 Q 共轭的 $(j_2 - 1)$ 个元 $Q_i = Q^{\tau_i}$，$i = 1, 2, \cdots, j_2 - 1$. 最终有 $K_2 = \{Q, Q_1, Q_2, \cdots, Q_{j_2-1}\}$，其中每一个极的重复度都是 $|G_Q| - 1 = m_2 - 1$. 类似地，我们可以讨论 $K_3, K_4, \cdots, K_h$.

§6.8　关于 G 的极点数的一个基本方程

由 K_i 中有 j_i 个元（极），而每个元在极点数的计数中的重复度都为 $m_j - 1$，于是从(6.12)可得（参见 §6.2）

$$(m_1 - 1)j_1 + (m_2 - 1)j_2 + \cdots + (m_h - 1)j_h = 2(n - 1). \qquad (6.14)$$

再由 $m_1 j_1 = m_2 j_2 = \cdots = m_h j_h = n$，可将上式写成

$$2(n - 1) = \sum_{i=1}^{h} (m_i - 1)j_i = \sum_{i=1}^{h} m_i j_i - \sum_{i=1}^{h} j_i = nh - \sum_{i=1}^{h} j_i, \qquad (6.15)$$

这是 $SO(3)$ 的有限子群 G 的极点数应满足的一个基本方程. 破解这个方程，我们即可得出 $SO(3)$ 的所有有限子群 G.

首先，我们对 G 的极的共轭类的个数 h 得出一个限定. 从 $j_i = \dfrac{n}{m_i}$，可知 $1 \leqslant j_i$. 因此，$h \leqslant \sum_{i=1}^{h} j_i$. 从 $m_i \geqslant 2$（参见例 6.3.2），有 $j_i \leqslant \dfrac{n}{2}$. 因此 $\sum_{i=1}^{h} j_i \leqslant$

$\dfrac{n}{2}h$. 将这里的两个不等式分别应用于(6.15),分别可得出

$$2(n-1)=nh-\sum_{i=1}^{h}j_i\leqslant nh-h=h(n-1),\text{即 }h\geqslant 2, \quad (6.16)$$

$$2(n-1)=nh-\sum_{i=1}^{h}j_i\geqslant nh-\dfrac{n}{2}h,\text{即 }n\geqslant \dfrac{4}{4-h}, \quad (6.17)$$

于是最后就有 $h=2$,或 $h=3$,即 G 的极的共轭类,只有 2 个或 3 个这两种情况.

§6.9　在 $h=2$ 的情况下的解案

$h=2$,表明 G 的极只有 2 个共轭类 K_1,K_2,且此时(6.15)为

$$2(n-1)=2n-(j_1+j_2), \quad (6.18)$$

于是得出 $j_1+j_2=2$,即 $j_1=j_2=1$. 再设 n 阶群 G 的一个极为 P,那么 P 的球面对径点 P' 也是一个极. 不失一般性,令 $P\in K_1$,则从 $j_1=1$,可知 $K_1=\{P\}$,这表明对任意 $\alpha\in G$,有 $P^{\alpha}=P$,即 G 的 $n-1$ 个非恒等转动都以 OP 为轴. 令其中最小转角的转动为 σ,则 $\varphi_{\sigma}=\dfrac{2\pi}{n}$,而有 $G=\{1,\sigma,\sigma^2,\cdots,\sigma^{n-1}\}$(参见§4.3). 这表明 G 是 n 阶循环转动群 C_n. 此时当然有 $G=G_p$. 事实上,$|G_p|=m_1$,而 $|G|=n=m_1j_1=m_1$,即有 $|G|=|G_p|$. 由此也能得出 $G=G_p$ 这一结论.

　　此外,从 $G=C_n$,可知 G 只有 2 个极,即上述的 P 与 P'. G 有 2 个类 K_1,K_2,而 $K_1=\{P\}$,因此 $K_2=\{P'\}(j_2=1,m_2=n)$. G 中没有转动使 P 变换为 P'. 这与 G 中的任何转动都是以 OP 为转轴这一点是一致的. 如果 G 中有转动使 P 变换到 P',那么 G 中就存在过原点 O 以垂直于 OP 的直线为转轴且转角为 π 的转动,也即我们将讨论的二面体群. (参见§4.4,图 6.11.1,§6.10)

§6.10 $h = 3$ 时的 m_1, m_2, m_3

当 $h = 3$ 时，G 的极的共轭类为 K_1, K_2, K_3. 由 $m_1 = \dfrac{n}{j_1}$, $m_2 = \dfrac{n}{j_2}$, $m_3 = \dfrac{n}{j_3}$, 从 (6.15) 可得

$$2(n-1) = 3n - (j_1 + j_2 + j_3) = 3n - \left(\frac{1}{m_1} + \frac{1}{m_2} + \frac{1}{m_3}\right)n,$$

得
$$1 + \frac{2}{n} = \frac{1}{m_1} + \frac{1}{m_2} + \frac{1}{m_3}. \tag{6.19}$$

不失一般性，假定 $m_1 \leqslant m_2 \leqslant m_3$，依此我们接下去讨论 m_1, m_2, m_3 的取值. (6.19) 的左边是大于 1 的，而倘若 $m_1 \geqslant 3$，那么它的右边的最大值为 1. 所以，m_1 只能取值 1, 2. 忆及例 6.3.2 得出的结果 $m_i \geqslant 2$. 因此，我们最后得出 $m_1 = 2$. 此时从 (6.19) 有

$$1 + \frac{2}{n} = \frac{1}{2} + \frac{1}{m_2} + \frac{1}{m_3}, \quad 2 \leqslant m_2 \leqslant m_3. \tag{6.20}$$

由此，我们可推得

$$\frac{1}{2} + \frac{2}{n} = \frac{1}{m_2} + \frac{1}{m_3} \leqslant \frac{2}{m_2}, \text{于是有 } m_2 < 4.$$

这样就得出 $m_2 = 2$, $m_2 = 3$ 这两种情况. 当 $m_2 = 2$ 时，(6.20) 给出

$$1 + \frac{2}{n} = \frac{1}{2} + \frac{1}{2} + \frac{1}{m_3}, \text{即 } m_3 = \frac{n}{2}. \tag{6.21}$$

当 $m_2 = 3$ 时，(6.20) 则给出

$$1 + \frac{2}{n} = \frac{1}{2} + \frac{1}{3} + \frac{1}{m_3}, \text{即 } \frac{1}{6} < \frac{1}{m_3}, \tag{6.22}$$

由此得出 $m_3 = 3, 4, 5$.

总括起来，当 $h = 3$ 时，

$$m_1=2,\ m_2=2,\ m_3=\frac{n}{2};$$

$$m_1=2,\ m_2=3,\ m_3=3,\ 4,\ 5.$$

(6.23)

§6.11 $D_{\frac{n}{2}}$实现了 $h=3,\ m_1=2,\ m_2=2,\ m_3=\frac{n}{2}$

在 §6.9 中,我们从 $|G|=n$,$h=2$,推出了此时的 G 就是 C_n. 现在我们要从 $|G|=n$,$m_1=2$,$m_2=2$,$m_3=\frac{n}{2}$,来推出此时 G 的结构. 事实上 G 就是二面体群 $D_{\frac{n}{2}}$(参见 §4.4). 详细的推导可参见参考文献[7]. 我们在这里打算采用一个具体的二面体群 D_3($n=6$,参见图 4.4.1)来实现 $h=3$,$m_1=m_2=2$,$m_3=3$,这样,对于前面所叙述的各种概念和结论既多了一个例子来帮助理解与消化,又对一般情况下的推导提供了一个背景上的认知.

首先,从 $m_3=\frac{n}{2}$,可知 n 是一个偶数. 对于 D_3,有 $|D_3|=n=6$. 事实上,按 §4.4 所述,D_3 是在 3 阶群 C_3 的基础上,又添加了 3 根 2 重轴 OQ,OR,OS,如图 6.11.1 所示,其中 OP 是一根 3 重轴. 因此,D_3 有 4 根转轴,共 8 个极:P,P',Q,Q',R,R',S,S',其中除了 P,P' 重复度为 2 以外,其他的极的重复度都是 1. 因此,D_3 的极点数为 10. 事实上,$|G_p|=|G_{p'}|=3$,$|G_Q|=|G_{Q'}|=|G_R|=$

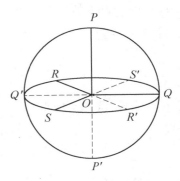

图 6.11.1 D_3 群的 8 个极

$|G_{R'}|=|G_S|=|S_{S'}|=2$. 因此,绕 OP 的转角为 $\frac{2\pi}{3}$,$\frac{4\pi}{3}$ 的转动将 $Q\rightarrow R\rightarrow S$ $\rightarrow Q$;$Q'\rightarrow R'\rightarrow S'\rightarrow Q'$,而 G 中不存在转动,能将 Q 变换为 Q',……这表明共轭类 $K_1=\{Q,R,S\}$,$K_2=\{Q',R',S'\}$. 另一方面,绕 OQ 的转角为 π 的转动将 $P\rightarrow P'$,而 G 中不存在转动能将 P 变换为 Q,这表明 $K_3=\{P,P'\}$. 由此得出 $h=3$.

从 $|G_Q|=2$,有 $m_1=2$. 从 $K_1=\{Q,R,S\}$,有 $j_r=3$,而且这也印证了

K_1 中的 Q, R, S 都有同样的重复度. 类似地, 从 $|G_{Q'}| = 2$, 有 $m_2 = 2$, $j_2 = 3$, 以及从 $|G_P| = 3$, 有 $m_3 = 3$, $j_3 = 2$. 所以, $h = 3$, $m_1 = 2$, $m_2 = 2$, $m_3 = \dfrac{n}{2}$, $n = 6$, 在 D_3 群中得到了实现.

例 6.11.1 D_3 给出的其他一些关系.

从 $n = 6$, $m_1 = 2$, $j_1 = 3$; $m_2 = 2$, $j_2 = 3$; $m_3 = 3$, $j_3 = 2$, 有 $n = j_1 m_1 = j_2 m_2 = j_3 m_3$. 另外, 从 K_1 给出的极点数等于 $j_1(|G_Q| - 1) = 3(2 - 1) = 3$, K_2 给出的极点数等于 $j_2(|G_{Q'}| - 1) = 3(2 - 1) = 3$, K_3 给出的极点数等于 $j_3(|G_P| - 1) = 2(3 - 1) = 4$, 所以 D_3 一共有 $3 + 3 + 4 = 10$ 个极点数. 它等于 $2(n - 1) = 2(6 - 1) = 10$, 这印证了 G 的极点数的基本不等式 (6.15).

§6.12　由 $h = 3$, $m_1 = 2$, $m_2 = 3$, $m_3 = 3, 4, 5$ 得出的 3 种情况

此时, 从 (6.22), 有

$$\frac{1}{6} + \frac{2}{n} = \frac{1}{m_3}. \tag{6.24}$$

若 $m_3 = 3$, 则 $n = 12$, 这给出正四面体群 T;

若 $m_3 = 4$, 则 $n = 24$, 这给出正六 (八) 面体群 O;

若 $m_3 = 5$, 则 $n = 60$, 这给出正十二 (二十) 面群 Y.

综上所述, 对于 $SO(3)$ 的有限子群 G, 我们有下列结果.

群阶 n	m_1	m_2	m_3	j_1	j_2	j_3	群的实现
n	n	n		1	1		C_n
偶数 n	2	2	$\dfrac{n}{2}$	$\dfrac{n}{2}$	$\dfrac{n}{2}$	2	$D_{\frac{n}{2}}$
12	2	3	3	6	4	4	T
24	2	3	4	12	8	6	O
60	2	3	5	30	20	12	Y

图 6.12.1

例 6.12.1 正四面体群 T 实现了 $h=3$，$m_1=2$，$m_2=3$，$m_3=3$.

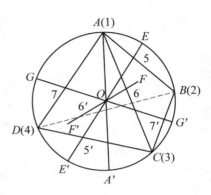

图 6.12.2

正四面体如图 6.12.2（参见图 4.5.2(a)）所示. 将其 4 个顶点标记为 A，B，C，D，或 1，2，3，4，其体心标记为 O. 此时，我们有 4 根 3 重轴 OA，OB，OC，OD，即 A，A'，B，B'，C，C'，D，D' 为 8 个极，它们的重复度都为 2，因此给出 16 个极点数. 将 AB，DC 的中点分别记为 5，$5'$；将 AC，BD 的中点分别记为 6，$6'$；将 AD，BC 的中心分别记为 7，$7'$. 容易得出 $55'$，$66'$，$77'$ 都是该正四面体的 2 重对称轴. 不过，5，$5'$，6，$6'$，7，$7'$ 都不是极，因为它们都不在单位球面上. 将 $55'$，$66'$，$77'$ 都向两个方向延长，而与球面相交而得出的点 E，E'，F，F'，G，G' 则是 T 的另外 6 个极. 因为它们的重复度都是 1，因此它们一共给出 6 个极点数. 这样，$|T|=12$，有 14 个极：A，A'，B，B'，C，C'，D，D'，E，E'，F，F'，G，G'. 它们给出 22 个极点数. 这正好符合 $2(|T|-1)=22$.

对于这 12 个极点，不难验证它们构成 3 个共轭类（作为练习）：

$$K_1=\{E, E', F, F', G, G'\}, \quad K_2=\{A, B, C, D\},$$
$$K_3=\{A', B', C', D'\}.$$

因此，$h=3$，$j_1=6$，$j_2=4$，$j_3=4$.

再从 $|G_E|=2=m_1$，$|G_A|=|G_{A'}|=3=m_2=m_3$. 正四面体群 T 给出了 $h=3$，$m_1=2$，$m_2=m_3=3$ 的一个实现.

例 6.12.2 正六面体群 O 实现了 $h=3$，$m_1=2$，$m_2=3$，$m_3=4$.

根据正六面体的对称性（参见图 4.5.2(b)），我们有（图 6.12.3）6 根 2 重轴 $P_iP'_i$，$i=1,2,\cdots,6$，给出 12 个极，12 个极点数；4 根 3 重轴 $Q_iQ'_i$，$i=1,2,3,4$，给出 8 个极，16 个极点数；3 根 4 重轴 $R_iR'_i$，

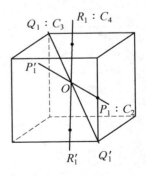

图 6.12.3

$i=1$，2，3 给出 6 个极，18 个极点数. 所以，一共 26 个极，46 个极点数.

这样，$|O|=24$，$|G_P|=m_1=2$，$|G_Q|=m_2=3$，$|G_R|=4$，而对于这 26 个极，有（作 为 练 习）：$K_1=\{P_i,\ P_i'\,|\,i=1,\ 2,\ \cdots,\ 6\}$，$K_2=\{Q_i,\ Q_i'\,|\,i=1,\ 2,\ 3,\ 4\}$，$K_3=\{R_i,\ R_i'\,|\,i=1,\ 2,\ 3\}$，即 $j_1=12$，$j_2=8$，$j_3=6$. 一切都天衣无缝.

如果计入 3 维空间中的非真转动，那么，在以上讨论的基础上，我们还能进一步得出 $O(3)$ 群的各种有限子群. 对此感兴趣的读者可以在德国数学家、物理学家外尔的名著《对称》[40] 一书中找到相关的精辟论述.

群，是一个集合，是在其基础上定义了满足 4 个条件的一种运算. 所以群是一种代数系. 至此，我们已大致了解它在解决对称性问题中的作用. 在下一部分，我们将随着数系的扩展引入一些新的代数体系. 这将是另外一片新天地.

第三部分
数系、环与域以及线性代数中的一些重要空间

这一部分共二章.第七章讨论的是数系的扩张:从正整数系 $\mathbb{N}^+$、整数系 $\mathbb{Z}$、有理数系 $\mathbb{Q}$、实数系 $\mathbb{R}$、复数系 $\mathbb{C}$,一直到哈密顿的四元数系 $\mathbb{H}$.与此同时,我们讲述了环,整域以及域等代数系.我们也阐明了数学归纳法、孙子定理、欧几里得算法、贝祖等式,以及算术基本定理和代数基本定理等.我们还阐明了为何不存在有良好运算的三元数集.

我们在第八章中讨论了线性代数中的一些重要空间,如商空间、对偶空间、欧几里得空间和酉空间,以及张量积空间.各空间之间的线性映射,以及与之相关的不变子空间也是一个重点内容,这在以后的各章中有重大应用.

最后,我们在向量空间的基础上引入了域上的代数这个代数系,并特别地定义了群代数与李代数.前者在第九章中讨论群的正则表示时要用到,而后者是本书第五部分,"李群、李代数及它们的应用"中要讨论的内容的基础.

第七章

数系、环与域

§7.1 从正整数系ℕ⁺谈起

正整数系,即 $\mathbb{N}^+ = \{1, 2, 3, \cdots\}$ 是人们最早认识的数系. 它有下列几种性质:

(1) 有序性:即 $\mathbb{N}^+$ 中的数可按数的"$\leqslant$"规定一个次序关系(参见§1.5).

(2) 无限性:即 $\mathbb{N}^+$ 是一个无限集,也就是说,它里面的数若按"从小到大"的次序排列起来,则在它的任一个数后面,一定还有数.

(3) $\mathbb{N}^+$ 的任意非空子集 S 中有最小数. 这是因为 $S \neq \varnothing$,所以 $\exists n \in S$. 由此定义集合 T,它是由 S 中所有不大于 n 的数构成. 由于 $n \in T$,故 S 的子集 T 是非空的. 再由于 T 的元素最多为 n 个,所以 T 中有最小数 m,它就是 S 的最小数 m. 由此,能推出下列原理(参见[1]).

有限归纳法原理:设 $S \subseteq \mathbb{N}^+$,且数 $1 \in S$,如果由 $n-1 \in S$ 能推出 $n \in S$,那么 $S = \mathbb{N}^+$.

由此,为了证明某一命题对于所有正整数都是成立的,只要能证明下列两件事就足够了:(i) 它对 1 是成立的;(ii) 假定它对正整数 $k-1$ 是成立的,进而能证明它对正整数 k 也是成立的. 这就是通常的数学归纳法.

例 7.1.1 证明 $1 + 2 + \cdots + n = \dfrac{1}{2}n(n+1)$.

当 $n = 1$ 时,等式左边=1,等式右边=1,因此原式在 $n = 1$ 时成立. 再设原式在 $n = k-1$ 时成立,即 $1 + 2 + \cdots + (k-1) = \dfrac{1}{2}(k-1)k$. 那么,当 $n = k$ 时,有 $1 + 2 + 3 + \cdots + (k-1) + k = \dfrac{1}{2}(k-1)k + k = \dfrac{1}{2}k(k+1)$. 命题得证.

例 7.1.2　证明 $1^2 + 2^2 + 3^2 + \cdots + n^2 = \dfrac{1}{6}n(n+1)(2n+1)$，以及

$1^3 + 2^3 + \cdots + n^3 = (1 + 2 + 3 + \cdots + n)^2$，即 $1^3 + 2^3 + \cdots + n^3 = \left[\dfrac{1}{2}n(n+1)\right]^2$（作为练习）．

§7.2　算术基本定理

对于任何大于 1 的正整数 n，它或是合数或是素数，而此时我们有（参见 [11]）．

定理 7.2.1（算术基本定理）　对于大于 1 的正整数 n，一定可以唯一地将它表示为 $n = p_1^{v_1} \cdot p_2^{v_2} \cdot \cdots \cdot p_k^{v_k}$，这里 p_1，p_2，$\cdots$，p_k 是素数，且 v_1，v_2，$\cdots$，$v_k \in \mathbb{N}^+$．

例 7.2.1　素数有无限多个．

假定仅有 m 个素数 p_1，p_2，$\cdots$，p_m，且在其中 p_m 最大，对此构造 $n = p_m! + 1$，若 n 是一个素数，则从 $n > p_m$，可知 n 是一个新的素数，这就与我们的假设矛盾了；若 n 是一个合数，那么 n 就有小于 n 的素因数．然而对于任意 $q \leqslant p_m$（$q \in \mathbb{N}^+$ 且 $q > 1$）都不能整除 n，即 $q \nmid n$，也即 n 只有大于 p_m 的素因数，这又矛盾了．这两个矛盾的出现是由于我们假定仅有 m 个素数所造成的．

例 7.2.2　方程 $x^2 = 2$ 的算术根 $\sqrt{2}$ 不能表达为 $\dfrac{q}{p}$，$p, q \in \mathbb{N}^+$，$p \neq 0$ 的形式，即 $\sqrt{2}$ 是一个无理数（参见 §7.9）．

若 $\sqrt{2} = \dfrac{q}{p}$，而按定理 7.2.1，令其中的 $p = p_1^{v_1} p_2^{v_2} \cdots p_m^{v_m}$，$q = q_1^{\mu_1} q_2^{\mu_2} \cdots q_n^{\mu_n}$，则有 $2 p_1^{2v_1} p_2^{2v_2} \cdots p_m^{2v_m} = q_1^{2\mu_1} q_2^{2\mu_2} \cdots q_n^{2\mu_n}$．由此式得出，素数 2 在此等式的右边出现偶数次，而在左边出现奇数次，这就得出了矛盾．这表明 $\sqrt{2}$ 是一个无理数．同样的方法，可用于证明 $\sqrt{3}$，$\sqrt[3]{2}$，$\sqrt[3]{3}$，$\sqrt[5]{3}$，$\cdots$ 等的无理性．

§7.3　孙子定理

我国古代数学家孙子在解同余方程方面取得了光辉的成果．在欧洲的数

学书中有称为"中国剩余定理"的下列定理:

定理 7.3.1(孙子定理) 设 m_1,m_2,$\cdots$,m_k 是 k ($\geqslant 2$)个两两互素的正整数,按下面两式定义 M,以及 M_i:

$$M = m_1 m_2 \cdots m_k,\ M_i = \frac{M}{m_i},\ (i = 1,\ 2,\ \cdots,\ k), \tag{7.1}$$

那么,此时同余方程组

$$x \equiv b_i (\bmod m_i),\ b_i \in \mathbb{Z},\ i = 1,\ 2,\ \cdots,\ k \tag{7.2}$$

有正整数解 x,且 x 的唯一形式为

$$x \equiv b_1 M_1 M_1' + b_2 M_2 M_2' + \cdots + b_k M_k M_k' (\bmod M), \tag{7.3}$$

其中 M_i' 是满足

$$M_i' M_i \equiv 1 (\bmod m_i),\ i = 1,\ 2,\ \cdots,\ k \tag{7.4}$$

的正整数.(参见附录 4)

例 7.3.1 "今有物不知其数,三三数之剩二,五五数之剩三,七七数之剩二,问物几何?"(《孙子算经》).

按题意,此时的同余方程组为

$$x \equiv 2 (\bmod 3),\ x \equiv 3 (\bmod 5),\ x \equiv 2 (\bmod 7).$$

由此可知 $m_1 = 3$,$m_2 = 5$,$m_3 = 7$;$b_1 = 2$,$b_2 = 3$,$b_3 = 2$. 再由

$$M = 3 \times 5 \times 7 = 105,\ M_1 = \frac{105}{3} = 35,\ M_2 = \frac{105}{5} = 21,\ M_3 = \frac{105}{7} = 15,$$

得 $M_1' M_1 \equiv 1 (\bmod 3) \Rightarrow 35 M_1' \equiv 1 (\bmod 3) \Rightarrow 2 M_1' \equiv 1 (\bmod 3) \Rightarrow M_1' = 2$;

$M_2' M_2 \equiv 1 (\bmod 5) \Rightarrow 21 M_2' \equiv 1 (\bmod 5) \Rightarrow M_2' \equiv 1 (\bmod 5) \Rightarrow M_2' = 1$;

$M_3' M_3 \equiv 1 (\bmod 7) \Rightarrow 15 M_3' \equiv 1 (\bmod 7) \Rightarrow M_3' \equiv 1 (\bmod 7) \Rightarrow M_3' = 1$.

最后有 $x \equiv b_1 M_1 M_1' + b_2 M_2 M_2' + b_3 M_3 M_3' (\bmod 105)$,即 $x \equiv 2 \cdot 35 \cdot 2 + 3 \cdot 21 \cdot 1 + 2 \cdot 15 \cdot 1 (\bmod 105) \equiv 233 (\bmod 105) \equiv 23 (\bmod 105)$. 于是 $x = 23 + 105k$, $k = 0,\ 1,\ 2,\ \cdots$. x 的最小值为 23.

例 7.3.2 "韩信点兵":有兵一队,若列成五行纵队,则末行一人,成六行纵队,则末行五人,成七行纵队,则末行四人,成十一行纵队,则末行十人. 求

兵数.

据题意，$x \equiv 1 (\mod 5)$，$x \equiv 5 (\mod 6)$，$x \equiv 4 (\mod 7)$，$x \equiv 10 (\mod 11)$. 于是 $m_1 = 5$，$m_2 = 6$，$m_3 = 7$，$m_4 = 11$；$b_1 = 1$，$b_2 = 5$，$b_3 = 4$，$b_4 = 10$. 再从 $M = 2310$，$M_1 = 462$，$M_2 = 385$，$M_3 = 330$，$M_4 = 210$，不难算出（作为练习）：$M'_1 = 3$，$M'_2 = M'_3 = M'_4 = 1$. 最后有 $x \equiv 1 \cdot 462 \cdot 3 + 5 \cdot 385 \cdot 1 + 4 \cdot 330 \cdot 1 + 10 \cdot 210 \cdot 1 \equiv 6731 (\mod 2310)$，即

$$x \equiv 2111 (\mod 2310)，或 x = 2111 + 2310k，k = 0, 1, 2, \cdots.$$

§7.4　$\mathbb{N}^+$ 的代数性质及其扩张

在 $\mathbb{N}^+$ 中有加法运算，也即 $\mathbb{N}^+$ 在加法下是封闭的. 这一运算还满足结合律和交换律. 不过 $\mathbb{N}^+$ 中没有加法的零元 0，以及对任意 $n \in \mathbb{N}^+$，$\mathbb{N}^+$ 中也不存在 n 的逆元 $-n$. 可见 $\mathbb{N}^+$ 在加法下不是一个群. 对此，我们引入下列定义.

定义 7.4.1　集合 G 及其中的一个运算，构成一个半群，如果它们满足：

(i) 运算的封闭性.

(ii) 运算的结合律.

如果 G 中的运算还满足：

(iii) 运算的交换律，

那么称它们构成一个可换半群.

由此可见，正整数集 $\mathbb{N}^+$，对于加法"+"，即 $(\mathbb{N}^+, +)$ 是一个可换半群. 为了使 $(\mathbb{N}^+, +)$ 成为一个群，我们必须将 $\mathbb{N}^+$ 扩展，即引入负整数和零（$\{0\}$）. 这样，我们就有了整数集合 $\mathbb{Z}$：

$$\mathbb{Z} = \mathbb{N}^+ \cup (-\mathbb{N}^+) \cup \{0\}. \tag{7.5}$$

不难证明 $(\mathbb{Z}, +)$ 是一个可换群. 利用 $\mathbb{Z}$ 中任意元素 b 有负元 $-b$，我们可以如下地在 $\mathbb{Z}$ 中引入元素之间的减法运算：

$$a - b = a + (-b). \tag{7.6}$$

$\mathbb{Z}$ 还有普通乘法运算"×"（记作"·"），那么 $(\mathbb{Z}, \cdot)$ 会具有什么性质呢？

§7.5　代数系环

$(\mathbb{Z}，\cdot)$ 中的乘法显然满足:(i) 封闭性;(ii) 结合律;(iii) 交换律;(iv) 存在单位元 1,它对任意 $a \in \mathbb{Z}$,有 $1 \cdot a = a \cdot 1 = a$. 于是根据定义 7.4.1 所述,$(\mathbb{Z}，\cdot)$ 是一个有单位元的可换半群.

如果在 $\mathbb{Z}$ 中同时考虑"+"与"·"两种运算,那么 $(\mathbb{Z}，+，\cdot)$ 还满足左分配律 $a \cdot (b+c) = a \cdot b + a \cdot c$ 和右分配律 $(b+c) \cdot a = b \cdot a + c \cdot a$. 由此,我们引入代数系"环"的概念.

定义 7.5.1　集合 R 中有元素的加法"+"与乘法运算"·",并满足:

(i) $(R，+)$ 构成一个可换群,

(ii) $(R，\cdot)$ 构成一个半群,

(iii) $(R，+，\cdot)$ 满足左、右分配律,

则称 $(R，+，\cdot)$ 构成一个环. 如果 $(R，\cdot)$ 还同时满足:

(iv) 交换律,

则称 $(R，+，\cdot)$ 是一个可换环.

例 7.5.1　$(\mathbb{Z}，+，\cdot)$ 是一个有单位元的可换环,而所有的偶数在通常的加法与乘法下构成偶数环,但它没有单位元.

例 7.5.2　矩阵元为实数的 $n \times n$ 阶矩阵的全体 $gl(n，\mathbb{R})$(参见 §4.13),对于矩阵的加法与乘法构成一个非可换环. 单位矩阵 E_n 是它的乘法单位元.

例 7.5.3　在环 $(R，+，\cdot)$ 中有 (i) $0 \cdot a = a \cdot 0 = 0$, (ii) $(-a) \cdot b = a \cdot (-b) = -a \cdot b$, (iii) $(-a)(-b) = ab$.

首先由分配律可得 $0 \cdot a + 0 \cdot a = (0+0)a = 0 \cdot a \Rightarrow 0 \cdot a = 0$. 同样可证 $a \cdot 0 = 0$. 再由 $(-a) \cdot b + a \cdot b = (-a+a) \cdot b = 0 \cdot b = 0 \Rightarrow a \cdot b$ 是 $(-a) \cdot b$ 的负元,也即 $(-a) \cdot b = -a \cdot b$. 同样可证 $a \cdot (-b) = -a \cdot b$. 最后由 $(-a) \cdot (-b) = -(-a) \cdot b = -(-a \cdot b) = a \cdot b$,(iii)得证. (iii)的结果可简洁地表示为:在环 $(R，+，\cdot)$ 中"负负得正".

§7.6   环中的零因子与整域

在环 R 中,若 $a,b \in R$, $a \neq 0$, $b \neq 0$,而有 $ab=0$ $(ba=0)$,则称 a 是 R 中的一个左(右)零因子. 非零环中的零元当然是它的一个零因子. 在一般的环中,除零元以外,可能会有非零的零因子.

例 7.6.1   从 $\begin{pmatrix} a & 0 \\ b & 0 \end{pmatrix}$ $(\neq 0)$, $\begin{pmatrix} 0 & 0 \\ c & d \end{pmatrix}$ $(\neq 0) \in gl(2, \mathbb{R})$(参见例 7.5.2),满足

$$\begin{pmatrix} a & 0 \\ b & 0 \end{pmatrix} \begin{pmatrix} 0 & 0 \\ c & d \end{pmatrix} = \begin{pmatrix} 0 & 0 \\ 0 & 0 \end{pmatrix} = 0,$$

可知 $\begin{pmatrix} a & 0 \\ b & 0 \end{pmatrix}$ 是一个左零因子,而 $\begin{pmatrix} 0 & 0 \\ c & d \end{pmatrix}$ 是一个右零因子.

定义 7.6.1   若环除了零元外,没有左(右)零因子,则称它为一个无零因子环,而将可换无零因子环称为整域.

由此可得环 R 是无零因子环的充要条件是:对 $a,b \in R$,且 $ab=0$,那必定有 $a=0$,或 $b=0$.

例 7.6.2   环 R 成为无零因子环的充要条件是在 R 中的乘法满足消去律(参见 §3.2).

必要性的证明:设 R 是一个无零因子环,且 $ab=ac$, $a \neq 0$,那么从 $a(b-c)=0$, $a \neq 0$, $\Rightarrow b-c=0 \Rightarrow b=c$. 类似地,从 $ba=ca$, $a \neq 0$ 也能推出 $b=c$. 充分性的证明:设在环 R 中乘法的消去律成立,且 $a,b \in R$,有 $ab=0$, $a \neq 0$,那么从 $a0=0 \Rightarrow ab=a0 \Rightarrow b=0$. 这表明 R 是一个无零因子环. 至此,我们可以说整域是一个满足消去律的可换环.

例 7.6.3 $(\mathbb{Z}, \cdot)$ 中的乘法满足消去律,因此 $(\mathbb{Z}, +, \cdot)$ 是一个有单位元的整域,而由例 7.6.1 可知 $gl(2, \mathbb{R})$ 不是一个整域.

例 7.6.4   在集合 $\mathbb{Z}(\sqrt{2}) = \{a+b\sqrt{2} \mid a,b \in \mathbb{Z}\}$ 中,元的相等定义为

$$a+b\sqrt{2} = c+d\sqrt{2} \Leftrightarrow a=c, b=d;$$

加法定义为

$$(a + b\sqrt{2}) + (c + d\sqrt{2}) = (a + c) + (b + d)\sqrt{2};$$

乘法定义为

$$(a + b\sqrt{2}) \cdot (c + d\sqrt{2}) = (ac + 2bd) + (ad + bc)\sqrt{2}.$$

不难证明（作为练习）$\mathbb{Z}(\sqrt{2})$ 是一个有单位元 $(1 + 0\sqrt{2})$ 的整域.

§7.7　最大公因数、欧几里得算法，以及贝祖等式

若 $a, b \in \mathbb{N}^+$，我们把能整除 a, b 的最大正整数 d 称为它们的最大公因数，记作 $d = gcd(a, b)$，其中 gcd 是英语中 greatest common divisor（最大公因数）一词的缩写. 利用定理 7.2.1，我们有求 $d = gcd(a, b)$ 的一个方法. 例如，从 $132 = 2^2 \times 3 \times 11$，$7560 = 2^3 \times 3^3 \times 5 \times 7$，就有 $gcd(132, 7560) = 2^2 \times 3 = 12$. 不过，当 a, b 很大时，这个方法就不易进行了. 幸好欧几里得早在 2300 多年前就已经提出了一个更有效的方法——欧几里得算法. 这一算法是基于下列引理的（参见[11]）：

引理 7.7.1　设 $a, b \in \mathbb{N}^+$，$a \geqslant b \geqslant 1$，则有

$$a = qb + r, \tag{7.7}$$

其中 $q, r \in \mathbb{N}^+$，且 $b > r \geqslant 0$，此时还成立

$$gcd(a, b) = gcd(b, r). \tag{7.8}$$

这一引理表明求较大数 a, b 的最大公因数可归结为求较小数 b, r 的最大公因数. 以此类推，要求 b, r 的最大公因子，则从 $b = pr + s$，$p, s \in \mathbb{N}^+$，$r > s \geqslant 0$，又可归结为求 r, s 的最大公因子，……这就是求最大公因数的欧几里得算法. 由于在此算法中一次又一次地应用除法，所以欧几里得算法也称为辗转相除法.

例 7.7.1　用欧几里得算法计算 $gcd(132, 7560)$.

此时我们能列下：$7560 = 132 \times 57 + 36$，$132 = 36 \times 3 + 24$，$36 = 24 \times 1 + 12$，$24 = 12 \times 2 + 0$. 因此有，$gcd(132, 7560) = gcd(36, 132) = gcd(24,$

$36)=gcd(12,24)=12.$

若把上例中的计算"倒回过去",则有 $36=7560-57\times132$,$24=132-3\times36$,$12=36-24$. 从而有:$gcd(132,7560)=12=36-24=36-(132-3\times36)=4\times36-132=4\times(7560-57\times132)-132=-(4\times57+1)\times132+4\times7560=-229\times132+4\times7560.$ 把这一关系推广到一般情况中去,即有(参见[11]).

定理 7.7.2(贝祖等式)　对于任意 $a,b\in\mathbb{N}^+$,存在 $u,v\in\mathbb{Z}$,使得

$$gcd(a,b)=ua+vb. \tag{7.9}$$

推论 7.7.3　若 a,b 互素,即 $gcd(a,b)=1$,则存在 $u,v\in\mathbb{Z}$,使得

$$ua+vb=1. \tag{7.10}$$

例 7.7.2　设 $a=191$,$b=538$,试证明 $gcd(191,538)=1$,且存在 $u=-169$,$v=60$ 满足 $1=-169\times191+60\times538$(作为练习).

例 7.7.3　应用:若 p 是一个素数,且 $a,b\in\mathbb{N}^+$,那么,从 $p|ab$ 能推出 $p|a$ 或 $p|b$.

如果 $p|a$,则上述断言成立,如果 $p\nmid a$,则从 p 是素数可知在 a 的素数分解(参见§7.2)中,没有 p. 由此可知 p 与 a 互素,即 $gcd(p,a)=1$. 于是 $\exists u,v\in\mathbb{N}$,使得 $1=ua+vp$. 这就得出 $b=uab+vpb$. 由于 $p|ab$,可知此式的右边可被 p 整除. 这样,就有 $p|b$.

例 7.7.4　若 a,c 互素,且 $c|ab$,则 $c|b$(参见§7.2).

§7.8　有理数域 $\mathbb{Q}$ 与域

根据前述 $(\mathbb{Z},+,\cdot)$ 是一个有单位元的整域,它对"$+$"运算而言,构成一个可换群. 但对"$\cdot$"运算而言,例如说 $5\in\mathbb{Z}$,我们知道 5 的逆元 $\dfrac{1}{5}\notin\mathbb{Z}$,还有 $\dfrac{2}{5}\notin\mathbb{Z}$,…… 这样,为了把这些元都包括进来,我们就构造有理数集合 $\mathbb{Q}=\left\{\dfrac{q}{p}\,\middle|\,p,q\in\mathbb{Z},p\neq0\right\}$. 我们把 $(\mathbb{Q},+,\cdot)$ 称为有理数域,因为它满足

域的定义. 因为 $p=1$ 时, $\frac{q}{p}=q$, 所以 $\mathbb{Q} \supset \mathbb{Z}$, 即 $\mathbb{Q}$ 是 $\mathbb{Z}$ 的一个扩张.

定义 7.8.1 具有加法"+"与乘法"×"运算的集合 K（K 至少包含两个元, 一个是加群的零元, 另一个是乘群的单位元）, 称为是一个域, 如果它满足:

(i) $(K, +)$ 是一个可换加群（零元记为 0）;

(ii) $(K-\{0\}, \times)$ 是一个可换乘群（单位元为 1, 参见 §3.4）;

(iii) K 中的加法与乘法满足分配律, 即对 $a, b, c \in K$, 有

$$a \times (b+c) = a \times b + a \times c, \quad (a+b) \cdot c = a \times c + b \times c.$$

定义中的 (ii) 保证了在 K 中对乘法而言, 消去律成立（参见 §3.2）, 因此域一定是整域.

利用 K 中元素 b 的负元 $-b$, 我们可以在 K 的元素之间引入减法运算:

$$a - b = a + (-b), \quad a, b \in K. \tag{7.11}$$

利用 $b \in K$ $(b \neq 0)$, 有逆元 b^{-1}, 可以在 K 中引入除法运算:

$$a \div b = a \times b^{-1}, \quad a, b \in K, b \neq 0. \tag{7.12}$$

由此, 按 $(K, +)$ 成加群, $(K-\{0\}, \times)$ 成乘法可换群, 以及乘法对加法满足分配律, 可知域是一种具有良好运算性质的数学对象. 简言之, 在域 K 中, "+""−""×""÷"这四种运算（四则运算）可以如常进行.

例 7.8.1 设 p 是一个素数, 则 $\mathbb{Z}_p = \{\bar{0}, \bar{1}, \bar{2}, \cdots, \overline{p-1}\}$, $\mathbb{Z}'_p = \{\bar{1}, \bar{2}, \cdots, \overline{p-1}\}$（参见例 3.4.1, 3.4.2, 3.4.3 以及附录 [2]）, 不难证明（作为练习）$(\mathbb{Z}_p, +, *)$ 构成一个域.

例 7.8.2 $\mathbb{Q}(\sqrt{2})$ 是一个域（参见例 7.6.4）.

$\mathbb{Q}(\sqrt{2}) = \{a + b\sqrt{2} \mid a, b \in \mathbb{Q}\}$, 而其中元的相等定义为 $a + b\sqrt{2} = c + d\sqrt{2} \Leftrightarrow a = c, b = d$; 加法定义为 $(a + b\sqrt{2}) + (c + d\sqrt{2}) = (a+c) + (b+d)\sqrt{2}$; 乘法定义为 $(a + b\sqrt{2})(c + d\sqrt{2}) = (ac + 2bd) + (ad + bc)\sqrt{2}$. 不难验证（作为练习）, 其中的零元 $0 = 0 + 0\sqrt{2}$, 单位元 $1 = 1 + 0\sqrt{2}$, $a + b\sqrt{2}$ 的负元为 $-a - b\sqrt{2}$, $a + b\sqrt{2} \neq 0$ 的逆元为 $\dfrac{1}{a + b\sqrt{2}} = \dfrac{a - b\sqrt{2}}{a^2 - 2b^2}$. 其中 $a^2 -$

$2b^2 \neq 0$,这是因为若 $a^2 - 2b^2 = 0$,而如果有(i)$b = 0$,此时有 $a = 0$,因此 $a + b\sqrt{2} = 0$,这与我们的假设矛盾;或如果有(ii)$b \neq 0 \Rightarrow \dfrac{a}{b} = \pm\sqrt{2}$,但从 a,$b \in \mathbb{Q} \Rightarrow \dfrac{a}{b} \in \mathbb{Q}$,但 $\sqrt{2}$ 不是一个有理数(参见例 7.2.2).这又矛盾了.至于定义 7.8.1 中的(i),(ii),(iii)现在都不难证明了.

§7.9 实数域 $\mathbb{R}$

有理数域 $\mathbb{Q}$ 对加减乘除运算已有很好的性质,但对另一些运算,例如开方运算而言,它却不是总可以进行的,如 $\sqrt{2}$ 就不是一个有理数.从几何上来说,对 $\mathbb{Q}$ 中的每一个数,我们都可以在数轴上找到一个点与之对应,但正如图 7.9.1 所示:如果记圆心为 O 半径为

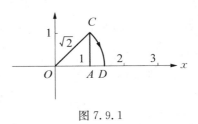

图 7.9.1

$\sqrt{2}$ 的圆与 x 轴的交点是 D 点,则由点 D 表示的数 $\sqrt{2}$,就不在 $\mathbb{Q}$ 之中.我们把数轴上不是有理数的数称为无理数,如 $\sqrt{2}$,$\sqrt[5]{3}$,…再如圆周率 π,自然对数的底 e 等(参见 §7.10,[12]).我们把有理数与无理数统称为实数.这样,实数与数轴便能一一对应了.对于实数,我们有通常的加法和乘法运算,它们也满足域的定义.这样,我们就有实数域 $\mathbb{R}$ 了.

例 7.9.1 证明 $m = \sqrt{2} + \sqrt{3} + \sqrt{5}$ 是无理数.

$$\sqrt{2} + \sqrt{3} = m - \sqrt{5} \Rightarrow 5 + 2\sqrt{6} = m^2 - 2m\sqrt{5} + 5 \Rightarrow 2\sqrt{6} = m^2 - 2m\sqrt{5} \Rightarrow$$
$$24 = m^4 - 4\sqrt{5}m^3 + 20m^2 \Rightarrow 4\sqrt{5} = \dfrac{m^4 + 20m^2 - 24}{m^3} \quad (m > 0).$$

若 m 是有理数,因为域中运算的封闭性则该式的右边是有理数,而该式的左边是一个无理数.这就矛盾了.

例 7.9.2 一道趣题:任意格点三角形都不是正三角形.

我们把在坐标平面中,坐标为 (m,n),$m,n \in \mathbb{Z}$ 的点称为格点,而由任意不在一条直线上的 3 个格点构成的三角形称为格点三角形.

不失一般性,将格点三角形的一个顶点设为坐标原点 O,而格点 A,B 的

坐标分别记为 (m_1, n_1)，(m_2, n_2)，其中 $m_1, n_1, m_2, n_2 \in \mathbb{Z}$. 由图 7.9.2 可得 $\tan\alpha = \dfrac{n_2}{m_2}$，$\tan(\alpha + \beta) = \dfrac{n_1}{m_1}$. 因此 $\tan\beta =$

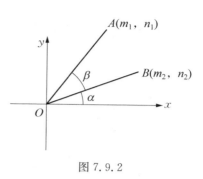

图 7.9.2

$$\tan(\alpha + \beta - \alpha) = \frac{\tan(\alpha + \beta) - \tan\alpha}{1 + \tan(\alpha + \beta)\tan\alpha} =$$

$\dfrac{\dfrac{n_1}{m_1} - \dfrac{n_2}{m_2}}{1 + \dfrac{n_1}{m_1}\dfrac{n_2}{m_2}}$. 在此式中，如果 $\beta = 60°$，则从

$\tan 60° = \sqrt{3}$，可知等式的左边是一个无理数，而等式的右边是一个有理数，这就矛盾了. 因此，格点三角形的任意内角都不等于 $60°$，因而任意格点三角形都不是等边三角形.

§7.10 从复利得出的 e 的一些表达式，以及定义在整个实轴上的指数函数 e^x

（1）从本金为 1 元开始：

若 1 年的利率为 $100\% = 1$，则 1 年后的总金额为 $1 \cdot (1 + 1) = 2$；

若 $\dfrac{1}{2}$ 年的利率为 $50\% = \dfrac{1}{2}$，则 1 年后的总金额为 $1 \cdot \left(1 + \dfrac{1}{2}\right)^2 = 2.25$；

若 $\dfrac{1}{4}$ 年的利率为 $25\% = \dfrac{1}{4}$，则 1 年后的总金额为 $1 \cdot \left(1 + \dfrac{1}{4}\right)^4 = 2.44$；

若 $\dfrac{1}{n}$ 年的利率为 $\dfrac{100}{n}\% = \dfrac{1}{n}$，则 1 年后的总金额为 $1 \cdot \left(1 + \dfrac{1}{n}\right)^n$.

若 $n \to \infty$，则 1 年后的总金额，记为 e，那么有

$$e = \lim_{n \to +\infty} \left(1 + \frac{1}{n}\right)^n. \tag{7.13}$$

依此，我们还能证明（参见[2]），对于 $a \in \mathbb{R}$，有

$$\lim_{a \to \infty} \left(1 + \frac{1}{a}\right)^a = e,$$

特别地,当 $a = \dfrac{n}{x}$, $x \in \mathbb{R}$ 时有

$$\lim_{\frac{n}{x} \to \infty} \left(1 + \frac{x}{n}\right)^{\frac{n}{x}} = e. \tag{7.14}$$

(2) 对 $\left(1 + \dfrac{x}{n}\right)^{n}$ 用牛顿两项式定理展开,有

$$\left(1 + \frac{x}{n}\right)^{n} = 1 + n\left(\frac{x}{n}\right) + \frac{n(n-1)}{2!}\left(\frac{x}{n}\right)^{2} + \frac{n(n-1)(n-2)}{3!}\left(\frac{x}{n}\right)^{3} + \cdots$$

$$= 1 + \frac{x}{1!} + \frac{1 - \dfrac{1}{n}}{2!}x^{2} + \frac{\left(1 - \dfrac{1}{n}\right)\left(1 - \dfrac{2}{n}\right)}{3!}x^{3} + \cdots.$$

于是,当 $n \to +\infty$ 时有

$$\lim_{n \to +\infty} \left(1 + \frac{x}{n}\right)^{n} = 1 + \frac{x}{1!} + \frac{x^{2}}{2!} + \frac{x^{3}}{3!} + \cdots.$$

再者,由 $\left(1 + \dfrac{x}{n}\right)^{n} = \left[\left(1 + \dfrac{x}{n}\right)^{\frac{n}{x}}\right]^{x}$,以及(7.14),最后就得

$$\lim_{n \to +\infty} \left(1 + \frac{x}{n}\right)^{n} = \lim_{\frac{n}{x} \to \infty} \left[\left(1 + \frac{x}{n}\right)^{\frac{n}{x}}\right]^{x} = e^{x}, \quad \text{即}$$

$$e^{x} = 1 + \frac{x}{1!} + \frac{x^{2}}{2!} + \frac{x^{3}}{3!} + \cdots. \tag{7.15}$$

§7.11 e 是无理数

当 $x = 1$ 时,(7.15)给出

$$e = 1 + \frac{1}{1!} + \frac{1}{2!} + \frac{1}{3!} + \cdots, \tag{7.16}$$

由此可算得 $e = 2.718\,28\cdots$.

例 7.11.1 对于 $n \in \mathbb{N}^{+}$,有

$$\frac{1}{n+1}+\frac{1}{(n+1)(n+2)}+\frac{1}{(n+1)(n+2)(n+3)}+\cdots$$

$$<\frac{1}{n+1}+\frac{1}{(n+1)^2}+\frac{1}{(n+1)^3}+\cdots=\frac{1}{n+1}\cdot\frac{1}{1-\frac{1}{n+1}}=\frac{1}{n}.$$

于是,对 $p\in\mathbb{N}^+$,有

$$p\left[\frac{1}{n+1}+\frac{1}{(n+1)(n+2)}+\frac{1}{(n+1)(n+2)(n+3)}+\cdots\right]<\frac{p}{n},$$

若当 $n>p$ 时,可知上面不等式的左面大于 0 而小于 1.

下面我们用反证法证明 e 是一个无理数,为此设 $e=\dfrac{q}{p}$,$p,q\in\mathbb{N}^+$,

从而对待定的 $n\in\mathbb{N}^+$,有

$$n!pe=n!q, \tag{7.17}$$

此式的右边是一个正整数,我们现在来研究它的左边. 为此,将(7.16)写成

$$e=\left(1+\frac{1}{1!}+\frac{1}{2!}+\cdots+\frac{1}{n!}\right)+\left[\frac{1}{(n+1)!}+\frac{1}{(n+2)!}+\frac{1}{(n+3)!}+\cdots\right].$$

于是有

$$n!pe=n!p\left(1+\frac{1}{1!}+\frac{1}{2!}+\cdots+\frac{1}{n!}\right)+$$

$$p\left[\frac{1}{(n+1)}+\frac{1}{(n+1)(n+2)}+\frac{1}{(n+1)(n+2)(n+3)}+\cdots\right],$$

$$\tag{7.18}$$

此式右边的第一项是一个正整数,而第二项,在 $n>p$ 时,由例 7.11.1 可知,它不是一个正整数,所以(7.17)中的左边就不是一个正整数. 这就矛盾了.

§7.12　复数域$\mathbb{C}$与代数基本定理

方程 $x^2=-1$,在实数域$\mathbb{R}$ 中无解. 为此引入 $i^2=-1$,而将$\mathbb{R}$ 扩张为$\mathbb{C}=\mathbb{R}(i)=\{a+bi\,|\,a,b\in\mathbb{R}\}$. 于是 $x^2=-1$,在$\mathbb{C}$ 中就有解 $x=\pm i$ 了. 对于复

数的相等、相加,和相乘运算分别定义为

$$a+bi=c+di \Leftrightarrow a=c, b=d,$$
$$(a+bi)+(c+di)=(a+c)+(b+d)i, \tag{7.19}$$
$$(a+bi) \times (c+di)=(ac-bd)+(bc+ad)i.$$

不难验证$(\mathbb{C}, +, \times)$满足定义7.8.1对域的定义,因此$(\mathbb{C}, +, \times)$构成一个域,称为复数域. 在$\mathbb{C}$中不难得出(作为练习),加法的零元是$0=0+0i$; $a+bi$的负元是$-a-bi$;乘法的单位元是$1=1+0i$;而$z=a+bi \neq 0$的逆元是$z^{-1}=\dfrac{a}{a^2+b^2}-\dfrac{b}{a^2+b^2}i(a^2+b^2$一定不等于$0$,参见例7.8.2). 由此,我们在$\mathbb{C}$中能定义减法与除法:

$$(a+bi)-(c+di)=(a+bi)+(-c-di)=(a-c)+(b-d)i, \tag{7.20}$$

$$(a+bi) \div (c+di)=(a+bi) \times \left(\frac{c}{c^2+d^2}-\frac{d}{c^2+d^2}i\right) \tag{7.21}$$
$$=\frac{ac+bd}{c^2+d^2}+\frac{bc-ad}{c^2+d^2}i, 当 c+di \neq 0.$$

如同实数域$\mathbb{R}$一样,我们把复数域$\mathbb{C}$中的运算"$+$""$-$""$\times$""$\div$"及其满足的运算法则可以简单地称为:在$\mathbb{C}$中四则运算可以如常地进行.

上面我们是对$\mathbb{R}$添加$x^2=-1$的根而构成$\mathbb{C}$的. 那么我们是否还要添加,例如说$(a+bi)x^2+(c+di)x+(f+gi)=0$的根来继续扩张$\mathbb{C}$呢? 研究表明,我们并不需要这样做,这是因为我们有下列代数基本定理(参见[12]).

定理 7.12.1(代数基本定理) $\mathbb{C}$上的$n(n>0)$次一元多项式方程

$$a_n z^n + a_{n-1} z^{n-1} + \cdots + a_1 z + a_0 = 0, a_i \in \mathbb{C}, i=0, 1, 2, \cdots, n \tag{7.22}$$

至少有一个复数根.

设z_1是(7.22)的一个复数根,则(7.22)就可写成(参见[12])

$$a_n z^n + \cdots + a_1 z + a_0 = (z-z_1)(b_{n-1} z^{n-1} + \cdots + b_1 z + b_0)=0. \tag{7.23}$$

我们对 $b_{n-1}z^{n-1}+\cdots+b_1z+b_0=0$ 再应用定理 7.12.1,可得它的一个复数根 z_2,它当然也是原方程(7.22)的根. 依此类推,我们有

推论 7.12.2　$\mathbb{C}$ 上的 n 次一元多项式方程(7.22)有 n 个复数根 z_1,$\cdots$,z_n,且

$$a_nz^n+a_{n-1}z^{n-1}+\cdots+a_1z+a_0=a_n(z-z_1)(z-z_2)\cdots(z-z_n).$$
$$(7.24)$$

这就是说,复数域 $\mathbb{C}$ 上的任意多项式方程的所有根都在 $\mathbb{C}$ 中.

因此,我们把复数域称为代数封闭域.

§7.13　复数作为二元数

复数 $z=a+bi\in\mathbb{C}$ 给出了 $a,b\in\mathbb{R}$,反过来,$a,b\in\mathbb{R}$ 给出了复数 $z=a+bi$. 由此,我们把复数称为一个二元数,且可以将它在复平面上表示出来(图 7.13.1).

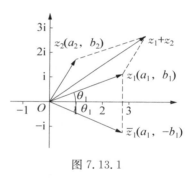

图 7.13.1

按此图,我们可以把复数 $z=a+bi$ 看成是平面中的矢量 $a\boldsymbol{i}+b\boldsymbol{j}$,而把 $r=\sqrt{a^2+b^2}=|z|$,即矢量 $a\boldsymbol{i}+b\boldsymbol{j}$ 的长度称为复数 z 的模,而由

$$z=a+bi=r\left(\frac{a}{\sqrt{a^2+b^2}}+\frac{b}{\sqrt{a^2+b^2}}i\right)=r(\cos\theta+i\sin\theta) \quad (7.25)$$

确定的 θ,即复数 z 与 x 轴的夹角,称为 z 的辐角.

由 $z_k=a_k+b_ki=r_k(\cos\theta_k+i\sin\theta_k)$,$k=1,2$,得

$$z_1+z_2=(a_1+b_1)+(a_2+b_2)i,$$
$$z_1\cdot z_2=r_1r_2(\cos\theta_1+i\sin\theta_1)(\cos\theta_2+i\sin\theta_2)$$
$$=r_1r_2[\cos(\theta_1+\theta_2)+i\sin(\theta_1+\theta_2)],$$
$$(7.26)$$

这表明两个复数的相加等同于将这两个复数看成矢量,再按矢量的平行四边形法则将它们相加;两个复数的相乘只要将它们模相乘,辐角相加.

例 7.13.1　若 $z=a+b\mathrm{i}$，而 $r=\sqrt{a^2+b^2}=1$，则称 z 是一个单位复数. 此时 $z=\cos\theta+\mathrm{i}\sin\theta$. 特别地，当 θ 分别等于 0，$\dfrac{\pi}{2}$，π，$\dfrac{3\pi}{2}$ 时，则有 $z=1$，i，-1，$-\mathrm{i}$. 若 $z_1=\cos\theta_1+\mathrm{i}\sin\theta_1$，$z_2=\cos\theta_2+\mathrm{i}\sin\theta_2$，则 $z_1\cdot z_2$ 可由 z_2 以 $\boldsymbol{i}\times\boldsymbol{j}$ 为转轴逆时针转动 θ_1 而得出. 所以，$z\cdot\mathrm{i}$ 与 $z\cdot(-\mathrm{i})$ 分别指将 z 逆时针或顺时针旋转 $90°$.

例 7.13.2　对于 $z=a+b\mathrm{i}$，定义 $\bar{z}=a-b\mathrm{i}$. 若 $z=r(\cos\theta+\mathrm{i}\sin\theta)$，则 $\bar{z}=r[\cos(-\theta)+\mathrm{i}\sin(-\theta)]$. z 与 $\bar{z}$ 是互为共轭的复数. 它们的几何关系已明示于图 7.13.1 中. 对 z 与 $\bar{z}$，我们有 $z+\bar{z}=2a$，$z-\bar{z}=2b\mathrm{i}$，$z\cdot\bar{z}=a^2+b^2$，还有 $z=\bar{z}\Leftrightarrow z\in\mathbb{R}$.

例 7.13.3　实系数的多项式方程的复数根是成对出现的.

若 $z=a+b\mathrm{i}$，$b\neq0$ 是 $z^n+a_{n-1}z^{n-1}+\cdots+a_1z+a_0=0$，$a_k\in\mathbb{R}$，$k=0$，$1$，$2$，$\cdots$，$n-1$ 的一个根，那么从 $\bar{a}_k=a_k$，$k=0$，1，2，$\cdots$，$n-1$，有 $\bar{z}^n+a_{n-1}\bar{z}^{n-1}+\cdots+a_1\bar{z}+a_0=0$. 这就是说 $\bar{z}=a-b\mathrm{i}$，$b\neq0$ 也是原方程的一个根，即 z，与其共轭复数 $\bar{z}$ 成对出现. 由此可以推出，在 $n=3$ 时，3 次实系数的多项式方程必有一个实根.

§7.14　$\mathrm{e}^{\mathrm{i}\theta}$

将 (7.15) 中的 $x\in\mathbb{R}$，取为 $x=\mathrm{i}\theta$，则有

$$
\begin{aligned}
\mathrm{e}^{\mathrm{i}\theta} &= 1+\frac{\mathrm{i}\theta}{1!}-\frac{\theta^2}{2!}-\frac{\mathrm{i}\theta^3}{3!}+\frac{\theta^4}{4!}+\cdots \\
&= \left(1-\frac{\theta^2}{2!}+\frac{\theta^4}{4!}-\cdots\right)+\mathrm{i}\left(\theta-\frac{\theta^3}{3!}+\frac{\theta^5}{5!}-\cdots\right).
\end{aligned}
\tag{7.27}
$$

利用（参见 [12]）

$$
\cos\theta=1-\frac{\theta^2}{2!}+\frac{\theta^4}{4!}-\cdots,\ \sin\theta=\theta-\frac{\theta^3}{3}+\frac{\theta^5}{5!}-\cdots,
\tag{7.28}
$$

则有

$$
\mathrm{e}^{\mathrm{i}\theta}=\cos\theta+\mathrm{i}\sin\theta,
\tag{7.29}
$$

此即**棣莫弗公式**. 在此式中取 $\theta = \pi$, 就有

$$e^{i\pi} = -1, \quad \text{或} \quad e^{i\pi} + 1 = 0, \tag{7.30}$$

这个等式称为**欧拉魔幻等式**,它把数学中重要的五个符号:0, 1, π, e, i 联系在一起了.

由(7.29)容易得出 $e^{i\theta}$ 是单位复数,且从

$$z = a + bi = re^{i\theta} \tag{7.31}$$

可知任意单位复数都可以写成 $e^{i\theta}$ 的形式. 再者,$\{e^{i\theta} \mid 0 \leqslant \theta \leqslant 2\pi\}$ 则是复平面中,以 $0 = (0, 0)$ 为圆心,半径为 1 的圆周.

例 7.14.1　求 $z^n - 1 = 0$ 的全部复数根,其中 $n \in \mathbb{N}^+$.

令 $z = re^{i\theta}$ 为方程的根,则由 $z^n = (re^{i\theta})^n = 1$,得 $r^n = 1$, $e^{in\theta} = 1$. 因此, $r = 1$, $\theta = \dfrac{2k\pi}{n}$, $k = 0, 1, \cdots, n-1$. 于是 $z^n - 1 = 0$ 的 n 个根为 $z = e^{i\frac{2k\pi}{n}}$, $k = 0$, $1, \cdots, n-1$. 它们从 $1 = (1, 0)$ 开始均匀地分布在复平面中以 $0 = (0, 0)$ 为圆心的单位圆上,相邻的两个根之间的夹角为 $\dfrac{2\pi}{n}$.

例 7.14.2　求方程 $\sqrt{z} + \sqrt{-z} = 4$ 的根.

将方程两边平方,有 $z - z + 2\sqrt{z}\sqrt{-z} = 16$,即 $\sqrt{z}\sqrt{-z} = 8$. 两边再平方,有 $z^2 = -64$. 因此 $z = \pm\sqrt{-64} = \pm 8i$.

例 7.14.3　设 $\mathbb{Q}(i) = \{a + bi \mid a, b \in \mathbb{Q}\}$,试定义 $\mathbb{Q}(i)$ 中的元相等,相加,和相乘,使之成为一个域(作为练习,参见例 7.6.4,例 7.8.2). $\mathbb{Q}(i)$ 中的元称为**有理复数**,而 $\mathbb{Q}(i)$ 称为**高斯数域**.

例 7.14.3　对于 $z = re^{i\theta}$, $z_1 = e^{i\theta_1}$,则 $z \cdot z_1 = re^{i(\theta + \theta_1)}$,表明了用单位复数 $z_1 = e^{i\theta_1}$ 去乘任意复数 z,相当于将 z 在复平面中逆时针转了 θ_1. 特别地,当乘以 $i(-i)$,则对应于将 z 逆(顺)时针转 $90°$.

§7.15　一道趣题:借助复数找寻宝藏

伽莫夫在他的那本《从一到无穷大》(参见[16])中用复数解答了一个"寻

宝题". 我们按图 7.15.1 简述如下:汤姆在他曾祖父留下的一张羊皮纸上看到了一张"藏宝地图",现说明如下:地图上有三个地标:一座绞刑架 Γ(E 点),一棵橡树(A 点),一棵松树(B 点). 从绞刑架(E 点)出发走了 n 步到达橡树(A 点),接着向右转 $90°$,再继续前行 n 步到达 C 点,在此要打下一个桩. 然后再回到绞刑架(E 点),而向松树(B 点)进发. 这次走了 m 步到达松树(B 点),接着向左转 $90°$,再继续前行 m 步到达 D 点,在此也要打下一个桩. 那么,宝藏就埋在这两个桩(线段 CD)的中点 T 点处.

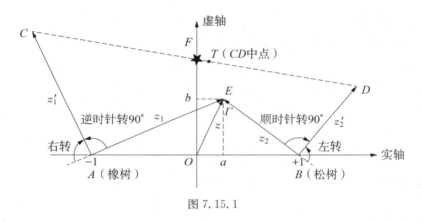

图 7.15.1

遗憾的是,当汤姆一行人按图中给出的经纬度登上那座荒岛时,作为地标的木制绞刑架已荡然无存. 他们只能无功而返了.

如果他们通晓复数及其运算,那么他们就能找到宝藏了:将 A,B 的中点记为 O,作为复平面的原点,且将 $OA = OB$ 取为 1 个长度单位,令 $\overrightarrow{OE}$ 表示的复数在此坐标系中记为 $z = a + bi$,则 $\overrightarrow{AE}$、$\overrightarrow{BE}$ 表示的复数 z_1、z_2 对点 A、B 分别为

$$z_1 = 1 + z = (1 + a) + bi, \quad z_2 = (a - 1) + bi.$$

在 A 点,$|z_1'| = |z_1|$,因此 $z_1' = z_1 \cdot i = -b + (1 + a)i \Rightarrow C$ 点在原复平面中的坐标就是 $(-b - 1, 1 + a)$;

在 B 点,$|z_2'| = |z_2|$,因此 $z_2' = z_2 \cdot (-i) = b + (1 - a)i \Rightarrow D$ 点在原复平面中的坐标就是 $(b + 1, 1 - a)$.

这样,C,D 两点的中点 T 的坐标就是 $\left(\dfrac{(-b-1)+(b+1)}{2}, \right.$

$\dfrac{(1+a)+(1-a)}{2}$$)=(0,1)$. 这表明宝藏埋在虚轴上离原点 O 的 1 个单位处. 即虚数 i 之处, 它与 Γ 的位置 E 无关. 于是: 作出地标 A（橡树）, 与地标 B（松树）, 所给出的线段 AB 的垂直平分线 OF, 在其上取 T 点, 使 $OT=OB$, 那么 T 点即为埋宝藏之地点.

事实上, 在实数中添加了满足等式 $i^2=-1$ 的 i 后, 我们有了复数. 复数在数学（如复变函数）, 物理（如量子力学, 规范场论）和其他诸多自然科学领域中都有重大应用. 从实数域到复数域, 域仍然是域, 即"＋", "－", "×", "÷"的良好性质仍保持着. 不过实数中有大小的概念, 而复数已不能比较大小了. 当然, 数系某些性质的改变并非坏事; 相反, 正因为有丰富多彩的数系存在, 这才为我们在对客观物质世界的描述时提供了强有力的数学工具.

继续扩张复数域的动因之一是: 单位复数实现了平面中的转动, 那么三元数能否实现 3 维空间中的转动呢?

§7.16　不存在有很好运算性质的三元数系

如果有数能实现三维空间中的转动, 那么, 由于转动是不可换的（参见图 7.16.1）, 所以在该数系中相应于两个转动的合成这一运算而给出的数之间

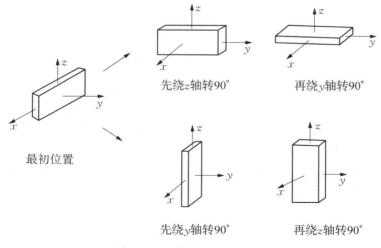

图 7.16.1　转动是不可交换的

的相乘必定是不可换的. 因此, 在域的定义 7.8.1 中关于 $(K-\{0\}, \times)$ 是一个可换乘群中的可换性这一条就得放弃了. 那么乘法的结合性以及乘法对加法满足分配律这两条是否还能保留?

我们现在在复数的基元 1, i 的基础上, 再引入一个新的基元 j, 而构成三元数 $x = x_0 + x_1 i + x_2 j, x_0, x_1, x_2 \in \mathbb{R}$, 那么首先从乘法的封闭性, 应有

$$ij = a + bi + cj, \quad a, b, c \in \mathbb{R}. \tag{7.32}$$

如果我们仍要三元数的乘法满足结合律, 以及乘法对加法的分配律, 那么从 $(-1)j = (ii)j = i(ij) = i(a + bi + cj)$, 就有 $-j = -b + ai + cij = ca - b + (a + bc)i + c^2 j$. 由此可得

$$(1 + c^2)j = b - ac - (a + bc)i. \tag{7.33}$$

由于 $c \in \mathbb{R}, 1 + c^2 \neq 0$, 这就表示 $j \in \mathbb{C}$. 这就矛盾了. 这样, 一个具有乘法的结合律, 以及乘法对加法的分配律的三元数集合是不存在的.

§7.17　哈密顿的四元数系

1828 年, 爱尔兰数学家哈密顿开始研究用四元数来描述空间转动, 即考虑四元数集

$$\mathbb{H} = \{x = x_0 + x_1 i + x_2 j + x_3 k \mid x_0, x_1, x_2, x_3 \in \mathbb{R}\}. \tag{7.34}$$

他设想其中两个分量用于确定转动的轴, 一个用于确定转动的角度, 而还有一个用于确定矢量的伸缩. 但因为他坚持四元数的乘法服从交换律, 所以久久没有得到预期的结果.

1843 年 10 月 16 日的一个黄昏, 哈密顿偕夫人沿着都柏林的皇家运河河畔散步, 多年来他所冥思苦想着的三维空间中两次连续转动的合成问题仍然一筹莫展. 也许是运河畔的秀丽景色和漫步时悠然的心境, 使他猛然间灵光一闪, 瞬时间领悟了四元数的微妙定义: 它应是一种不满足交换律的代数数系. 哈密顿就在附近的一座桥上刻下了(参见[61])

$$\begin{aligned} &i^2 = j^2 = k^2 = -1; \\ &ij = -ji = k, \ jk = -kj = i, \ ki = -ik = j. \end{aligned} \tag{7.35}$$

例 7.17.1 利用(7.35)有 $ijk = jki = kij = -1$，$kji = jik = ikj = 1$.

我们将在第十章中，用近代的处理方法去得出下列重要结论：

若将转轴的方向余弦为 $\boldsymbol{n} = (\cos\alpha, \cos\beta, \cos\gamma)$，转角为 θ 的转动记为 $R(\boldsymbol{n}, \theta)$，则 $R(\boldsymbol{n}, \theta)$ 可用下列(单位)四元数来实现(参见 §10.12)

$$q(\boldsymbol{n}, \theta) = \cos\frac{\theta}{2} + \sin\frac{\theta}{2}(\cos\alpha i + \cos\beta j + \cos\gamma k). \qquad (7.36)$$

例 7.17.2 求 $R(\boldsymbol{i}, 90°) R(\boldsymbol{k}, 90°)$.

从 $R(\boldsymbol{i}, 90°)$ 对应 $q(\boldsymbol{i}, 90°) = \cos 45° + \sin 45° i$，$R(\boldsymbol{k}, 90°)$ 对应 $q(\boldsymbol{k}, 90°) = \cos 45° + \sin 45° k$，有

$$q(\boldsymbol{i}, 90°) q(\boldsymbol{k}, 90°) = \frac{\sqrt{2}}{2}(1+i)\frac{\sqrt{2}}{2}(1+k)$$

$$= \frac{1}{2}(1 + i - j + k)$$

$$= \cos 60° + \sin 60°\left(\frac{1}{\sqrt{3}}i - \frac{1}{\sqrt{3}}j + \frac{1}{\sqrt{3}}k\right),$$

这就给出了 $R\left(\dfrac{1}{\sqrt{3}}, -\dfrac{1}{\sqrt{3}}, \dfrac{1}{\sqrt{3}}, 120°\right)$. 这是一个转轴的方向余弦为 $\left(\dfrac{1}{\sqrt{3}}, -\dfrac{1}{\sqrt{3}}, \dfrac{1}{\sqrt{3}}\right)$，转角为 $120°$ 的转动.

接下去的超复数数集有八元数系(凯莱数系)和十六元数系(与狄拉克方程有关)……我们就不继续展开了. 有兴趣的读者可以参阅[15]中的讨论，因为我们有更重要的一个代数体系——向量空间要讨论.

第八章

向量空间与代数

§8.1　向量空间的定义

以 3 维空间中的矢量集合作为原型,我们引入向量空间:

定义 8.1.1　对于数域 K 以及集合 V,我们将 V 称为域 K 上的一个向量空间,如果此时有

(i) V 中定义了加法"+"运算,而 V 在此加法运算下构成一个可换群,此时的零元记为 0,而 $v \in V$ 的负元记为 $-v$;

(ii) 对于任意 $a \in K$,$v \in V$,定义它们的数乘运算,即 $av \in V$,而对任意 v_1,v_2,$v \in V$ 及 a,$b \in K$,满足

$$
\begin{aligned}
& a(v_1 + v_2) = av_1 + av_2, \\
& (a + b)v = av + bv, \\
& (ab)v = a(bv), \\
& 1 \cdot v = v,
\end{aligned}
\tag{8.1}
$$

其中 1 是 K 中的乘法单位元.

向量空间中的元素称为向量,而向量空间中的加法与数乘运算统称为线性运算.

例 8.1.1　3 维空间中的矢量集合在矢量的平行四边形加法和矢量与一个实数的数乘运算下,构成域 $\mathbb{R}$ 上的一个向量空间.

例 8.1.2　n 重有序实数的全体

$$
\mathbb{R}^n = \{(a_1, a_2, \cdots, a_n) \mid a_i \in \mathbb{R}, i = 1, 2, \cdots, n\}
\tag{8.2}
$$

在运算

$$(a_1, a_2, \cdots, a_n) + (b_1, b_2, \cdots, b_n) = (a_1+b_1, a_2+b_2, \cdots, a_n+b_n),$$
$$a(a_1, a_2, \cdots, a_n) = (aa_1, aa_2, \cdots, aa_n), a \in \mathbb{R}$$

$$(8.3)$$

下构成 $\mathbb{R}$ 上的一个向量空间,称为 n 重实数空间. 此时 $0 = (0, 0, \cdots, 0)$, $-(a_1, a_2, \cdots, a_n) = (-a_1, -a_2, \cdots, -a_n)$. 同样,可定义 $\mathbb{C}^n$,以及 K^n. 类似地,我们可以定义 $K_n = \{(a_1, a_2, \cdots, a_n)^T | a_i \in K, i=1, 2, \cdots, n\}$, 且使它成为 K 上的向量空间. K^n, K_n 中的元分别称为行向量和列向量.

例 8.1.3 在上述的 $\mathbb{R}^n$, $\mathbb{C}^n$, K^n 中取 $n=1$,可知 $\mathbb{R}$, $\mathbb{C}$,或一般的域 K,可以看成是其自身上的向量空间. $\mathbb{C}$ 是 $\mathbb{C}$ 上的向量空间,当然也是 $\mathbb{R}$ 上的向量空间. 在 §7.17 中引入的四元数系 $\mathbb{H}$,由于此时用以数乘的 $\mathbb{H}$,其中的乘法不满足交换律,即不是域,所以 $\mathbb{H}$ 不是其自身上的向量空间,但 $\mathbb{H}$ 是 $\mathbb{C}$ 上,或 $\mathbb{R}$ 上的向量空间.

§8.2 向量空间中元之间的线性相关性, 向量空间的基,以及它的维数

粗略地讲,向量空间就是定义了线性运算的代数集. 与线性运算有关的是向量的线性相关或线性无关这一概念.

定义 8.2.1 在域 K 上的向量空间 V 中,称向量 v_i, $i=1, 2, \cdots, s$ 是线性无关的,如果对 $a_1, a_2, \cdots, a_s \in K$,

$$a_1v_1 + a_2v_2 + \cdots + a_sv_s = 0 \Rightarrow a_i = 0, i=1, 2, \cdots, s, \quad (8.4)$$

否则就称它们是线性相关的. V 中线性无关向量的最大个数称为 V 的维数, 记为 $\dim V$,其中 $\dim$ 是英语 dimention(维数)一词的缩写. 而当 $\dim V = n$ 是有限数时,则称 V 是 n 维有限空间,否则就是无限维空间.

n 维空间 V 中的 n 个线性无关的向量 $v_1, v_2, \cdots, v_n$ 构成了该空间的一个基,而 $v \in V$ 可用这个基唯一地线性表示(展开)为 $v = a_1v_1 + a_2v_2 + \cdots + a_nv_n$. 在固定基下,可将 v 记作 $v = (a_1, a_2, \cdots, a_n)$. 在这意义下,我们可以说基 $\{v_i\}$ 生成了向量空间 V,因此有记号 $v = \langle\!\langle v_1, v_2, \cdots, v_n \rangle\!\rangle$.

例 8.2.1 $e_1 = (1, 0, \cdots, 0)$, $e_2 = (0, 1, \cdots, 0)$, $\cdots$, $e_n =$

$(0, 0, \cdots, 1) \in \mathbb{R}^n$.

不难证明它们是线性无关的. 对任意 $(a_1, a_2, \cdots, a_n) \in \mathbb{R}^n$, 有 $(a_1, a_2, \cdots, a_n) = a_1 e_1 + a_2 e_2 + \cdots + a_n e_n$. $\{e_i\}$ 是 $\mathbb{R}^n$ 的一个基, 即

$$\mathbb{R}^n = 《e_1, e_2, \cdots, e_n》, 以及 \dim \mathbb{R}^n = n.$$

例 8.2.2　$\mathbb{C}$ 作为 $\mathbb{R}$ 上的一个向量空间, 有 $\mathbb{C} = 《1, i》$, 此时 $\dim \mathbb{C} = 2$. 而 $\mathbb{C}$ 作为自身 $\mathbb{C}$ 上的一个向量空间时, 有 $\mathbb{C} = 《1》$. 因此此时 $\dim \mathbb{C} = 1$.

§8.3　向量空间的子空间与向量空间的直和分解

类似于群的子群, 考虑到向量空间所具有的线性运算, 我们引入向量空间的子空间的概念.

定义 8.3.1　域 K 上的向量空间 V 的非空子集 W, 称为是 V 的子空间, 如果 W 在 V 的线性运算下是封闭的, 即

(i) $W + W = \{w_1 + w_2 \mid w_1, w_2 \in W\} \subseteq W$;

(ii) $\forall a \in K$, 有 $aW = \{aw \mid w \in W\} \subseteq W$.

由于 V 是一个向量空间, 因此其中的元满足 P114 定义 8.1.1 中的 (ii), V 的子集 W 中的元也必定满足 P114 的 (ii), 再者不难证明, 本页 (i), (ii) 保证了 P114 的 (i) 也是成立的. 这两点表明 W 就其本身而言, 一定是 K 上的一个向量空间. 不难证明 (参见定理 3.5.1) W 中的 0 向量就是 V 中的 0 向量, 而 W 中向量 w 的负向量就是 w 在 V 中的负向量 $-w$. 再者, 若 W_1, W_2 都是 V 的子空间, 那么 $W_1 \bigcap W_2$, 和 $W_1 + W_2 = \{w_1 + w_2 \mid w_1 \in W_1, w_2 \in W_2\}$ 都是 V 的子空间 (作为练习).

设 $W_1, W_2, \cdots, W_k$ 都是 V 的子空间, 则由上述可知 $W = W_1 + W_2 + \cdots + W_k$ 也是 V 的子空间. W 中的任意元 w 当然可以用形式 $w = w_1 + w_2 + \cdots + w_k$ 表出, 其中 $w_i \in W_i$, $i = 1, 2, \cdots, k$. 如果这一表示是唯一的, 则称 W 是 $W_1, W_2, \cdots, W_k$ 的直和, 记作 $W = W_1 \oplus W_2 \oplus \cdots \oplus W_k$, 而把 $W_1, W_2, \cdots, W_k$ 称为 W 的这一直和分解中的直和因子.

例 8.3.1　在 3 维空间中建立直角坐标系, 且将沿 x, y, z 轴的单位矢量分别记为 i, j, k, 那么 3 维矢量空间可由 i, j, k 生成. 此时有 $《i, j》 +$

《k》=《i, j》$\oplus$《k》,但《i, j》+《$i+k$》却不是直和,因为在前者中 V 中任意元 v 可唯一地表示为 $ai+bj+ck$,而在后者中,如 $bj+ck$,又可表成 $(ai+bj)+(-ai+ck)$,$\forall a \in \mathbb{R}$. 很明显,这里《i, j》与《$i+k$》不是直和的原因是它们有共同元 i. 若 $V=W_1+W_2$,而 $W_1 \bigcap W_2 = \{0\}$,则必有 $W_1+W_2=W_1 \oplus W_2$.

例 8.3.2 按定义 $W=W_1 \oplus W_2 \oplus \cdots \oplus W_n$ 的充要条件是 $\forall w \in W$,$w=w_1+w_2+\cdots+w_n$ 的分解是唯一的. 这一条件也可以等价地表示为 W 的 0 元的分解是唯一的(作为练习). 在例 §8.3.1 中,零矢量 $\mathbf{0} \in$《i, j》+《j, k》可表示为 $\mathbf{0}=0+0$,但又可表示为如 $bj+(-bj)=\mathbf{0}$,$\forall b \in K$. 所以《i, j》+《j, k》就不是直和.

直和空间给出的一个重要的情况是:若向量空间 V,有一些满足特殊性质的子空间(参见 §8.11,§8.14)W_1,W_2,$\cdots$,W_k 能满足

$$V=W_1 \oplus W_2 \oplus \cdots \oplus W_k, \tag{8.5}$$

此时我们在各子空间 W_i 取定它的一个基,$i=1$, 2, $\cdots$, k,再把这些基汇集起来,给出 V 的一个基. 这样我们就得了 V 的一个适合直和分解(8.5)的基.

例 8.3.3 设 m 维向量空间 W 是 n 维向量空间 V 的真子空间,即 $0<m<n$,而 $W=$《v_1, v_2, $\cdots$, v_m》. 于是 $\exists v_{m+1} \in V$,$v_{m+1} \notin W$. 此时 v_1,v_2, $\cdots$, v_m, v_{m+1} 线性无关. 若 $m+1 \neq n$,我们类似地有 $v_{m+2} \in V$,$v_{m+2} \notin$《v_1, v_2, $\cdots$, v_{m+1}》. 以此类推,就得出 V 中的 v_1, v_2, $\cdots$, v_m, v_{m+1}, $\cdots$, v_n 构成的一个基,而其中 v_1, v_2, $\cdots$, v_m 是 W 的一个基. 令 $W'=$《v_{m+1}, $\cdots$, v_n》,显然有 $V=W \oplus W'$. V 的这一基是适合于这一直和分解的一个基.

§8.4 商空间

设 W 是域 K 上的 n 维向量空间 V 的一个 m 维子空间. 下面我们通过 W 来定义 V 中元素之间的一个等价关系,并由此得到 V 的一个分类.

对于 v_1, $v_2 \in V$,若 $v_1-v_2 \in W$,则称它们关于 $\bmod W$ 同余,记为 $v_1 \equiv v_2 (\bmod W)$. 不难证明(作为练习):$v \equiv v (\bmod W)$;$v_1 \equiv v_2 (\bmod W) \Rightarrow v_2 \equiv v_1 (\bmod W)$;$v_1 \equiv v_2 (\bmod W)$,$v_2 \equiv v_3 (\bmod W) \Rightarrow v_1 \equiv v_3 (\bmod W)$.

因此,这里的同余是一个等价关系.

于是 V 上的由 $\bmod W$ 所确定的同余关系就给出了 V 的一个分类:V 中由所有与 v 关于 $\bmod W$ 同余的元构成的集合——v 的同余类,用 $\bar{v}$ 表示,而从 $a\in\bar{v}\Leftrightarrow a-v\in W\Leftrightarrow a\in v+W$,可知

$$\bar{v}=v+W. \tag{8.6}$$

再者以所有这样的同余类构成的商集合,则为(参见(1.1))

$$V/W=\{\bar{v}\,|\,v\in V\}. \tag{8.7}$$

现在我们要在 V/W 中引入线性运算,使它也成为一个向量空间. 当然引入的运算应与 V 中的原有的运算有联系,因此有下列定义

$$\bar{v}_1+\bar{v}_2=\overline{v_1+v_2},$$
$$a\bar{v}=\overline{av},\ a\in K. \tag{8.8}$$

不难证明(作为练习)这里引入的同余类的加法与数乘是与同余类的代表选取无关的,因此是有意义的. 于是 V/W 在这两种运算下构成域 K 上的一个向量空间(作为练习). V/W 称为 V 关于 $\bmod W$ 的商空间.$\bar{0}$ 显然是它的零元.

例 8.4.1 对于 $V=\langle\!\langle v_1,\ v_2,\ \cdots,\ v_n\rangle\!\rangle$,以及 W 构成的 V/W,从 $v=a_1v_1+a_2v_2+\cdots+a_nv_n\in V$,根据(8.8),有

$$\bar{v}=\overline{a_1v_1+a_2v_2+\cdots+a_nv_n}=a_1\bar{v}_1+a_2\bar{v}_2+\cdots+a_n\bar{v}_n\in V/W.$$

例 8.4.2 若 $V=\langle\!\langle i,\ j,\ k\rangle\!\rangle$,$W=\langle\!\langle i\rangle\!\rangle$,则 $\bar{i}=i+W$,$\bar{j}=j+W$,$\bar{k}=k+W$. 先由 $i-0\in\langle\!\langle i\rangle\!\rangle\Rightarrow\bar{i}=\bar{0}$,再由 $v\in V$,$v=ai+bj+ck$,有 $\bar{v}=a\bar{i}+b\bar{j}+c\bar{k}=b\bar{j}+c\bar{k}$. 因此 $V/W=\{b\bar{j}+c\bar{k}\,|\,b,\ c\in\mathbb{R}\}=\langle\!\langle\bar{j},\ \bar{k}\rangle\!\rangle$. 所以,$\dim V=3$,$\dim W=1$,$\dim V/W=2=3-1$.

有了这个具体例子,我们现在就来探讨 V,W,V/W 三者之间的一般关系. 设 V,及其子空间 W 分别是 n,m $(n>m\geqslant 1)$ 维的,而 $w_1,w_2,\cdots,w_m$ 是 W 的一个基,即 $W=\langle\!\langle w_1,\ w_2,\ \cdots,\ w_m\rangle\!\rangle$. 根据题设,$\exists\,w_{m+1}\in V-W$,而 $w_1,\cdots,w_m,w_{m+1}$ 一定线性无关. 如果 $n-m=1$,那么 $w_1,\cdots,w_m,w_{m+1}$ 便是 V 的一个基;如果 $n-m\geqslant 2$,则存在 $w_{m+2}\in V-\langle\!\langle w_1,\ \cdots,\ w_m,\ w_{m+1}\rangle\!\rangle$. 继续

这一过程,直到经过 $n-m$ 个步骤后,得出了 V 中的 n 个线性无关的向量 $w_1,\cdots,w_n$ 即 V 的一个基,而其中的 $w_1,w_2,\cdots,w_m$ 是 W 的一个基.

这样,我们就有 V/M 中的元: $\overline{w}_1,\overline{w}_2,\cdots,\overline{w}_m,\overline{w}_{m+1},\cdots,\overline{w}_n$. 先从 $w_i-0\in W$,可知 $\overline{w}_i=\overline{0}$,$i=1,2,\cdots,m$. 其次,对任意 $v\in V$,有 $v=a_1w_1+a_2w_2+\cdots+a_nw_n$. 因此,$\overline{v}=a_1\overline{w}_1+a_2\overline{w}_2+\cdots+a_n\overline{w}_n=a_{m+1}\overline{w}_{m+1}+\cdots+a_n\overline{w}_n\in V/W$. 最后,若 $b_{m+1}\overline{w}_{m+1}+\cdots+b_n\overline{w}_n=\overline{0}$,则 $b_{m+1}w_{m+1}+\cdots+b_nw_n\in W$. 由此可得 $b_{m+1}=\cdots=b_n=0$. 这就表明 $\overline{w}_{m+1},\cdots,\overline{w}_n$ 是线性无关的. 因此 $V/W=\langle\!\langle\overline{w}_{m+1},\cdots,\overline{w}_n\rangle\!\rangle$. 从而 $\dim V/W=n-m=\dim V-\dim W$.

例 8.4.3 商空间作为商群

向量空间 V 中有加法与数乘两种线性运算. 就加法而言,V 的子空间 W 就是 V 的子群. 由于加法是可换的,W 就是 V 的正规子群. 此时得出的各陪集显然就是 V 关于 $\operatorname{mod} W$ 的各同余类. 因此,此时得到的商群与如上构造的商空间 V/W 是一致的. 不过,商空间中的元还有数乘运算,线性相关性等向量空间的性质,这是商群所没有的.

§8.5 线性映射

为了研究域 K 上 n 维向量空间 V 与 K 上 m 维向量空间 U 之间的关系,我们要用到映射这一"武器". 考虑到 V 与 U 都有各自的线性运算,因此就要使这一映射与它们发生关联. 为此我们引入如下定义.

定义 8.5.1 自 V 到 U 的映射 $f:V\rightarrow U$,如果对 $v,v_1,v_2\in V$,以及 $a\in K$,若保持线性运算,即满足

$$f(v_1+v_2)=f(v_1)+f(v_2),$$
$$f(av)=af(v),\qquad\qquad(8.9)$$

则称 f 是自 V 到 U 中的线性(同态)映射. V 到 U 的线性映射全体记为 $gl(V,U)$. 当 $U=V$ 时,则称 f 是 V 的线性变换,此时 $gl(V,V)$ 简记为 $gl(V)$.

例 8.5.1 设 $v_1,\cdots,v_n;u_1,\cdots,u_m$. 分别是 V,U 的基. 从 $v\in V$,$v=$

$\sum_i a_i v_i$,有 $f(v)=\sum_i a_i f(v_i)$,可知要把握 f 只要知道 v_1, v_2, $\cdots$, v_n 在 f 下的象就足够了. 然而 $f(v_i)=\sum_j f_{ij} u_j$, $i=1, 2, \cdots, n$;$j=1, 2, \cdots, m$. 这样就得出 $n\times m$ 矩阵 $(f_{ij})\in gl(n, m, K)$. 反过来,若有这样一个矩阵,我们从 $f(v_i)=\sum_j f_{ij} u_j$ 也能确定 $f\in gl(V, U)$.

注意(8.9)中的 v_1+v_2 和 av 是对 V 中的线性运算而言的,而 $f(v_1)+f(v_2)$ 和 $af(v)$ 是对 U 中的线性运算而言的,尽管我们使用了同样的符号. V, U 之间若存在一个线性映射,且是一个双射,则 V, U 就同构了.

设 $f\in gl(V, U)$. 记 $\operatorname{Im}(f)=\{f(v)\mid v\in V\}\subset U$ 称为 f 的像(空间),而 $\operatorname{Ker}(f)=f^{-1}(0)=\{v\in V\mid f(v)=0\}\subset V$,则称为 f 的核(空间).

例 8.5.2 线性映射 f 具有下列性质:(i) $f(0)=0$, $f(-v)=-f(v)$;(ii) 若 v_1, v_2, $\cdots$, v_l 在 V 中线性相关,则 $f(v_1)$, $f(v_2)$, $\cdots$, $f(v_l)$ 在 U 中线性相关.

显然,f 是满射 $\Leftrightarrow \operatorname{Im}(f)=U$. 若 u_1, $u_2\in\operatorname{Im}(f)$,则 $\exists v_1$, $v_2\in V$,使得 $f(v_1)=u_1$, $f(v_2)=u_2$,因此 $f(av_1+bv_2)=au_1+bu_2\in\operatorname{Im}(f)$,$\forall a, b\in K$. 这表明了 $\operatorname{Im}(f)$ 是 U 的一个子空间(参见§8.3).

还有 f 是单射 $\Leftrightarrow \operatorname{Ker}(f)=\{0\}$(作为练习). 若 v_1, $v_2\in\operatorname{Ker}(f)$,则从 $f(av_1+bv_2)=af(v_1)+bf(v_2)=a\cdot 0+b\cdot 0=0\Rightarrow av_1+bv_2\in\operatorname{Ker}(f)$,$\forall a, b\in K$. 因此 $\operatorname{Ker}(f)$ 是 V 的一个子空间. (参见§8.3)

例 8.5.3 对于 $f\in gl(V, U)$,有 $\dim V=\dim\operatorname{Ker}(f)+\dim\operatorname{Im}(f)$.

令 $\dim V=n$, $\dim\operatorname{Ker}(f)=m$,而 v_1, v_2, $\cdots$, v_m 是 $\operatorname{Ker}(f)$ 的一个基,再在 V 中找出 $n-m$ 个元 v_{m+1}, v_{m+2}, $\cdots$, v_n,使得 v_1, v_2, $\cdots$, v_m, v_{m+1}, $\cdots$, v_n 成为 V 的一个基(参见例 8.3.3). 此时 $f(v_i)=0$, $i=1, 2, \cdots, m$,而 $f(v_j)\in\operatorname{Im}(f)$, $j=m+1, \cdots, n$. 对于 $v=a_1 v_1+a_2 v_2+\cdots+a_m v_m+a_{m+1} v_{m+1}+\cdots+a_n v_n$,从 $f(v)=a_{m+1} f(v_{m+1})+\cdots+a_n f(v_n)$ 可知 $\operatorname{Im}(f)$ 由这 $n-m$ 个 $f(v_j)$, $j=m+1, \cdots, n$ 线性张成. 此外,它们还是线性无关的:设 $b_{m+1} f(v_{m+1})+\cdots+b_n f(v_n)=0\Rightarrow f(b_{m+1} v_{m+1}+\cdots+b_n v_n)=0$. 由此可知 $b_{m+1} v_{m+1}+\cdots+b_n v_n\in\operatorname{Ker}(f)$,于是它可以写成 $\operatorname{Ker}(f)$ 的基 v_1, $\cdots$, v_m 的线性组合,即存在 c_1, $\cdots$, c_m 使得 $b_{m+1} v_{m+1}+\cdots+b_n v_n=c_1 v_1+\cdots+c_m v_m$,但是 v_1, $\cdots$, v_m, v_{m+1}, $\cdots$, v_n 是线性无关的,所以有 $b_{m+1}=\cdots=b_n=0$. 因

此，$f(v_{m+1})$，$\cdots$，$f(v_n)$ 是 $\mathrm{Im}(f)$ 的一个基，而 $\dim \mathrm{Im}(f) = n - m$. 所以最后有，$\dim V = n = m + (n - m) = \dim \mathrm{Ker}(f) + \dim \mathrm{Im}(f)$.

对于域 K 上的 n 维向量空间 $V = \langle\!\langle v_1, v_2, \cdots, v_n \rangle\!\rangle$，我们构成映射 $f: V \to K^n$，使得 $v = a_1 v_1 + a_2 v_2 + \cdots + a_n v_n$ 对应 $(a_1, a_2, \cdots, a_n) \in K^n$. 不难证明 f 是 V 到 K^n 上的一个双射，而且保持线性运算，即：若 $v = a_1 v_1 + a_2 v_2 + \cdots + a_n v_n$ 对应 $(a_1, a_2, \cdots, a_n)$，$u = b_1 v_1 + b_2 v_2 + \cdots + b_n v_n$ 对应 $(b_1, b_2, \cdots, b_n)$，则 $v + u = (a_1 + b_1) v_1 + (a_2 + b_2) v_2 + \cdots + (a_n + b_n) v_n$ 对应 $(a_1 + b_1, a_2 + b_2, \cdots, a_n + b_n)$，$av = a a_1 v_1 + a a_2 v_2 + \cdots + a a_n v_n$ 对应 $(a a_1, a a_2, \cdots, a a_n)$（作为练习）. 于是 V 与 K^n 在抽象意义上是一样的，即 V 与 K^n 同构. 因此，研究 n 维向量空间 V，只要研究 K^n 就可以了.（参见[9]，[20]）

最后，我们来定义 $gl(V)$ 中元的运算. 对于 $f, g \in gl(V)$，以及 $v \in V$，$a \in K$，有 $f(v)$，$g(v)$，$af(v) \in V$. 依此，我们定义 $f + g$，af 分别为以下映射：对任何 $v \in V$

$$(f + g)(v) = f(v) + g(v) \in V,$$
$$(af)(v) = af(v) \in V. \tag{8.10}$$

由此，不难证明（作为练习），$f + g$，af 都是 V 的线性变换. 因此，$f + g$，$af \in gl(V)$. 这样，$gl(V)$ 中的元素就有了加法运算，以及与数域 K 中元的数乘运算. 而且也不难证明这两个运算满足定义 8.1.1 中的（i），（ii）（作为练习）. 因此，$gl(V)$ 是 K 上的一个向量空间. 这样，我们就有了下面这个问题：若 V 是域 K 上的一个 n 维向量空间，则 $gl(V)$ 是 K 上的几维向量空间吗？这个问题，我们将在 §8.9 中讨论.

例 8.5.4　在 $gl(2, K) = \left\{ \begin{pmatrix} a_{11} & a_{12} \\ a_{21} & a_{22} \end{pmatrix} \middle| a_{ij} \in K, i, j = 1, 2 \right\}$（参见 §4.13）中有矩阵的相加，以及 $a \in K$ 与矩阵的数乘. 不难证明（作为练习）$gl(2, K)$ 在这两种运算下构成域 K 上的一个向量空间. 再者，由 $\begin{pmatrix} a_{11} & a_{12} \\ a_{21} & a_{22} \end{pmatrix} = a_{11} \begin{pmatrix} 1 & 0 \\ 0 & 0 \end{pmatrix} + a_{12} \begin{pmatrix} 0 & 1 \\ 0 & 0 \end{pmatrix} + a_{21} \begin{pmatrix} 0 & 0 \\ 1 & 0 \end{pmatrix} + a_{22} \begin{pmatrix} 0 & 0 \\ 0 & 1 \end{pmatrix}$，不难证明，其中右边的 4 个矩阵构成 $gl(2, K)$ 的一个基. 因此，$\dim gl(2, K) = 4$. 同理，$gl(n, K)$ 是域 K 上的一个向量空间，且 $\dim gl(n, K) = n^2$.

例 8.5.5 $GL(V)$ 是 V 到 V 的所有双射构成的集合. 若以映射的结合为其中元的乘法运算,则 $GL(V)$ 构成一个群(作为练习),称为 V 的一般线性变换群.

§8.6 应用:V 的对偶空间 V^*

§8.5 中引进的 $gl(V, U)$ 指的是从域 K 上的向量空间 V 到向量空间 U 的线性映射的全体构成的集合. 忆及域 K 是自身上的向量空间(参见例 8.1.3),所以在 $U = K$ 时,我们得出了 $gl(V, K)$. 对于 $f \in gl(V, K)$ 以及 $v \in V$,有 $f(v) \in K$. 通常的函数是将数映为数,而这里是将向量映为数. 所以 f 是一种(广)泛(的)函数. 于是我们得出 $gl(V, K)$ 是由 V 上的所有线性泛函数构成的集合.

类似于上节的做法,我们对 $f, g \in gl(V, K)$,$a \in K$,引入 $f + g$,af:

$$(f + g)(v) = f(v) + g(v), \ \forall v \in V,$$
$$(af)(v) = af(v), \ \forall v \in V. \tag{8.11}$$

不难验证,这样定义的 $f + g$,$af \in gl(V, K)$,即它们都是 V 上的线性泛函数. 再者,也不难验证 $gl(V, K)$ 连同它的元素的上述数乘和元素的加法满足定义 8.1.1 中的 (i)、(ii). 于是 $gl(V, K)$ 构成 K 上的一个向量空间,称为 V 的对偶空间,记作 V^*.

下面我们来构造 V^* 的一个特别的基. 给定 V 的基 $v_1, v_2, \cdots, v_n$. 对于 $v \in V$,有 $v = a_1 v_1 + a_2 v_2 + \cdots + a_n v_n$. 于是对于 $f \in V^*$,有 $f(v) = a_1 f(v_1) + a_2 f(v_2) + \cdots + a_n f(v_n)$. 这表明 $f \in V^*$ 是由 f 对 V 的基 $v_1, v_2, \cdots, v_n$ 的作用而确定的. 依此,我们定义 $w_i \in V^*$,它对 $v_1, v_2, \cdots, v_n$ 的作用为:$w_i(v_i) = 1$,而 w_i 对 $v_1, v_2, \cdots, v_n$ 中的其他向量都给出数为 0 的值,$i = 1, 2, \cdots, n$. 这样,我们就得出了 $w_1, w_2, \cdots, w_n \in V^*$. 如果引入克罗内克 δ:

$$\delta_{ij} = \begin{cases} 0, & \text{若 } i \neq j, \\ 1, & \text{若 } i = j, \end{cases} \quad i, j = 1, 2, \cdots, n, \tag{8.12}$$

则可将 w_1，w_2，$\cdots$，w_n 与 v_1，v_2，$\cdots$，v_n 的关系表示为

$$w_i(v_j) = \delta_{ij}, \quad i, j = 1, 2, \cdots, n. \tag{8.13}$$

设 $b_1 w_1 + b_2 w_2 + \cdots + b_n w_n = 0$（$V^*$ 中的零向量，即零映射，它将 $v \in V$，映为 K 中的 0），那么有 $(b_1 w_1 + b_2 w_2 + \cdots + b_n w_n)(v_i) = b_i = 0$，$i = 1$，2，$\cdots$，$n$. 这表明 w_1，$\cdots$，w_n 是线性无关的. 再者，若 $f \in V^*$，有 $f(v_i) = a_i$，$i = 1, 2, \cdots, n$，依此我们构成 $f' = a_1 w_1 + a_2 w_2 + \cdots + a_n w_n$. 于是，从 $(f - f')(v_i) = f(v_i) - f'(v_i) = 0$，可知 $f = f'$. 因此 $f \in V^*$ 就可以用 w_1，w_2，$\cdots$，w_n 线性表出. 这样，w_1，w_2，$\cdots$，w_n 就是 V^* 的一个基，称为与 V 的基 v_1，v_2，$\cdots$，v_n 对偶的基.

在数学的许多分支中都要用到对偶空间的概念. 此时如果把 V 中的向量称为逆变向量（参见例 8.7.2）的话，那么 V^* 中的向量则是协变向量（参见 [13]）. 在物理科学中对偶空间的概念也有许多重大应用. 例如在量子力学的狄拉克符号中，（无限维）向量空间 V 中的矢量称为刃矢，而 V^* 中的矢量则称为刁矢. 再则 $\mathbb{R}_n$ 的对偶空间可以等同于 $\mathbb{R}^n$（参见例 8.1.2），这是因为 $(a_1, a_2, \cdots, a_n) \in \mathbb{R}^n$ 可以如下地定义为对 $(b_1, b_2, \cdots, b_n) \in \mathbb{R}_n$ 的作用：

$$(a_1, a_2, \cdots, a_n) \begin{pmatrix} b_1 \\ b_2 \\ \vdots \\ b_n \end{pmatrix} = a_1 b_1 + a_2 b_2 + \cdots + a_n b_n \in \mathbb{R}. \tag{8.14}$$

不难证明（作为练习），此时有 $(\mathbb{R}_n)^* = \mathbb{R}^n$. 反过来，$(\mathbb{R}^n)^* = \mathbb{R}_n$（参见 §8.12）.

§8.7　向量的分量及其在基改变下的变换

取定 V 的基 $\{v_i\}$，对 $v \in V$，有 $v = a_1 v_1 + a_2 v_2 + \cdots + a_n v_n$. a_1，a_2，$\cdots$，a_n 称为 v 在基 $\{v_i\}$ 下的分量，而 $(a_1, a_2, \cdots, a_n)^T$ 称为 v 在基 $\{v_i\}$ 下的表示. 于是有

$$v = (v_1, v_2, \cdots, v_n) \begin{pmatrix} a_1 \\ a_2 \\ \vdots \\ a_n \end{pmatrix}. \tag{8.15}$$

如果在 V 中取基 $\{v_i'\}$，则同样从 $v = a_1' v_1' + a_2' v_2' + \cdots + a_n' v_n'$，有 v 在基 $\{v_i'\}$ 下的分量 $a_1', a_2', \cdots, a_n'$ 以及它的表示 $(a_1', a_2', \cdots, a_n')^T$，与 (8.15) 对应，有

$$v = (v_1', v_2', \cdots, v_n') \begin{pmatrix} a_1' \\ a_2' \\ \vdots \\ a_n' \end{pmatrix}. \tag{8.16}$$

于是就有问题：$(a_1', a_2', \cdots, a_n')^T$ 与 $(a_1, a_2, \cdots, a_n)^T$ 是如何关联的？这当然取决于新基 $\{v_i'\}$ 与旧基 $\{v_i\}$ 之间的联系. 如果

$$\begin{aligned} v_1' &= p_{11} v_1 + p_{21} v_2 + \cdots + p_{n1} v_n, \\ v_2' &= p_{12} v_1 + p_{22} v_2 + \cdots + p_{n2} v_n, \quad p_{ij} \in K, \; i, j = 1, 2, \cdots, n, \\ &\vdots \\ v_n' &= p_{1n} v_1 + p_{2n} v_2 + \cdots + p_{nn} v_n, \end{aligned} \tag{8.17}$$

或用矩阵记为

$$\begin{pmatrix} v_1' \\ v_2' \\ \vdots \\ v_n' \end{pmatrix} = \begin{pmatrix} p_{11} & p_{21} & \cdots & p_{n1} \\ p_{12} & p_{22} & \cdots & p_{n2} \\ \vdots & \vdots & & \vdots \\ p_{1n} & p_{2n} & \cdots & p_{nn} \end{pmatrix} \begin{pmatrix} v_1 \\ v_2 \\ \vdots \\ v_n \end{pmatrix} = P^T \begin{pmatrix} v_1 \\ v_2 \\ \vdots \\ v_n \end{pmatrix}, \tag{8.18}$$

式中的 P^T 称为 V 的新基 $\{v_i'\}$ 用旧基 $\{v_i\}$ 线性表示时的过渡矩阵.

利用矩阵的转置运算从 (8.18) 有

$$(v_1', v_2', \cdots, v_n') = (v_1, v_2, \cdots, v_n)P, \quad P = \begin{pmatrix} p_{11} & p_{12} & \cdots & p_{1n} \\ p_{21} & p_{22} & \cdots & p_{2n} \\ \vdots & \vdots & & \vdots \\ p_{n1} & p_{n2} & \cdots & p_{nn} \end{pmatrix},$$

$$(8.19)$$

从

$$v = (v_1', v_2', \cdots, v_n') \begin{pmatrix} a_1' \\ a_2' \\ \vdots \\ a_n' \end{pmatrix} = (v_1, v_2, \cdots, v_n)P \begin{pmatrix} a_1' \\ a_2' \\ \vdots \\ a_n' \end{pmatrix} = (v_1, v_2, \cdots, v_n) \begin{pmatrix} a_1 \\ a_2 \\ \vdots \\ a_n \end{pmatrix},$$

利用基 $\{v_i\}$ 中的向量是线性无关的,这就有(作为练习)

$$\begin{pmatrix} a_1 \\ a_2 \\ \vdots \\ a_n \end{pmatrix} = P \begin{pmatrix} a_1' \\ a_2' \\ \vdots \\ a_n' \end{pmatrix},$$

$$(8.20)$$

注意,此式左边的 $a_1, a_2, \cdots, a_n$ 是 v 在 $\{v_i\}$ 下的旧分量,而右边的 a_1', $a_2', \cdots, a_n'$ 则是同一个 v 在 $\{v_i'\}$ 下的新分量.

例 8.7.1 将 $\{v_i'\}$ 和 $\{v_i\}$ 换位,则类似于(8.19)应有 $(v_1, v_2, \cdots, v_n) =$ $(v_1', v_2', \cdots, v_n')Q$. 于是把(8.19)代入此式,即可得 $(v_1 v_2 \cdots v_n) =$ $(v_1 v_2 \cdots v_n)PQ$. 由此可得 $PQ = E_n$. 这表明 P, Q 都是满秩矩阵且互为逆矩阵,即 $P = Q^{-1}$,或 $Q = P^{-1}$.

例 8.7.2 我们把(8.18),(8.20)所示的结果写在下面:

新基　　旧基　　 v 的新分量　 v 的旧分量

$$\begin{pmatrix} v_1' \\ v_2' \\ \vdots \\ v_n' \end{pmatrix} = P^T \begin{pmatrix} v_1 \\ v_2 \\ \vdots \\ v_n \end{pmatrix}, \qquad \begin{pmatrix} a_1' \\ a_2' \\ \vdots \\ a_n' \end{pmatrix} = P^{-1} \begin{pmatrix} a_1 \\ a_2 \\ \vdots \\ a_n \end{pmatrix}.$$

$$(8.21)$$

这表明如果基 $\{v_i\}$ 变到基 $\{v_i'\}$，则 v 的表示，即它的分量给出的列矩阵也随之改变了. 但"基若以 P^T 方式改变"，则"分量给出的列矩阵以 P^{-1} 方法改变"，两者变化的方法是不同的. 为此我们把 V 中的向量称为逆变向量.

§8.8 $f \in gl(V)$ 在 $\{v_i\}$ 下的矩阵表示

对于 $f \in gl(V)$，$v \in V$，记 $f(v) = u$. 于是，在 V 中取定基 $\{v_i\}$. 从 $v = \sum_i a_i v_i$，$u = \sum_i b_i v_i$，便分别有 v，u 的表示 $(a_1\, a_2 \cdots a_n)^T$，$(b_1\, b_2 \cdots b_n)^T$. 现在要来求 f 的表示，使得我们能把 $f(v) = u$，具体地表示出来.

$f \in gl(V)$，是由它对 v_1，v_2，$\cdots$，v_n 的作用而确定的. 因此，我们把 $f(v_i)$ 再用 $\{v_i\}$ 展开，而有

$$f(v_1) = f_{11}v_1 + f_{21}v_2 + \cdots + f_{n1}v_n,$$
$$f(v_2) = f_{12}v_1 + f_{22}v_2 + \cdots + f_{n2}v_n,$$
$$\vdots \qquad\qquad f_{st} \in K,\ s,\ t = 1,\ 2,\ \cdots,\ n.$$
$$f(v_n) = f_{1n}v_1 + f_{2n}v_2 + \cdots + f_{nn}v_n,$$

$$(8.22)$$

令 $F^{①} = (f_{ij}) = \begin{pmatrix} f_{11} & f_{12} & \cdots & f_{1n} \\ f_{21} & f_{22} & \cdots & f_{2n} \\ \vdots & \vdots & & \vdots \\ f_{n1} & f_{n2} & \cdots & f_{nn} \end{pmatrix}$，有

$$\begin{pmatrix} f(v_1) \\ f(v_2) \\ \vdots \\ f(v_n) \end{pmatrix} = F^T \begin{pmatrix} v_1 \\ v_2 \\ \vdots \\ v_n \end{pmatrix}, \text{或 } f(v_1)\ f(v_2)\ \cdots\ f(v_n)) = (v_1\ v_2\ \cdots\ v_n)F,$$

$$(8.23)$$

我们把这样定义的矩阵 F 称为 $f \in gl(V)$ 在基 $\{v_i\}$ 下的矩阵表示.

---

① 注意这里的矩阵 $F = (f_{ij})$ 是 (8.22) 中数 f_{st} 排出的矩阵的转置矩阵.

这样,对于 $f(v)=u$,我们在基 $\{v_i\}$ 下,从 $v=\sum_i a_i v_i$,$u=\sum_i b_i v_i$ 分别有了 v,u 的表示 $(a,a_2\cdots a_n)^T$,$(b_1\,b_2\cdots b_n)^T$,以及从 $f(v_i)=\sum_j f_{ji} v_j$ 有了 f 的表示 $F=(f_{ij})$,那么 $f(v)=u$ 给出的 $(a_1\,a_2\cdots a_n)^T$,$(b_1\,b_2\cdots b_n)^T$,与 $F=(f_{ij})$ 之间有什么关系呢?

从 $f(v)=u=\sum_j b_j v_j$,有 $f(v)=f(\sum_i a_i v_i)=\sum_i a_i f(v_i)=\sum_i\sum_j a_i f_{ji} v_j$,即 $\sum_j b_j v_j=\sum_j(\sum_i a_i f_{ji})v_j$. 因此,$b_j=\sum_i a_i f_{ji}$. 用矩阵表示,即:

$$\begin{bmatrix} b_1 \\ b_2 \\ \vdots \\ b_n \end{bmatrix} = F \begin{bmatrix} a_1 \\ a_2 \\ \vdots \\ a_n \end{bmatrix}. \tag{8.24}$$

于是,$f(v)=u$ 可以这样计算:将 f 的矩阵表示 F 左乘 v 的表示 $(a_1\,a_2\cdots a_n)^T$ 就得出象 u 的表示 $(b_1\,b_2\cdots b_n)^T$. 现在抽象的线性映射 f "具体化了"——可由矩阵之间的相乘运算来实现.

§8.9 $gl(V)$ 与 $gl(n,K)$ 是同构的

$gl(V)$ 是 K 上的一个向量空间(参见 §8.5),而 $gl(n,K)$ 也是 K 上的一个向量空间(参见例 8.5.4). 上节中又在 V 的固定基 $\{v_i\}$ 下,从 $f\in gl(V)$ 给出了 $F\in gl(n,K)$,其中 $n=\dim V$. 这样,我们就在 $gl(V)$ 与 $gl(n,K)$ 之间建立了映射 t:

$$\begin{array}{ccc} t: gl(V) & \longrightarrow & gl(n,K) \\ f & & F \\ g & & G \end{array} \tag{8.25}$$

不难证明(作为练习),映射 t:(i) 是一个双射;(ii) t 保持线性运算不变,即 $t(af+bg)=aF+bG$,$a,b\in K$. 因此,我们得出 $gl(V)$ 与 $gl(n,K)$ 作为向量空间是同构的,因而在 K 上 $\dim gl(V)=n^2$(参见例 8.5.4).

进而对 $f\circ g\in gl(V)$,还能证明,与之对应的是矩阵 FG. 再者,f 是双

射的充要条件是与之对应的 F 是满秩的，即 F^{-1} 是存在的. 抽象空间，及其中抽象的运算，现在就能用矩阵这一具体对象"表示出来了".

例 8.9.1　若 $f \in GL(V)$，即 f 是 V 到 V 的一个双射，则由(8.23)给出的 $f(v_1)$，$f(v_2)$，$\cdots$，$f(v_n)$ 构成 V 的一个基：这是 f 为双射的充要条件. 或者说此时的充要条件是 f 的表示矩阵 F 是满秩的，即 $F \in GL(n, K)$；不难证明（作为练习），映射 $S: GL(V) \rightarrow GL(n, K)$ 是一个群同构映射，即 $GL(V)$ 同构于 $GL(n, K)$.

§8.10　$f \in gl(V)$ 在 V 的不同基下的表示之间的关系——相似矩阵

设 $f \in gl(V)$，$v \in V$，以及 $f(v) = u \in V$，在 V 的基 $\{v_i\}$ 下的表示分别为 F，$(a_1 \ a_2 \cdots \ a_n)^T$，$(b_1 \ b_2 \cdots \ b_n)^T$，而在基 $\{v'_i\}$ 下的表示分别为 F'，$(a'_1 \ a'_2 \cdots \ a'_n)^T$，$(b'_1 \ b'_2 \cdots \ b'_n)^T$，则按(8.24)，有

$$
\begin{pmatrix} b_1 \\ b_2 \\ \vdots \\ b_n \end{pmatrix} = F \begin{pmatrix} a_1 \\ a_2 \\ \vdots \\ a_n \end{pmatrix}, \quad \begin{pmatrix} b'_1 \\ b'_2 \\ \vdots \\ b'_n \end{pmatrix} = F' \begin{pmatrix} a'_1 \\ a'_2 \\ \vdots \\ a'_n \end{pmatrix}. \tag{8.26}
$$

若 $\{v'_i\}$ 与 $\{v_i\}$ 之间的变换由(8.17)所示，那么按(8.20)就有

$$
\begin{pmatrix} a_1 \\ a_2 \\ \vdots \\ a_n \end{pmatrix} = P \begin{pmatrix} a'_1 \\ a'_2 \\ \vdots \\ a'_n \end{pmatrix}, \quad \begin{pmatrix} b_1 \\ b_2 \\ \vdots \\ b_n \end{pmatrix} = P \begin{pmatrix} b'_1 \\ b'_2 \\ \vdots \\ b'_n \end{pmatrix}. \tag{8.27}
$$

于是有下列计算结果

$$
\begin{pmatrix} b_1 \\ b_2 \\ \vdots \\ b_n \end{pmatrix} = F \begin{pmatrix} a_1 \\ a_2 \\ \vdots \\ a_n \end{pmatrix} = FP \begin{pmatrix} a'_1 \\ a'_2 \\ \vdots \\ a'_n \end{pmatrix} = P \begin{pmatrix} b'_1 \\ b'_2 \\ \vdots \\ b'_n \end{pmatrix} = PF' \begin{pmatrix} a'_1 \\ a'_2 \\ \vdots \\ a'_n \end{pmatrix}. \tag{8.28}
$$

由于这一结果是对 $\forall a_1', a_2', \cdots, a_n' \in K$ 都成立的. 因此就有

$$PF' = FP, \text{ 或 } F' = P^{-1}FP. \tag{8.29}$$

这里的结论是: 在基 $\{v_i\}$ 变换到基 $\{v_i'\}$ 时, $f \in gl(V)$ 的矩阵表示 F 经受了一个相似变换(参见例 4.13.4). F 变换到了 $F' = P^{-1}FP$.

例 8.10.1　沿用例 8.3.1 的记号, 记 3 维矢量空间为 $\mathbb{R}^3$(参见 §8.5), 取 $\mathbb{R}^3$ 的旧基为 $i, j, i+k$, 新基为 i, j, k, 而 f 为绕 z 轴的, 转角为 $90°$ 的逆时针转动. 我们有

$$f(i) = j, f(j) = -i, f(i+k) = j+k$$

$$= -i + j + (i+k) \Rightarrow F = \begin{pmatrix} 0 & -1 & \vdots & -1 \\ 1 & 0 & \vdots & 1 \\ 0 & 0 & \vdots & 1 \end{pmatrix},$$

$$f(i) = j, f(j) = -i, f(k) = k \Rightarrow F' = \begin{pmatrix} 0 & -1 & \vdots & 0 \\ 1 & 0 & \vdots & 0 \\ 0 & 0 & \vdots & 1 \end{pmatrix}.$$

又从

$$\begin{pmatrix} i \\ j \\ k \end{pmatrix} = \begin{pmatrix} 1 & 0 & 0 \\ 0 & 1 & 0 \\ -1 & 0 & 1 \end{pmatrix} \begin{pmatrix} i \\ j \\ i+k \end{pmatrix} \Rightarrow P = \begin{pmatrix} 1 & 0 & -1 \\ 0 & 1 & 0 \\ 0 & 0 & 1 \end{pmatrix}, P^{-1} = \begin{pmatrix} 1 & 0 & 1 \\ 0 & 1 & 0 \\ 0 & 0 & 1 \end{pmatrix},$$

经计算, F' 正是 $P^{-1}FP$. 我们注意到这里的 F' 正是(5.19)在 $\theta = \dfrac{\pi}{2}$ 时给出的 3×3 矩阵. 这是预料之中的.

例 8.10.2　晶体点群只能有 2 重、3 重、4 重以及 6 重轴.

晶体的晶格由 $\mathbb{R}^3$ 中交于原点 O 的 3 个线性无关的矢量 v_1, v_2, v_3, 由 $n_1 v_1 + n_2 v_2 + n_3 v_3$ 构成, 其中的 n_1, n_2, n_3 因平移对称的要求应取遍 $\mathbb{Z}$. 若此晶格有一根过原点 O 的 n 重对称轴, 则令绕该轴(设为 z 轴). 转角为 $\theta = \dfrac{2\pi}{n}$ 的转动为 f. 因为该晶格在 f 下不变, 这就有

$$f(v_i) = \sum_{j=1}^{3} f_{ji} v_j, f_{ji} \in \mathbb{Z}, i = 1, 2, 3.$$

于是 f 在 $\{v_i\}$ 下的表示矩阵 $F=(f_{ij})$（参见 §8.8）. 我们再取另一个基：在过原点 O，垂直于 z 轴的平面上，取 x 轴和 y 轴，那么这 3 根坐标轴就给定了 $\boldsymbol{i}, \boldsymbol{j}, \boldsymbol{k}$，$f$ 在 $\{\boldsymbol{i}, \boldsymbol{j}, \boldsymbol{k}\}$ 下的表示矩阵 $F'=\begin{pmatrix} \cos\theta & -\sin\theta & 0 \\ \sin\theta & \cos\theta & 0 \\ 0 & 0 & 1 \end{pmatrix}$（参见

(5.19)). F' 与 F 应是相似矩阵，也即 $\exists P\in GL(3,\mathbb{R})$，使得 $F'=P^{-1}FP$. 于是从 $\operatorname{tr}F'=\operatorname{tr}F$（参见例 4.13.4），就得出了对 θ 的一个约束条件. 事实上，从 $\operatorname{tr}F'=1+2\cos\theta$，$\operatorname{tr}F=f_{11}+f_{22}+f_{33}$，有 $2\cos\theta=f_{11}+f_{22}+f_{33}-1\in\mathbb{Z}$. 由此最后得出 $\theta=\pi, \dfrac{2\pi}{3}, \dfrac{\pi}{2}, \dfrac{\pi}{3}$，即晶体点群只能有 2 重、3 重、4 重以及 6 重轴.

§8.11　不变子空间

在例 8.10.1 中，$《\boldsymbol{i}, \boldsymbol{j}》$ 是 $\mathbb{R}^3$ 的一个子空间，且它在 f 下是不变的，即 $f(《\boldsymbol{i}, \boldsymbol{j}》)\subset《\boldsymbol{i}, \boldsymbol{j}》$. 此时若把 f 缩小到（参见 §2.2）$《\boldsymbol{i}, \boldsymbol{j}》$ 上，则可得到 f 在 $《\boldsymbol{i}, \boldsymbol{j}》$ 上的表示矩阵，即得出该例中 F 或 F' 中左上角的那个 2×2 矩阵 $\begin{pmatrix} 0 & -1 \\ 1 & 0 \end{pmatrix}$. 一般地，如果 n 维向量空间 V 有一个 r 维子空间 W，满足 $f(W)\subset W$，即 W 是 f 的一个不变子空间，那么我们把 V 的基取为（参见 §8.3）w_1, $w_2, \cdots, w_r, w_{r+1}, \cdots, w_n$，使得其中的 $w_1, w_2, \cdots, w_r$ 是 W 的基，那么就有

$$f(w_1)=f_{1,1}w_1+f_{2,1}w_2+\cdots+f_{r,1}w_r,$$
$$f(w_2)=f_{1,2}w_1+f_{2,2}w_2+\cdots+f_{r,2}w_r,$$
$$\vdots$$
$$f(w_r)=f_{1,r}w_1+f_{2,r}w_2+\cdots+f_{r,r}w_r,$$
$$f(w_{r+1})=f_{1,r+1}w_1+f_{2,r+1}w_2+\cdots+f_{r,r+1}w_r+f_{r+1,r+1}w_{r+1}+\cdots+f_{n,r+1}w_n,$$
$$\vdots$$
$$f(w_n)=f_{1,n}w_1+f_{2,n}w_2+\cdots+f_{r,n}w_r+f_{r+1,n}w_{r+1}+\cdots+f_{n,n}w_n.$$

$$\tag{8.30}$$

因此，f 在这一个基下的矩阵表示就呈下列形式

$$
F = \begin{pmatrix}
f_{1,1} & f_{1,2} & \cdots & f_{1,r} & f_{1,r+1} & \cdots & f_{1,n} \\
f_{2,1} & f_{2,2} & \cdots & f_{2,r} & f_{2,r+1} & \cdots & f_{2,n} \\
\vdots & \vdots & & \vdots & \vdots & & \vdots \\
f_{r,1} & f_{r,2} & \cdots & f_{r,r} & f_{r,r+1} & \cdots & f_{r,n} \\
& & & & f_{r+1,r+1} & \cdots & f_{r+1,n} \\
& & 0 & & \vdots & & \vdots \\
& & & & f_{n,r+1} & \cdots & f_{n,n}
\end{pmatrix}
= \begin{pmatrix} F_W & * \\ 0 & ** \end{pmatrix},
$$

$$\tag{8.31}$$

其中矩阵 F_W 当然是 f 缩小在 W 上的映射 f_W 在基 $w_1, w_2, \cdots, w_r$ 下的矩阵表示. (8.31)中的矩阵($*$)，($**$)分别是相应的 $r \times (n-r)$，$(n-r) \times (n-r)$ 矩阵，而 0 是 $(n-r) \times r$ 零矩阵. 如果此时还能找到 f 的不变子空间 U，使得 $V = W \oplus U$，那么取上述的 $w_{r+1}, w_{r+2}, \cdots, w_n$ 为 U 的基，那么此时 (8.31)中的($*$)应为 $r \times (n-r)$ 零矩阵.

如果 V 可分解成 f 的若干个不变子空间的直和，即 $V = \sum_{i=1}^{s} \oplus W_i$，那么在各个不变子空间的基的全体构成的 V 的基的情况下，f 的矩阵表示将有下列的分块对角化的形式

$$
F = \begin{pmatrix} F_1 & & & 0 \\ & F_2 & & \\ & & \ddots & \\ 0 & & & F_s \end{pmatrix},
$$

$$\tag{8.32}$$

其中 F_i 当然就是 f 缩小在不变子空间 W_i 上的矩阵表示，$i = 1, 2, \cdots, s$. 此时我们说矩阵 F 是矩阵 $F_1, F_2, \cdots, F_s$ 的直和，记为 $F = F_1 \oplus F_2 \oplus \cdots \oplus F_s$.

这样，f 的矩阵表示就实现了尽可能地"简单一些了". 于是就有了一个新问题：如果已知了 V 的一个不变子空间 W，那该如何去求出与它"相补的"，即另一个与之直和的，又是 f 下不变的子空间 U 呢？例 8.10.1 中 $\mathbb{R}^3 = 《i, j》 \oplus 《k》$ 中的矢量 k 是垂直于平面 $《i, j》$ 的，这就启发我们可以从"正交的"角度去找 U. 不过，在一般向量空间中向量是没有正交的概念的. 为此，我们要在向量空间的基础上，附加一些新的结构. 这就有了下面要讨论的欧几

里得空间与酉空间.

例 8.11.1　设 $W = 《w_1, w_2, \cdots, w_r》$ 是 $f \in gl(V)$ 的不变子空间,那么此时有商空间 V/W(参见 §8.4). 取 V 的基 $w_1, w_2, \cdots, w_r, w_{r+1}, \cdots, w_n$,于是根据 §8.4 中的讨论 $\overline{w}_1 = \overline{w}_2 = \cdots = \overline{w}_r = \overline{0} \in V/W$,而且 $V/W = 《\overline{w}_{r+1}, \overline{w}_{r+2}, \cdots, \overline{w}_n》$. 我们由 $f \in gl(V)$,引入 $\overline{f}$ 对 V/W 的基 $\overline{w}_{r+1}, \overline{w}_{r+2}, \cdots, \overline{w}_n$ 的作用

$$\overline{f}(\overline{w}_j) = \overline{f(w_j)}, \quad j = r+1, r+2, \cdots, n.$$

不难证明(作为练习)这样定义的 $\overline{f}$ 与 $\overline{w}_j$ 的代表选取无关,且 $\overline{f}$ 对 V/W 中元的作用是线性的,因此 $\overline{f} \in gl(V/W)$. 由 $\overline{f}(\overline{w}_i) = \overline{f(w_i)} = \overline{0}$, $i = 1, 2, \cdots, r$,因此由(8.30),可得

$$\overline{f}(\overline{w}_{r+1}) = \overline{f(w_{r+1})} = f_{r+1, r+1}\overline{w}_{r+1} + \cdots + f_{n, r+1}\overline{w}_n,$$
$$\cdots$$
$$\overline{f}(\overline{w}_n) = \overline{f(w_n)} = f_{r+1, n}\overline{w}_{r+1} + \cdots + f_{n, n}\overline{w}_n,$$

这表明 $\overline{f} \in gl(V/W)$ 在 V/W 的基 $\overline{w}_{r+1}, \overline{w}_{r+2}, \cdots, \overline{w}_n$ 下的矩阵表示 $\overline{F}$ 为 (8.31)中的" $* \, *$",即 $\begin{pmatrix} f_{r+1, r+1} & \cdots & f_{r+1, n} \\ \vdots & & \vdots \\ f_{n, r+1} & \cdots & f_{n, n} \end{pmatrix}$. 这样,我们就能把(8.31)表示为 $F = \begin{pmatrix} F_W & * \\ 0 & \overline{F}_{V/W} \end{pmatrix}$.

§8.12　欧几里得空间

在 $\mathbb{R}^3$ 中,$\mathbb{R}^3$ 除了是一个向量空间以外,它还有一个附加的数学运算——矢量之间的数量积:对于 $v, u \in \mathbb{R}^3$,定义 $v \cdot u = |v| |u| \cos\theta$,这里 $|v|, |u|$ 分别是矢量 v, u 的长度,θ 是 v, u 之间的夹角. 由此,有 $\mathbf{i} \cdot \mathbf{i} = \mathbf{j} \cdot \mathbf{j} = \mathbf{k} \cdot \mathbf{k} = 1$, $\mathbf{i} \cdot \mathbf{j} = \mathbf{j} \cdot \mathbf{k} = \mathbf{k} \cdot \mathbf{i} = 0$. 因此更一般地,若 $v = a_1\mathbf{i} + a_2\mathbf{j} + a_3\mathbf{k}$, $u = b_1\mathbf{i} + b_2\mathbf{j} + b_3\mathbf{k}$,则有 $v \cdot u = a_1b_1 + a_2b_2 + a_3b_3$. 以此作为原型,我

们引入

定义 8.12.1 $\mathbb{R}$ 上的向量空间 E 称为欧几里得空间,如果它具有一个称为(实)内积的结构. 这指的是对于任意 $v_1, v_2 \in E$,有 $\langle v_1, v_2 \rangle \in \mathbb{R}$ 与之对应. $\langle v_1, v_2 \rangle$ 称为 v_1 和 v_2 的(实)内积(或数量积),它对于 v_1, v_2, v_3, $v \in E, a \in \mathbb{R}$ 满足:

(i) $\langle v_1, v_2 \rangle = \langle v_2, v_1 \rangle$;(对称性)

(ii) $\langle v_1 + v_2, v_3 \rangle = \langle v_1, v_3 \rangle + \langle v_2, v_3 \rangle$,

$\quad\quad \langle a v_1, v_2 \rangle = a \langle v_1, v_2 \rangle$; (双线性性) $\quad\quad\quad\quad$ (8.33)

(iii) $\langle v, v \rangle \geqslant 0$,$\langle v, v \rangle = 0 \Leftrightarrow v = 0$. (正定性)

例 8.12.1 对于 $v_1 = \begin{bmatrix} a_1 \\ a_2 \\ \vdots \\ a_n \end{bmatrix}$,$v_2 = \begin{bmatrix} b_1 \\ b_2 \\ \vdots \\ b_n \end{bmatrix} \in \mathbb{R}_n$,定义 $\langle v_1, v_2 \rangle = v_1{}^T v_2 =$

$(a_1 \ a_2 \ \cdots \ a_n) \begin{bmatrix} b_1 \\ b_2 \\ \vdots \\ b_n \end{bmatrix} \in \mathbb{R}$,则 $\mathbb{R}_n$ 成为一个 n 维欧几里得空间. 同理,$\mathbb{R}^n$ 也是一个 n 维欧几里得空间.

例 8.12.2 定义在 $[0, 1]$ 上的连续实函数构成一个无限维欧几里得空间 E,若定义 $\phi(x), \psi(x) \in E$ 的内积为 $\langle \phi, \psi \rangle = \int_0^1 \phi(x) \psi(x) \mathrm{d}x$.

由 $\langle v, v \rangle \in \mathbb{R}$,且 $\langle v, v \rangle \geqslant 0$,定义向量 v 的长度 $|v| = \sqrt{\langle v, v \rangle}$. 因此,欧几里得空间中的向量有长度的概念,且 $v = 0$,有 $|v| = 0$,$v \neq 0$,有 $|v| > 0$. 把长度为 1 的向量称为单位向量. 显然对于任意 $v \neq 0$,则 $\dfrac{v}{|v|}$ 是单位向量.

定理 8.12.1 欧几里得空间中,向量的长度 $|v| = \sqrt{\langle v, v \rangle}$ 具有下列性质:

(i) $|av| = |a| \cdot |v|$,$\forall a \in \mathbb{R}$;

(ii) $|\langle u, v \rangle| \leqslant |u| \cdot |v|$;(许瓦尔兹不等式) $\quad\quad\quad\quad$ (8.34)

(iii) $|u + v| \leqslant |u| + |v|$. (三角不等式)

证明如下. 从 $\langle av, av \rangle = a^2 \langle v, v \rangle$, 就有(i). 若 u, v 至少有一个零向量, 不失一般性, 设 $u=0$, 则从 $\langle u, v \rangle = \langle w-w, v \rangle = \langle w, v \rangle - \langle w, v \rangle = 0$, 可得(ii)是成立的. 因此, 设 u, v 都不为零向量, 那么对任意 $a, b \in \mathbb{R}$, 有 $0 \leqslant \langle au \pm bv, au \pm bv \rangle = a^2 \langle u, u \rangle \pm 2ab \langle u, v \rangle + b^2 \langle v, v \rangle$.

若置 $a = |v|$, $b = |u|$, 即 $a^2 = \langle v, v \rangle$, $b^2 = \langle u, u \rangle$, 就有

$$\mp 2|u| \cdot |v| \langle u, v \rangle \leqslant 2 \langle u, u \rangle \langle v, v \rangle = 2|u|^2 \cdot |v|^2,$$

将此式两边除以 $2|u| \cdot |v|$ (>0), 就有(ii). 利用(ii), 从

$$|u+v|^2 = \langle u+v, u+v \rangle = \langle u, u \rangle + 2 \langle u, v \rangle + \langle v, v \rangle$$
$$\leqslant |u|^2 + 2|u| \cdot |v| + |v|^2 = (|u|+|v|)^2,$$

此即(iii).

作为一个特殊情况, 对 $u, v \in \mathbb{R}^3$, 则(iii)给出 $|u+v| \leqslant |u|+|v|$. 此即三角形中两边之和大于第三边(参见例 8.1.1). 另外, 从(ii)有 $\langle u, v \rangle^2 \leqslant |u|^2 \cdot |v|^2$. 因此, 当 $u \neq 0, v \neq 0$ 时, 有

$$-1 \leqslant \frac{\langle u, v \rangle}{|u| \, |v|} \leqslant 1. \tag{8.35}$$

由此, 按

$$\cos \theta = \frac{\langle u, v \rangle}{|u| \, |v|}, \tag{8.36}$$

可定义 u, v 之间的夹角 θ. 这样, 在欧几里得空间中, 向量有长度, 且两个非零向量之间有夹角.

对于 $u, v \in E$, 若 $\langle u, v \rangle = 0$, 则称它们是正交的, 因为当 u, v 都不等于 0 时, $\langle u, v \rangle = 0$ 给出 u, v 之间的夹角 $\theta = 90°$. 当然零向量与任意向量都正交.

例 8.12.3 设 E 中的非零向量 $u_1, u_2, \cdots, u_m$ 是相互正交的, 即 $\langle u_i, u_j \rangle = 0$, $i \neq j$, 那么它们是线性无关的.

若 $a_1 u_1 + a_2 u_2 + \cdots + a_m u_m = 0$, 则对此式的两边对 u_k 求内积, 而有 $\langle 0, u_k \rangle = a_1 \langle u_1, u_k \rangle + a_2 \langle u_2, u_k \rangle + \cdots + a_m \langle u_m, u_k \rangle = a_k \langle u_k, u_k \rangle = 0$, 而 $\langle u_k, u_k \rangle > 0$. 这就推出 $a_k = 0$, $k = 1, 2, \cdots, m$. 论断得证.

例 8.12.4　$\mathbb{R}^n$ 是一个 n 维欧几里得空间（参见例 8.12.1），此时，$v_1 = (1, 0, \cdots, 0)$，$v_2 = (0, 1, \cdots, 0)$，$\cdots$，$v_n = (0, 0, \cdots, 1)$ 是相互正交的，且 $\langle v_i, v_i \rangle = 1$，$i = 1, 2, \cdots, n$. 它们构成 $\mathbb{R}^n$ 的一个标准（归一）正交基.

那么，一般的欧几里得空间 E 中有标准正交基吗？

§8.13　标准正交基和正交变换

设 $w_1, w_2, \cdots, w_n$ 是 n 维欧几里得空间 E 的一个基. 我们由此用施密特正交化方法来构造 E 的一个标准正交基 $v_1, v_2, \cdots, v_n$.

先取 $u_1 = w_1$，再加入 w_2，来构造 u_2. 令 $u_2 = w_2 - ku_1$. 利用 $\langle u_2, u_1 \rangle = 0$，决定 k 的值. 不难得出 $k = \dfrac{\langle w_2, u_1 \rangle}{\langle u_1, u_1 \rangle}$. 因此，有 $u_2 = w_2 - \dfrac{\langle w_2, u_1 \rangle}{\langle u_1, u_1 \rangle} u_1$，再加入 w_3，来构造 $u_3 = w_3 - k_1 u_1 - k_2 u_2$.

同理，从 $\langle u_3, u_1 \rangle = \langle u_3, u_2 \rangle = 0$，可得 $k_1 = \dfrac{\langle w_3, u_1 \rangle}{\langle u_1, u_1 \rangle}$，$k_2 = \dfrac{\langle w_3, u_2 \rangle}{\langle u_2, u_2 \rangle}$.

因此，有 $u_3 = w_3 - \dfrac{\langle w_3, u_1 \rangle}{\langle u_1, u_1 \rangle} u_1 - \dfrac{\langle w_3, u_2 \rangle}{\langle u_2, u_2 \rangle} u_2$. 以此类推，我们从基 $\{w_i\}$ 便能得出相互正交的基 $\{u_i\}$. 于是，从 $v_i = \dfrac{u_i}{|u_i|}$，$i = 1, 2, \cdots, n$ 是单位向量，我们就得到了 E 的标准正交基 $\{v_i\}$. 在此构造过程中，为了得出 u_i，我们使用的是 $w_1, w_2, \cdots, w_i$，$i = 1, 2, \cdots, n$.

配合欧几里得空间 E 中的内积运算，我们讨论 E 的一种特殊线性变换：$f \in gl(E)$ 称为是一个正交变换，若 f 能保持 E 的内积运算不变，即对任意 $u, v \in E$，有

$$\langle u, v \rangle = \langle f(u), f(v) \rangle. \tag{8.37}$$

定理 8.13.1　$f \in gl(E)$ 是一个正交变换，当且仅当下面任意一个条件成立：

(i) f 保持 E 的基中任意元 v_i, v_j 的内积不变，即

$$\langle v_i, v_j \rangle = \langle f(v_i), f(v_j) \rangle, \quad i, j = 1, 2, \cdots, n;$$

(ii) f 保持 U 中的任一向量的长度不变,即对 $\forall v \in E$,有

$$\langle v, v \rangle = \langle f(v), f(v) \rangle;$$

(iii) f 把 E 的一个标准正交基,映射为另一个标准正交基;

(iv) f 在任意一个标准正交基下的矩阵表示 F 是正交矩阵,即 $FF^T = E_n$ (参见 §4.14 中的(3)).

我们现在来证明这 4 条:(i) 显然是必要条件. 现在来证其充分性. 对于 $u = \sum_i a_i v_i$, $v = \sum_j b_j v_j$,有 $\langle f(u), f(v) \rangle = \langle f\left(\sum_i a_i v_i\right), f\left(\sum_j b_j v_j\right) \rangle = \sum_i \sum_j a_i b_i \langle f(v_i), f(v_j) \rangle = \sum_i \sum_j a_i b_j \langle v_i, v_j \rangle = \langle \sum_i a_i v_i, \sum_j b_j v_j \rangle = \langle u, v \rangle$.

(ii) 显然是必要条件. 为了证明其充分性,先注意到 $\langle u, u \rangle = \langle f(u), f(u) \rangle$, $\langle v, v \rangle = \langle f(v), f(v) \rangle$,以及 $\langle f(u+v), f(u+v) \rangle = \langle u+v, u+v \rangle = \langle u, u \rangle + \langle v, v \rangle + 2\langle u, v \rangle$. 另一方面,$\langle f(u+v), f(u+v) \rangle = \langle f(u) + f(v), f(u) + f(v) \rangle = \langle f(u), f(u) \rangle + \langle f(v), f(v) \rangle + 2\langle f(u), f(v) \rangle = \langle u, u \rangle + \langle v, v \rangle + 2\langle f(u), f(v) \rangle$. 由此推出,$\langle f(u), f(v) \rangle = \langle u, v \rangle$.

为了证明(iii),设 $\{v_i\}$ 是 E 的一个标准正交基,即 $\langle v_i, v_j \rangle = \delta_{ij}$. 由(i)可知 $f \in gl(E)$ 是一个正交变换的充要条件是 $\langle f(v_i), f(v_j) \rangle = \langle v_i, v_j \rangle = \delta_{ij}$,即 $\{f(v_i)\}$ 是 E 的一个标准正交基(参见例 8.12.3).

现在来证明(iv),为此设 $v_1, v_2, \cdots, v_n$ 是 E 的一个标准正交基,因此有 $\langle v_i, v_j \rangle = \delta_{ij}$. 假定变换 f 在 $\{v_i\}$ 下的矩阵表示为 F,则有(参见(8.23))

$$(f(v_1)\ f(v_2)\cdots, f(v_n)) = (v_1\ v_2\ \cdots\ v_n)F,$$

由此可得 $f(v_i) = \sum_j f_{ji} v_j$, $f(v_k) = \sum_l f_{lk} v_l$. 于是

$$\langle f(v_i), f(v_k) \rangle = \langle \sum_j f_{ji} v_j, \sum_l f_{lk} v_l \rangle = \sum_j \sum_l f_{ji} f_{lk} \langle v_j, v_l \rangle$$

$$= \sum_j \sum_l f_{ji} f_{lk} \cdot \delta_{jl} = \sum_j f_{ji} f_{jk}.$$

再根据(iii)可知,f 是一个正交变换的充要条件是 $\langle f(v_i), f(v_k) \rangle = \delta_{ik}$,而

$$\langle f(v_i), f(v_k) \rangle = \delta_{ik} \Leftrightarrow \sum_j f_{ji} f_{jk} = \delta_{ik} \Leftrightarrow F^T F = E_n,\ \text{即}\ FF^T = E_n.$$

例 8.13.1 欧几里得空间 E 上的正交变换 f 是双射.

设 $\dim E = n$，则 E 有标准正交基 $\{v_i\}$，而 $\{f(v_i)\}$ 也为 E 的一个标准正交基. 这就有 $\mathrm{Im}(f) = E$. 因此，$\dim \mathrm{Im}(f) = n$. 于是 $\dim \mathrm{Ker}(f) = 0$（参见例 8.5.3）. 所以由例 8.5.2 可知 f 是 E 上的一个双射.

§8.14　正交补空间

设 E 是一个 n 维的欧几里得空间，f 是 E 上的一个正交变换，而 E' 是 f 的一个 r 维不变子空间. 现在我们要在 E 中依此求得一个基，而使得 f 在这个基上的表示矩阵尽可能地"简单一些". 我们在 §8.11 中讨论过类似的问题. 不过，当时仅是一般的向量空间和一般的线性变换.

E' 是子空间，而 E' 中的元素之间也有原来的内积运算. 由此得出 E' 本身也是一个欧几里得空间，E' 是 f 的不变子空间，因此把 f 缩小在 E' 上面给出的 $f_{E'}$ 是 E' 上的一个正交变换（参见定理 8.13.1）. 这是一个双射（参见例 8.13.1），因此，对任意 $w' \in E'$，存在 $u' \in E'$，使得 $f(u') = w'$.

像 §8.11 中的那样，我们将 E 的基取为 $w_1, w_2, \cdots, w_r, w_{r+1}, \cdots, w_n$，而使得 $w_1, w_2, \cdots, w_r$ 是 E' 的基. 接下来，我们再用 §8.13 中的方法，由 $w_1, w_2, \cdots, w_r, w_{r+1}, \cdots, w_n$ 构造出 E 的一个标准正交基 $v_1, v_2, \cdots, v_r, v_{r+1}, \cdots, v_n$. 由施密特的构造法，$v_1, v_2, \cdots, v_r$ 由 $w_1, w_2, \cdots, w_r$ 线性表出，因为 $E' = 《w_1, w_2, \cdots, w_r》 = 《v_1, v_2, \cdots, v_r》$. 对于 $v_{r+1}, \cdots, v_n$，我们定义

$$E'' = 《v_{r+1}, \cdots, v_n》. \tag{8.38}$$

E'' 显然是 E 的一个子空间，且对 $u' = a_1 v_1 + a_2 v_2 + \cdots + a_r v_r \in E'$，$u'' = b_1 v_{r+1} + b_2 v_{r+2} + \cdots + b_{n-r} v_n \in E''$，有 $\langle u', u'' \rangle = 0$. 故 E'，E'' 中的元相互垂直，有符号 $E'' = E'_\perp$. 对于 E，E'，E'' 显然有 $E = E' + E''$. 再者，E'' 也是 f 的一个不变子空间，这是因为对任意 $w' \in E'$，以及任意 $u'' \in E''$，我们有 $\langle w', f(u'') \rangle = \langle f(u'), f(u'') \rangle = \langle u', u'' \rangle = 0$，即 $f(u'') \in E''$. 这里我们用到了 f 在 E' 上是双射，因此对 $w' \in E'$，$\exists u' \in E'$，使得 $f(u') = w'$. E'' 是 f 的一个不变子空间，因此可把 f 缩小在 E'' 上，而且这样得出的变换也是一个正交变换，因为 f 不改变其中每一个元的长度（参见定理 8.13.1 中的 (ii)）.

最后我们来证明 $E = E' + E''$ 是直和. 若 $v \in E$ 有两种表达 $v = u + w = u' + w'$, 其中 $u \in E'$, $u' \in E'$, $w \in E''$, $w' \in E''$, 则有等式 $u - u' = w' - w$, 记 $v' = u - u' = w' - w$, 由子空间的定义可知 $v' \in E'$ 和 $v' \in E''$. 因为 E' 中向量与 E'' 中向量正交, 所以有 $\langle v', v' \rangle = 0$, 再由内积的定义, 得 $v' = 0$, 于是便得到 $u = u'$ 和 $w = w'$, 即 v 的表达分解式 $v = u + w$ 是唯一的. 这样, 就有 $E = E' \oplus E'' = E' \oplus E'_{\perp}$.

于是 f 在基 $v_1, v_2, \cdots, v_r, v_{r+1}, \cdots, v_n$ 下的表示为(参见(8.30)):

$$f(v_1) = f_{1,1} v_1 + f_{2,1} v_2 + \cdots + f_{r,1} v_r,$$
$$f(v_2) = f_{1,2} v_1 + f_{2,2} v_2 + \cdots + f_{r,2} v_r,$$
$$\vdots$$
$$f(v_r) = f_{1,r} v_1 + f_{2,r} v_2 + \cdots + f_{r,r} v_r,$$
$$f(v_{r+1}) = \qquad\qquad\qquad f_{r+1,r+1} v_{r+1} + \cdots + f_{n,r+1} v_n,$$
$$\vdots$$
$$f(v_n) = \qquad\qquad\qquad f_{r+1,n} v_{r+1} + \cdots + f_{n,n} v_n. \tag{8.39}$$

于是(8.31)成为

$$F = \begin{pmatrix} f_{1,1} & f_{1,2} & \cdots & f_{1,r} & & & \\ f_{2,1} & f_{2,2} & \cdots & f_{2,r} & & 0 & \\ \vdots & \vdots & & \vdots & & & \\ f_{r,1} & f_{r,2} & \cdots & f_{r,r} & & & \\ & & & & f_{r+1,r+1} & \cdots & f_{r+1,n} \\ & 0 & & & \vdots & & \vdots \\ & & & & f_{n,r+1} & \cdots & f_{n,n} \end{pmatrix} = \begin{pmatrix} F' & \vdots & 0 \\ \cdots & & \cdots \\ 0 & \vdots & F'' \end{pmatrix}, \tag{8.40}$$

其中 F, F', F'' 分别是 $n \times n$, $r \times r$, $(n-r) \times (n-r)$ 的正交矩阵. 这样, 我们就在欧几里得空间的框架里得出了一个很优美的结论, 部分地解决了我们在 §8.11 中提出的问题. 为什么说"部分地"呢? 这是因为欧几里得空间理论是建立在实数域的基础上的, 而在许多重要应用中(如量子力学), 我们必须用到复数.这就要求我们进一步将这里的论述推广到复数域上去.

§8.15 酉空间

在量子力学中,一个由点粒子构成的体系,其状态完全由一个满足一定条件的复值的(波)函数 $\psi(x, t)$ 所确定.如果 ψ_1, ψ_2 是该体系的两个可能状态,那么态叠加原理告诉我们 $\psi = c_1\psi_1 + c_2\psi_2$ 也是该体系的一个可能状态.这样,该体系的所有可能状态就构成一个向量空间.在此空间中,以 $\langle \varphi | \psi \rangle = \int \varphi^* \psi dx$ 定义了 φ 与 ψ 的内积,而 φ^* 是 φ 的复共轭函数.由此可得出 $\langle \psi | \varphi \rangle = \overline{\langle \varphi | \psi \rangle}$.这是与定义 8.12.1 中的(i)不同的.于是我们要把定义 8.12.1 推广到复数域上去:

定义 8.15.1 在 $\mathbb{C}$ 上的向量空间 U 上,对于任意 $v_1, v_2 \in U$,有一个复数 $\langle v_1, v_2 \rangle \in \mathbb{C}$ 与之对应,且对 $v_1, v_2, v \in U$ 满足

(i) $\langle v_1, v_2 \rangle = \overline{\langle v_2, v_1 \rangle}$;(斜对称性)

(ii) $\langle v_1 + v_2, v \rangle = \langle v_1, v \rangle + \langle v_2, v \rangle$,　　　(线性性)　　(8.41)
　　　$\langle v_1, av_2 \rangle = a\langle v_1, v_2 \rangle, \forall a \in \mathbb{C}$;

(iii) $\langle v, v \rangle \geqslant 0$, $\langle v, v \rangle = 0 \Leftrightarrow v = 0$,(正定性)

则称 U 为酉(么正)空间,而 $\langle v_1, v_2 \rangle$ 称为 v_1, v_2 的(复)内积.

例 8.15.1 类似于例 8.12.1,对于 $v_1 = (a_1, a_2, \cdots, a_n)^T$,$v_2 = (b_1, b_2, \cdots, b_n)^T \in \mathbb{C}_n$,定义 $\langle v_1, v_2 \rangle = \bar{v}_1^T v_2 = \sum_{i=1}^{n} \bar{a}_i b_i \in \mathbb{C}$,则 $\mathbb{C}_n$ 成为一个酉空间.若 $v_1 = A(a_1 a_2 \cdots a_n)^T$,$v_2 = B(b_1 b_2 \cdots, b_n)^T$,$A, B \in gl(n, \mathbb{C})$,

则 $\langle v_1, v_2 \rangle = \bar{v}_1^T v_2 = (\bar{a}_1 \bar{a}_2 \cdots \bar{a}_n) \overline{A}^T B \begin{bmatrix} b_1 \\ b_2 \\ \vdots \\ b_n \end{bmatrix}$.同样,可讨论 $\mathbb{C}^n$ 的情况.

类似于欧几里得空间中的正交变换,对酉空间而言,有相应的酉(么正)变换,即保持 $\forall v_1, v_2 \in U$ 的内积不变的线性变换 f:

$$\langle v_1, v_2 \rangle = \langle f(v_1), f(v_2) \rangle. \tag{8.42}$$

上一节中有关欧几里得空间的一些概念和定理,诸如向量的长度、夹角和正交,标准正交基等等都适用于酉空间(或作相应的修改). 特别是,相对于定理 8.13.1,此时有(作为练习):

定理 8.15.1 $f \in gl(U)$ 是一个酉变换,当且仅当下面任意一个条件成立:

(i) f 保持 U 的基中任意元 v_i, v_j 的内积不变,即

$$\langle v_i, v_j \rangle = \langle f(v_i), f(v_j) \rangle, \quad i, j = 1, 2, \cdots, n;$$

(ii) f 保持 U 中的任一向量的长度不变,即对 $\forall v \in U$,有

$$\langle v, v \rangle = \langle f(v), f(v) \rangle;$$

(iii) f 把 U 的一个标准正交基,映射为另一个标准正交基;

(iv) f 在任意一个标准正交基下的矩阵表示是酉(么正)矩阵,即

$$\overline{F}^T F = E_n.$$

不过,由于酉空间的重要性,我们再强调一下以下各点:

(i) 由内积的斜对称性,对 $a \in \mathbb{C}$,有

$$\langle av_1, v_2 \rangle = \overline{\langle v_2, av_1 \rangle} = \overline{\bar{a}\langle v_2, v_1 \rangle} = \bar{a}\langle v_1, v_2 \rangle. \tag{8.43}$$

(ii) 由 $\overline{\langle v, v \rangle} = \langle v, v \rangle$,有 $\langle v, v \rangle \in \mathbb{R}$. 可定义 v 的长度

$$|v| = \sqrt{\langle v, v \rangle}.$$

在 $v \neq 0$ 时,由于 $\langle v, v \rangle > 0$,可将 v 单位化为 $v' = \dfrac{v}{|v|}$, $\langle v', v' \rangle = 1$.

(iii) 由 U 的基 $\{v_i\}$ 给出的度量矩阵 M:先定义 $m_{ij} = \langle v_i, v_j \rangle$,于是从 $\langle v_i, v_j \rangle = \overline{\langle v_j, v_i \rangle}$,有 $m_{ij} = \overline{m_{ji}}$. 再定义 $M = (m_{ij})$. 若对矩阵引入共轭转置运算"$+$",则矩阵 M 显然满足 $M^+ = M$. 于是 M 是厄米(埃尔米特)矩阵. 在欧几里得空间的情况下,有 $M^T = M$,即 M 为对称矩阵.

(iv) $\langle v, u \rangle$ 在一般基 $\{v_i\}$ 下的矩阵表示:

设 $v = \sum_i a_i v_i$, $u = \sum_j b_j v_j$,则

$$\langle v,\ u\rangle=\langle\sum_i a_i v_i,\ \sum_j b_j v_j\rangle=\sum_i\sum_j \bar{a}_i b_j m_{ij}$$

$$=(\bar{a}_1\ \bar{a}_2\ \cdots\ \bar{a}_n)M\begin{pmatrix}b_1\\b_2\\\vdots\\b_n\end{pmatrix},$$

这是在一般基 $\{v_i\}$ 下计算内积的公式.

（v）若 $\{u_i\}$ 是一个标准正交基，即 $\langle u_i,\ u_j\rangle=\delta_{ij}$，那么此时 $m_{ij}=\delta_{ij}$，即 $M=E_n$，而 $\langle v,\ u\rangle=\sum_i\bar{a}_i b_i$（参见例 8.15.1）. 以及 $\langle v,\ v\rangle=\sum_i\bar{a}_i a_i=\sum_i|a_i|^2$.

（vi）若 $\{f(u_i)\}$ 也是一个标准正交基，即 f 是一个酉变换，那么从 $f(u_i)=\sum_k f_{ki} u_k$，$f(u_j)=\sum_l f_{lj} u_l$，有

$$\delta_{ij}=\langle f(u_i),\ f(u_j)\rangle=\langle\sum_k f_{ki} u_k,\ \sum_l f_{lj} u_l\rangle$$

$$=\sum_k\sum_l \bar{f}_{ki} f_{lj}\delta_{kl}=\sum_l\bar{f}_{li} f_{lj}\Rightarrow F^+ F=E_n.$$

反过来，若 $F^+ F=E_n$，则从酉空间 U 的一个标准正交基 $\{u_i\}$ 开始，由 $F=(F_{ij})$ 构造 $f(u_i)=\sum_k f_{ki} u_k$. 然后计算

$$\langle f(u_i),\ f(u_j)\rangle=\langle\sum_k f_{ki} u_k,\ \sum_l f_{lj} u_l\rangle=\sum_k\sum_l\bar{f}_{ki} f_{lj}\delta_{kl}$$

$$=\sum_l\bar{f}_{li} f_{lj}=\delta_{ij},$$

这表明 $\{f(u_i)\}$ 中各元是相互正交的. 因此 $\{f(u_i)\}$ 是一个基（参见例 8.12.3）且是一个标准正交基，而 f 就是一个酉变换.

例 8.15.2　设 $f\in gl(U)$ 将基 $\{v_i\}$ 变为基 $\{v_i'\}$，其中 $v_i'=f(v_i)=\sum_k f_{ki} v_k$. 又设 U 的内积在 $\{v_i\}$，$\{v_i'\}$ 下的度量矩阵分别为 $M=(\langle v_i,\ v_j\rangle)$，$M'=(\langle v_i',\ v_j'\rangle)=(m_{ij}')$，则

$$m_{ij}'=\langle v_i',\ v_j'\rangle=\langle\sum_k f_{ki} v_k,\ \sum_l f_{lj} v_l\rangle$$

$$=\sum_k\sum_l\bar{f}_{ki} f_{lj}\langle v_k,\ v_l\rangle=\sum_k\sum_l\bar{f}_{ki} f_{lj} m_{kl},$$

这表明 $M'=F^+MF$. 如果 f 是酉变换,且 $\{v_i\}$ 是一个标准正交基,那么 $\{v_i'\}$ 也是一个标准正交基(参见定理 8.15.1 的(iii)),此时 $M=M'=E_n$(参见上面的(v)). 这就有 $F^+F=E_n$, 即 F 是一个酉矩阵(参见定理 8.15.1 的(iv)).

关于酉变换下的不变子空间和正交补空间,类似于 §8.14 中关于欧几里得空间的叙述,我们有

定理 8.15.2(完全可约性定理)   设 U 的子空间 U' 是酉变换 f 下的一个不变子空间,则 U' 的正交补空间 $U'_\perp$ 也是 f 的一个不变子空间,有 $U=U'\oplus U'_\perp$, 而且 f 在由 U' 的基 v_1, v_2, $\cdots$, v_r 和 $U'_\perp$ 的基 v_{r+1}, v_{r+2}, $\cdots$, v_n 所构成的 U 的基下,其矩阵表示 F 有下列对角形式

$$F=\begin{pmatrix} F_1 & 0 \\ 0 & F_2 \end{pmatrix}. \tag{8.44}$$

如果 v_1, v_2, $\cdots$, v_r; v_{r+1}, v_{r+2}, $\cdots$, v_n 分别是 U' 与 $U'_\perp$ 的标准正交基,那么 F_1 与 F_2 分别是 $r\times r$ 与 $(n-r)\times(n-v)$ 的酉矩阵.

§8.16   向量空间的张量积和张量积空间中的变换

为简单起见,我们在形式上对两个低维的向量空间 V, U 定义它们的张量积空间 $V\otimes U$. 不难将这里所叙述的内容推广到一般情况中去.

设 $V=《v_1, v_2》$, $U=《u_1, u_2, u_3》$ 为域 K 上的两个向量空间. 对于 $v=a_1v_1+a_2v_2\in V$, $u=b_1u_1+b_2u_2+b_3u_3\in U$, 我们用满足分配律的张量积 "$\otimes$"来定义 v, u 的张量积:

$$\begin{aligned} v\otimes u&=(a_1v_1+a_2v_2)\otimes(b_1u_1+b_2u_2+b_3u_3)\\ &=a_1b_1v_1\otimes u_1+a_1b_2v_1\otimes u_2+a_1b_3v_1\otimes u_3+a_2b_1v_2\otimes u_1\\ &\quad+a_2b_2v_2\otimes u_2+a_2b_3v_2\otimes u_3. \end{aligned} \tag{8.45}$$

引入 $w_1=v_1\otimes u_1$, $w_2=v_1\otimes u_2$, $w_3=v_1\otimes u_3$, $w_4=v_2\otimes u_1$, $w_5=v_2\otimes u_2$, $w_6=v_2\otimes u_3$, 由此定义 V, U 的张量积空间

$$V\otimes U=\Big\{w\,\Big|\,w=\sum_i a_iw_i,\ \forall a_i\in K\Big\}. \tag{8.46}$$

对于 w，$w' \in V \otimes U$，$a \in K$，从 $w = \sum\limits_i a_i w_i$，$w' = \sum\limits_i a_i' w_i$，定义

$$w + w' = \sum_i (a_i + a_i') w_i,$$

$$aw = \sum_i (aa_i) w_i. \tag{8.47}$$

$V \otimes U$ 显然是 K 上的一个向量空间，且 w_1，w_2，$\cdots$，w_6 是它的一个基，而 $\dim(V \otimes U) = \dim V \cdot \dim U = 2 \times 3 = 6$.

接下去，我们对 $f \in gl(V)$，$g \in gl(U)$，定义 $V \otimes U$ 上的变换 $f \otimes g$：

$$(f \otimes g)(v_i \otimes u_j) = f(v_i) \otimes g(u_j), \ i = 1, 2, \ j = 1, 2, 3. \tag{8.48}$$

易证 $f \otimes g$ 是 $V \otimes U$ 上的一个线性变换，即 $f \otimes g \in gl(V \otimes U)$. 然后从

$$f(v_i) = \sum_k f_{ki} v_k, \ g(u_j) = \sum_l g_{lj} u_l，其中 i, k = 1, 2; \ j, l = 1, 2, 3,$$

有　　$(f \otimes g)(w_1) = (f \otimes g)(v_1 \otimes u_1) = f(v_1) \otimes g(u_1)$

$$= f_{11} g_{11} w_1 + f_{11} g_{21} w_2 + f_{11} g_{31} w_3 + f_{21} g_{11} w_4$$

$$+ f_{21} g_{21} w_5 + f_{21} g_{31} w_6.$$

类似地，可得（作为练习）

$$(f \otimes g)(w_2) = f_{11} g_{12} w_1 + f_{11} g_{22} w_2 + f_{11} g_{32} w_3 + f_{21} g_{12} w_4$$

$$+ f_{21} g_{22} w_5 + f_{21} g_{32} w_6;$$

$$(f \otimes g)(w_3) = f_{11} g_{13} w_1 + f_{11} g_{23} w_2 + f_{11} g_{33} w_4 + f_{21} g_{13} w_5$$

$$+ f_{21} g_{23} w_5 + f_{21} g_{33} w_6;$$

$$(f \otimes g)(w_4) = f_{12} g_{11} w_1 + f_{12} g_{21} w_2 + f_{12} g_{31} w_3 + f_{22} g_{11} w_4$$

$$+ f_{22} g_{21} w_4 + f_{22} g_{31} w_6;$$

$$(f \otimes g)(w_5) = f_{12} g_{12} w_1 + f_{12} g_{22} w_2 + f_{12} g_{32} w_3 + f_{22} g_{12} w_4$$

$$+ f_{22} g_{22} w_5 + f_{22} g_{32} w_6;$$

$$(f \otimes g)(w_6) = f_{12} g_{13} w_1 + f_{12} g_{23} w_2 + f_{12} g_{33} w_3 + f_{22} g_{13} w_4$$

$$+ f_{22} g_{23} w_5 + f_{22} g_{33} w_6.$$

这样，我们就得到 $f \otimes g$ 在基 w_1，w_2，$\cdots$，w_6 下的矩阵表示：

$$\begin{pmatrix} f_{11}g_{11} & f_{11}g_{12} & f_{11}g_{13} & f_{12}g_{11} & f_{12}g_{12} & f_{12}g_{13} \\ f_{11}g_{21} & f_{11}g_{22} & f_{11}g_{23} & f_{12}g_{21} & f_{12}g_{22} & f_{12}g_{23} \\ f_{11}g_{31} & f_{11}g_{32} & f_{11}g_{33} & f_{12}g_{31} & f_{12}g_{32} & f_{12}g_{33} \\ f_{21}g_{11} & f_{21}g_{12} & f_{21}g_{13} & f_{22}g_{11} & f_{22}g_{12} & f_{22}g_{13} \\ f_{21}g_{21} & f_{21}g_{22} & f_{21}g_{23} & f_{22}g_{21} & f_{22}g_{22} & f_{22}g_{23} \\ f_{21}g_{31} & f_{21}g_{32} & f_{21}g_{33} & f_{22}g_{31} & f_{22}g_{32} & f_{22}g_{33} \end{pmatrix}. \tag{8.49}$$

能不能用更简洁的形式来表达这一矩阵?

§8.17　矩阵的张量积

对于 $n \times n$ 矩阵 $A = (a_{ij})$ 和 $m \times m$ 矩阵 $B = (b_{kl})$,我们定义 A,B 的张量积为

$$A \otimes B = \begin{pmatrix} a_{11} & a_{12} & \cdots & a_{1n} \\ a_{21} & a_{22} & \cdots & a_{2n} \\ \vdots & \vdots & & \vdots \\ a_{n1} & a_{n2} & \cdots & a_{nn} \end{pmatrix} \otimes \begin{pmatrix} b_{11} & b_{12} & \cdots & b_{1m} \\ b_{21} & b_{22} & \cdots & b_{2m} \\ \vdots & \vdots & & \vdots \\ b_{m1} & b_{m2} & \cdots & b_{mm} \end{pmatrix} \tag{8.50}$$

$$= \begin{pmatrix} a_{11}B & a_{12}B & \cdots & a_{1n}B \\ a_{21}B & a_{22}B & \cdots & a_{2n}B \\ \vdots & \vdots & & \vdots \\ a_{n1}B & a_{n2}B & \cdots & a_{nn}B \end{pmatrix}.$$

例 8.17.1　对(8.50)中的 $A \otimes B$,有 $\mathrm{tr}(A \otimes B) = a_{11}(b_{11} + b_{22} + \cdots + b_{mm}) + a_{22}(b_{11} + b_{22} + \cdots + b_{mm}) + \cdots + a_{mn}(b_{11} + b_{22} + \cdots + b_{mm}) = (a_{11} + a_{22} + \cdots + a_{nn})(b_{11} + b_{22} + \cdots + b_{mm}) = \mathrm{tr}A \cdot \mathrm{tr}B.$

忆及上一节中,由

$$f(v_i) = \sum_k f_{ki}v_k, \ i = 1, 2, \quad g(u_j) = \sum_l g_{lj}u_l, \ j = 1, 2, 3,$$

给出的矩阵表示分别为

$$F = \begin{pmatrix} f_{11} & f_{12} \\ f_{21} & f_{22} \end{pmatrix}, G = \begin{pmatrix} g_{11} & g_{12} & g_{13} \\ g_{21} & g_{22} & g_{23} \\ g_{31} & g_{32} & g_{33} \end{pmatrix},$$

则(8.49)所示的矩阵可表达为

$$\begin{pmatrix} f_{11} G & f_{12} G \\ f_{21} G & f_{22} G \end{pmatrix} = F \otimes G. \tag{8.51}$$

当然,$f \otimes g$ 只有在基 $w_1, w_2, \cdots, w_n$ 这一次序下才有这一优美的结果. 如果我们更换 $w_1, w_2, \cdots, w_n$ 的次序,或使用任何另一个基,那么得到的就不是 $F \otimes G$,而是与之相似的一个矩阵(参见§8.10).

对矩阵的张量积运算,我们有下列各性质:

(i) $A \otimes (B \otimes C) = (A \otimes B) \otimes C$;

(ii) $A \otimes (B + C) = A \otimes B + A \otimes C$;

(iii) $(A \otimes B)^{-1} = A^{-1} \otimes B^{-1}$; $\qquad\qquad$ (8.52)

(iv) $\mathrm{tr}(A \otimes B) = \mathrm{tr} A \cdot \mathrm{tr} B$;

(v) $(A_1 \otimes B_1)(A_2 \otimes B_2) = (A_1 A_2) \otimes (B_1 B_2)$,

这里的矩阵 A, B, A_1, B_1, A_2, B_2 应使得 $A^{-1}, B^{-1}, A_1 A_2$ 和 $B_1 B_2$ 能进行运算.

张量积空间在数学中(如张量理论,微分几何)有重大应用. 在量子力学中也用到张量积空间的概念. 例如,单粒子的波函数空间就是空间波函数空间和自旋波函数空间的张量积;而多个粒子的波函数空间就是其中各个单粒子波函数空间的张量积,只是在物理学中,人们往往用 vu(称为并矢)来表示 $v \otimes u$.

还有几点要阐明一下:

(i) 我们这里用到的张量积"$\otimes$"仅将 $V = \langle\!\langle v_1, v_2 \rangle\!\rangle$ 中的元 $v = a_1 v_1 + a_2 v_2$ 与 $U = \langle\!\langle u_1, u_2, u_3 \rangle\!\rangle$ 中的元 $u = b_1 u_1 + b_2 u_2 + b_3 u_3$,通过(8.45),与 $V \otimes U$ 中的元 $v \otimes u$ 联系起来. $\forall v \in V, \forall u \in U, v \otimes u \in V \otimes U$,但 $V \otimes U$ 是由 $v_1 \otimes u_1, v_1 \otimes u_2, \cdots, v_2 \otimes u_3$ 作为基线性张成的. 这表示对于 $w \in V \otimes U$,不一定存在 $v \in V, u \in U$,使得 $w = v \otimes u$. 举一个例子:从 $v_1, v_2 \in$

$V=《v_1, v_2》, u_1, u_2 \in U=《u_1, u_2, u_3》,$ 有 $v_1 \otimes u_1, v_2 \otimes u_2 \in V \otimes U.$ 不过, $v_1 \otimes u_1 + v_2 \otimes u_2 \in V \otimes U,$ 但它不能表示为 $v \otimes u, v \in V, u \in U.$ 这因为若存在 $v = a_1 v_1 + a_2 v_2, u = b_1 u_1 + b_2 u_2 + b_3 u_3,$ 满足 $v \otimes u = v_1 \otimes u_1 + v_2 \otimes u_2,$ 则由 (8.45) 有 $a_1 b_1 = a_2 b_2 = 1, a_1 b_2 = a_1 b_3 = a_2 b_1 = a_3 b_3 = 0.$ 但由第一个等式可知 $a_1 \neq 0, b_2 \neq 0,$ 那这就与 $a_1 b_2 = 0$ 矛盾了. 具有像 $v_1 \otimes u_1 + v_2 \otimes u_2$ 这样性质的态, 称为不可分解态. 量子力学中的纠缠态就是不可分解态 (参见 [39]).

(ii) 若把 V 中的向量称为逆变向量, 而 $U = V^*$ 中的向量称为协变向量, 那么 $V \otimes V$ 中的量就是逆变 2 阶张量; $V \otimes V^*$ 中的量就是逆变 1 阶协变 1 阶的 2 阶张量; 而 $V^* \otimes V^*$ 中的量就是协变 2 阶张量. 而 $(V \otimes V) \otimes V^*$ 就是逆变 2 阶协变 1 阶的张量空间.

(iii) 正如 (i) 中所说的运算 "$\otimes$" 仅是在构建 $V \otimes U$ 时, 对 $v \in V, u \in U$ 时给出 $v \otimes u$ 时用到的, 而对 $V \otimes U$ 中的任何两个元都无此运算. 例如说, $(v_1 \otimes u_1) \otimes (v_2 \otimes u_2)$ 应属于 $(V \otimes U) \otimes (V \otimes U).$ 所以 $V \otimes U$ 仅是向量空间而已, 只有加法与数乘运算.

不过, 对某些特殊的向量空间而言, 我们还是能定义其中元的乘法运算, 使之成为一些新的代数体系——域上的代数.

§8.18　域上的代数

对域 K 上的向量空间 $A,$ 定义一个乘法运算 "$\circ$", 而使得 $(A, +, \circ)$ 成为一个环 (参见 §7.5), 且对任意 $a \in K, u, v \in A,$ 有

$$a(u \circ v) = (au) \circ v = u \circ (av), \qquad (8.53)$$

则称 A 为域 K 上的一个结合代数, 简称代数.

如果在上述定义中, 把环中对乘法应满足结合律, 这一要求去除, 那么此时得到的代数体系 $A,$ 则称为是一个非结合代数, 也就是说, 在非结合代数中, 一般地, 对于 $u, v, w \in A,$ 有

$$(u \circ v) \circ w \neq u \circ (v \circ w). \qquad (8.54)$$

如果在域 K 上的向量空间 A 上定义的乘法运算 "$\circ$", 对于 $u, v, w \in A,$

$a_1, a_2 \in K$，满足

(i) $u \circ v \in A$；(封闭性)

(ii) $u \circ u = 0$；(幂零性)

(iii) $v \circ (a_1 u + a_2 w) = a_1 (v \circ u) + a_2 (v \circ w)$,

$(a_1 u + a_2 w) \circ v = a_1 (u \circ v) + a_2 (w \circ u)$；（双线性性）

(iv) $(u \circ v) \circ w + (v \circ w) \circ u + (w \circ u) \circ v = 0$，(雅可比恒等式)

$$(8.55)$$

则 A 构成一个非结合代数，称为李代数.

例 8.18.1 $gl(n, K)$（参见 §4.13，例 8.5.4）在矩阵的加法、数乘，以及矩阵的乘法运算下，构成一个结合代数.

例 8.18.2 对于有限群 $G = \{a_1, a_2, \cdots, a_g\}$，$|G| = g$ 以及域 K，我们在形式上构成 $A(G) = \left\{ u \mid u = \sum_i c_i a_i, c_1, c_2, \cdots, c_g \in K \right\}$. 定义其中的加法、数乘，以及乘法分别为

$$u + v = \sum_i c_i a_i + \sum_i d_i a_i = \sum_i (c_i + d_i) a_i;$$

$$cu = \sum_i (c c_i) a_i, c \in K; \tag{8.56}$$

$$u \circ v = \left(\sum_i c_i a_i \right) \circ \left(\sum_j d_j a_j \right) = \sum_{i, j} (c_i d_j)(a_i a_j),$$

则 $A(G)$ 是一个结合代数，称为群 G 在域 K 上的群代数（参见 §9.10）.

例 8.18.3 从上述 (ii)，(iii) 有 $0 = (u + v) \circ (u + v) = (u \circ v) + (v \circ u)$. 因此 $u \circ v = -v \circ u$（反对称性）. 反过来，若 $u \circ v = -v \circ u$，则有 $u \circ u = 0$. 根据反对称性，我们又可以将上述 (iv) 等价地表示为

$$u \circ (v \circ w) + v \circ (w \circ u) + w \circ (u \circ v) = 0.$$

例 8.18.4 对于 3 维矢量空间 $\mathbb{R}^3$，以两个矢量的矢量积来定义它们的乘积：对 $\boldsymbol{u} = a_1 \boldsymbol{i} + a_2 \boldsymbol{j} + a_3 \boldsymbol{k}$，$\boldsymbol{v} = b_1 \boldsymbol{i} + b_2 \boldsymbol{j} + b_3 \boldsymbol{k}$，有 $\boldsymbol{u} \times \boldsymbol{v} = (a_2 b_3 - a_3 b_2) \boldsymbol{i} + (a_3 b_1 - a_1 b_3) \boldsymbol{j} + (a_1 b_2 - a_2 b_1) \boldsymbol{k}$.

此时不难证明 (8.55) 成立. 因此，3 维矢量空间在矢量积下构成一个李代数.

例 8. 18. 5　对向量空间 $gl(n, K)$（参见 §4. 13）的元 $A, B \in gl(n, K)$ 定义 $A \circ B = [A, B] = AB - BA$. 不难验证（作为练习），$gl(n, K)$ 构成一个李代数.

在下一部分，我们将讨论一些重要的应用.

第四部分
几个重要的应用

  作为群论与向量空间理论的应用,我们将在第九章中系统地讨论有限群的表示论,证明马施克定理、舒尔引理,讲解特征标理论与群的正则表示等.作为例子,我们也求出了四元数群 Q 以及对称群 S_3 的特征标表.

  在整个第十章,我们将详细讨论四元数系,如单位四元数群与 $SU(2)$ 群的关系,单位四元数与三维空间中的转动,$SU(2)$ 与 $SO(3)$ 的 $2-1$ 同态等.作为应用,我们从四元数的视角引出角位移的定义,证明角位移为何是一个矢量.

  第十一章是论述时空对称性的:在最初几节中,我们将讨论惯性系之间的洛伦兹变换;在接下去的几节中,我们在讲清力学体系的广义坐标、广义速度、广义动量,以及哈密顿方程的基础上,系统地阐述连续对称性与守恒定理的关系——诺特定理;在最后的几节中,我们将叙述微观粒子在空间反演下的性质——宇称、$\tau-\theta$ 之谜,以及弱相互作用中的宇称不守恒.

第九章

有限群的表示论

§9.1 关于群表示的一些概念

群是一个比较抽象的数学对象,因此用矩阵这一具体的对象来实现群,或将群表示出来就在数理科学中是一个既重要又有广泛应用的课题了.

考虑到矩阵与线性变换之间的关联(参见§8.8),而域 K 上的一个 n 维向量空间 V,它的所有满秩线性变换,以映射的结合为乘法,又构成一般线性变换群 $GL(V)$(参见例8.5.5),我们就有下列定义.

定义 9.1.1 设 G 是一个群,若存在同态映射 $\rho: G \to GL(V)$,即对 $\forall a \in G$,有 $\rho(a) \in GL(V)$,且保持群的乘法运算(参见(3.19)),那么称 $\{\rho(a) \mid \forall a \in G\} \subset GL(V)$ 为群 G 的一个线性表示,向量空间 V 为 ρ 的表示(负载)空间,而 $\dim V$ 则为该表示的维(数).

由群的同态,以及这里的定义,可知对群 G 的表示 ρ 有

$$\rho(ab) = \rho(a)\rho(b), \ \rho(a^{-1}) = \rho(a)^{-1}, \ \rho(e) = 1_V, \tag{9.1}$$

这里 $a, b \in G$,e 是 G 的单位元,1_V 是 V 上的恒等变换,而 $\dim V = n$. 在这一章中,我们讨论的是有限群 $G = \{a_1, a_2, \cdots, a_g\}$,而 V 是复数域 $\mathbb{C}$ 上的向量空间. 再者,如果 ρ 是一个单射时,则称 ρ 为 G 的一个忠实表示.

与上一章的§8.8,§8.11所陈述的内容相比较,当时考虑的只有向量空间 V 上的一个线性变换 $f \in gl(V)$,而现在有以 G 的元素 a 为参数的 g 个线性变换 $\rho(a)$,且 $\rho(a) \in GL(V)$,$\forall a \in G$. 鉴于 $\rho(a)$ 的矩阵表示的重要性,我们就群表示的情况叙述如下:对于每一个 $a \in G$,从 $\rho(a)$ 对 V 的基 v_1,v_2,$\cdots$,v_n 的作用,有

$$\rho(a)v_1 = a_{11}v_1 + a_{21}v_2 + \cdots + a_{n1}v_n,$$

$$\rho(a)v_2 = a_{12}v_1 + a_{22}v_2 + \cdots + a_{n2}v_n, \quad \forall a \in G, \tag{9.2}$$

$$\vdots$$

$$\rho(a)v_n = a_{1n}v_1 + a_{2n}v_2 + \cdots + a_{nn}v_n,$$

由此就得到 $\rho(a)$ 在基 v_1，v_2，$\cdots$，v_n 下的矩阵表示

$$D(a) = \begin{pmatrix} a_{11} & a_{12} & \cdots & a_{1n} \\ a_{21} & a_{22} & \cdots & a_{2n} \\ \vdots & \vdots & & \vdots \\ a_{n1} & a_{n2} & \cdots & a_{nn} \end{pmatrix} \in GL(n, \mathbb{C}), \quad \forall a \in G. \tag{9.3}$$

利用 ρ 的同态性，不难证明（作为练习），对应于(9.1)，有

$$D(ab) = D(a)D(b), \quad D(a^{-1}) = D(a)^{-1}, \quad D(e) = E_n, \tag{9.4}$$

即群 G 与 $GL(n, \mathbb{C})$ 的一个同态. 我们称 $D(a)$，$\forall a \in G$ 给出了 G 的一个 n 维 $n \times n$ 矩阵表示，此时，基 v_1，v_2，$\cdots$，v_n 负载了这一矩阵表示. 由于有这一层关系，我们有时讨论"G 的一个表示 ρ"，有时讨论"G 的一个矩阵表示 D"，因为只要选定 V 中的基，前者就可以用后者来给出. 反之亦然.

例 9.1.1　如果让群 G 中的所有元素 a 都与 E_1（即数字 1）相对应，那么这显然是 G 的一个表示，称为恒等表示. 任意群 G 都有恒等表示，而当 G 的元素多于 1 个时，这个表示就是不忠实的.

例 9.1.2　$GL(n, \mathbb{C})$ 的元素本身就是一个矩阵，用它们自己来表示自己，就构成了 $GL(n, \mathbb{C})$ 的一个自然表示. 这是一个 n 维忠实表示. 同样可定义 $GL(n, \mathbb{C})$ 的各子群的自然表示.

例 9.1.3　将 $O(3)$（参见 §5.6）中行列式为 1，-1 的元分别对应数 1，-1，则有 $O(3)$ 的一个表示. 将 S_3（参见 §4.8）中的偶置换，奇置换分别对应数 1，-1，则有 S_3 的一个表示. 更一般地，若 H 是 G 的一个指数为 2 的子群，由 $G = H \bigcup aH$，$a \notin H$，我们令 H 中的元对应数 1，aH 中元对应数 -1，则有 G 的一个表示（作为练习），称为 G 的交代表示.

§9.2 从已知的表示来构造新的表示

为简单起见,我们从群的矩阵表示这一角度来阐明这一问题. 设 $D(a)$, $D'(a)$ 分别是 G 的 n 维表示 ρ, n' 维表示 ρ' 的矩阵表示,我们能从它们构造 G 的一些新表示:

(1) 令 a 对应 $D^*(a) = D^T(a^{-1})$, $\forall a \in G$. 不难证明(作为练习)这是 G 的一个表示,记为 ρ^*,称为 ρ 的逆步表示.

(2) 令 a 对应 $D(a) \otimes D'(a)$, $\forall a \in G$ (参见 §8.17). 利用矩阵张量积的性质(8.52),不难证明这是 G 的一个表示,记为 $\rho \otimes \rho'$,称为 ρ, ρ' 的张量积表示.

(3) 令 a 对应 $\begin{pmatrix} D(a) & 0 \\ 0 & D'(a) \end{pmatrix}$, $\forall a \in G$. 这里的矩阵是 $D(a)$ 与 $D'(a)$ 的直和(参见(8.32)),不难验证(作为练习),这给出了 G 的一个表示,记作 $\rho \oplus \rho'$,称为 ρ 与 ρ' 的直和表示.

(4) 令 a 对应 $D'(a) = PD(a)P^{-1}$, $P \in GL(n, \mathbb{C})$,不难证明(作为练习),这一对应构成了 G 的一个表示. 对 $\forall P \in GL(n, \mathbb{C})$,我们由此从 $D(a)$ 就能构造出 G 的无限多个表示. 回忆起 §8.10 中所述,可以把 $D(a)$ 和 $D'(a)$ 看成是群 G 在 V 中的同一表示 ρ 在不同基下的矩阵表示,所以可以把 D 与这些 D' 看成是"本质上一样的"表示. 我们称 D 与 D' 是等价表示. 这样,我们就能在 G 的所有矩阵表示 D 的集合中(或相应地,所有线性表示 ρ 的集合中)引入这个关系,不难验证这是一个等价关系,从而能将这一集合划分为由相互等价的表示所构成的各等价类. 于是,求群 G 的表示问题就归结为:在它的每一个等价类中找出一个代表,或者说,求出它的所有不等价表示的代表.

§9.3 可约表示、不可约表示和完全可约表示

于是就有了这样的问题:在群 G 的表示的每一个等价类中如何找到尽可能"简单的"代表?基于 §8.11 中有关向量空间的线性变换与其不变子空间

的关系,我们引入:

定义 9.3.1　对于群 G 的表示 ρ 的 n 维表示空间 V,如果有一个 m 维 $(0 < m < n)$ 子空间 V',使得对于 $\forall a \in G$,都有 $\rho(a)V' \subset V'$,即 V' 在 ρ 下是不变的,那么称此 ρ 是可约的表示,否则 ρ 是不可约表示.

这样,若 ρ 是一个可约表示,设 V' 是 ρ 的一个不变子空间,那么取 V' 的基 $v_1, v_2, \cdots, v_m$,且按例 8.3.3 的方法,再找出 $v_{m+1}, v_{m+2}, \cdots, v_n$,使它们的全体成为 V 的一个基,那么 ρ 在此基下,按 §8.11 所述,它的矩阵表示 D 有下列形式

$$D(a) = \begin{pmatrix} D'(a) & R(a) \\ 0 & D''(a) \end{pmatrix}, \ \forall a \in G, \tag{9.5}$$

其中 $D'(a)$ 是 ρ 缩小在 V' 上的 $\rho_{V'}$ 在基 $v_1, v_2, \cdots, v_m$ 下的矩阵表示. 如果, $V'' = 《v_{m+1}, v_{m+2}, \cdots, v_n》$ 也是 ρ 的一个不变子空间,那么此时 $R(a) = 0$, $\forall a \in G$,而有

$$D(a) = \begin{pmatrix} D'(a) & 0 \\ 0 & D''(a) \end{pmatrix}, \ \forall a \in G, \tag{9.6}$$

其中 $D''(a)$ 是 ρ 缩小在 V'' 上的 $\rho_{V''}$ 在基 $v_{m+1}, v_{m+2}, \cdots, v_n$ 下的矩阵表示. 从矩阵的角度看,矩阵 $D(a)$ 是 $D'(a) \oplus D''(a)$(参见(8.32)). 现在我们可以说,G 的由 V 负载的表示 ρ,通过 V 的不变子空间的直和分解 $V = V' \oplus V''$,分解为 G 的表示 $\rho' = \rho_{V'}$,$\rho'' = \rho_{V''}$ 的直和,即 $\rho = \rho' \oplus \rho''$. 更一般地,如果 $V = V^1 \oplus V^2 \oplus \cdots \oplus V^s$,而且各个子空间对 ρ 都不变,那么就有 ρ 的直和分解

$$\rho = \rho^1 \oplus \rho^2 \oplus \cdots \oplus \rho^s, \tag{9.7}$$

其中 $\rho^i = \rho_{V^i}$,而 ρ 的矩阵表示 D 在适当基下就能写成

$$D(a) = D^1(a) \oplus D^2(a) \oplus \cdots \oplus D^s(a), \tag{9.8}$$

这里的 $D^i(a)$ 是 ρ^i 在负载空间 V^i 中给出的矩阵表示,不妨把 ρ^i 看成是 ρ 的各个成份. 当然,我们还希望由(9.7)给出的分解要尽可能地"彻底",即它的各成份都是不可约的. 对此,我们引入

定义 9.3.2　如果群 G 的一个表示 ρ 能分解为一些不可约表示的直和.

那么称这样的一个表示是完全可约表示.

一个不可约表示当然是一个完全可约表示. 一般地, 一个完全可约表示是由一些不可约表示直和构成的. 因此, 对群 G 的完全可约表示的研究就归结为对 G 的所有不等价的不可约表示的研究. 于是就有了这样一个问题: 可约表示是否一定是完全可约的? 或者说, 有没有可约表示是不可完全可约的?

例 9.3.1 考虑一维坐标平移群 $T_1 = \{t_a \mid a \in \mathbb{R}\}$, 其中 $t_a: x \to x' = x + a$ (参见例 12.1.1). 从 $\begin{pmatrix} 1 & b \\ 0 & 1 \end{pmatrix} \begin{pmatrix} 1 & a \\ 0 & 1 \end{pmatrix} = \begin{pmatrix} 1 & a+b \\ 0 & 1 \end{pmatrix}$, 可知 $t_a \to D(a) = \begin{pmatrix} 1 & a \\ 0 & 1 \end{pmatrix}$ 是 T_1 的一个 2 维可约的忠实表示, 但它不是完全可约的. 我们用反证法可证明: 若它是完全可约的, 那就存在 $S = \begin{pmatrix} s_{11} & s_{12} \\ s_{21} & s_{22} \end{pmatrix} \in GL(2, \mathbb{C})$, 使得 $S \begin{pmatrix} 1 & a \\ 0 & 1 \end{pmatrix} S^{-1} = \begin{pmatrix} \lambda_1(a) & 0 \\ 0 & \lambda_2(a) \end{pmatrix}$. 据此式两边的行列式相等, 可得 $1 = \lambda_1(a)\lambda_2(a)$; 又两边的迹相等, 应有 $2 = \lambda_1(a) + \lambda_2(a)$. 因此, 有 $\lambda_1(a) = \lambda_2(a) = 1$, $\forall a \in \mathbb{R}$. 这表明与 $\begin{pmatrix} 1 & a \\ 0 & 1 \end{pmatrix}$ 等价的完全可约表示若存在的话, 则是 2 个恒等表示的一个直和, 但后者却不是忠实的. 因此有矛盾.

注意到 T_1 群是无限群, 那会不会在有限群的情况下, 可约表示一定是完全可约的?

§9.4 马施克定理

设 g 阶有限群 G 的可约表示 ρ 的矩阵表示 D 由 (9.5) 所示的矩阵形式给出

$$D(a) = \left(\begin{array}{c:c} D_1(a) & R(a) \\ \hdashline 0 & D_2(a) \end{array} \right), \ \forall a \in G, \tag{9.9}$$

其中 $D_1(a)$, $D_2(a)$ 分别是 $n_1 \times n_1$, $n_2 \times n_2$ 矩阵, $R(a)$ 是 $n_1 \times n_2$ 矩阵, 而 0 是 $n_2 \times n_1$ 零矩阵. 由 $D(ab) = D(a)D(b)$, 利用分块矩阵的运算, 有

$$D_1(ab) = D_1(a)D_1(b), \quad D_2(ab) = D_2(a)D_2(b); \tag{9.10}$$

$$R(ab) = D_1(a)R(b) + R(a)D_2(b). \tag{9.11}$$

由(9.10)可知 D_1, D_2 分别是 G 的表示,因此由它们的直和构造出 D_0:

$$D_0(a) = D_1(a) \oplus D_2(a) = \left(\begin{array}{c:c} D_1(a) & 0 \\ \hdashline 0 & D_2(a) \end{array}\right), \quad \forall a \in G. \tag{9.12}$$

下面我们证明 D_0 与(9.9)中的 D 是等价的,也即存在满秩矩阵 P,使得

$$PD_0(a) = D(a)P, \quad \forall a \in G. \tag{9.13}$$

考虑到 D, D_0 的分块形式,我们令

$$P = \left(\begin{array}{c:c} E_{n_1} & X \\ \hdashline 0 & E_{n_2} \end{array}\right), \tag{9.14}$$

从而(9.13)就给出了待定的 $n_1 \times n_2$ 矩阵 X 应满足的条件

$$XD_2(a) = D_1(a)X + R(a). \tag{9.15}$$

以 $D_2(b^{-1})$ 右乘(9.11)的两边,且对 b 求和,此时

(i) 对右边,利用 $D_2(b)D_2(b^{-1}) = E_{n_2}$,有

$$\sum_b [D_1(a)R(b) + R(a)D_2(b)]D_2(b^{-1}) = D_1(a)\left[\sum_b R(b)D_2(b^{-1})\right] + gR(a). \tag{9.16}$$

(ii) 对左边,若令 $ab = t$,则由重新排列定理(参见§3.8)可知当 b 取遍 G 时,t 也取遍 G. 于是,我们可以写下

$$\sum_b R(ab)D_2(b^{-1}) = \sum_b R(ab)D_2(b^{-1}a^{-1})D_2(a) = \left[\sum_t R(t)D_2(t^{-1})\right]D_2(a). \tag{9.17}$$

于是,若令

$$H = \sum_t R(t)D_2(t^{-1}), \tag{9.18}$$

那么,从(9.16),(9.17)就有

$$HD_2(a) = D_1(a)H + gR(a), \tag{9.19}$$

将此式与(9.15)相比,我们最后有

$$X = \frac{1}{g}H = \frac{1}{g}\sum_a R(a)D_2(a^{-1}). \tag{9.20}$$

这就证明了使 $PD_0(a)P^{-1} = D(a)$, $\forall a \in G$ 成立的 P 是存在的,而且可按(9.14),(9.20)来求得. 这就是马施克定理:

定理 9.4.1(马施克定理)　有限群 G 的每一个可约表示都是可直和分解的.

如果上面的 D_1, D_2 仍是可约的,那么我们则再次对它们应用马施克定理,并以此类推. 这样,我们就得出了

定理 9.4.2　有限群 G 的每一个表示 ρ 都是完全可约的,即 $\rho = m_1\rho^1 \oplus m_2\rho^2 \oplus \cdots \oplus m_k\rho^k$,其中 ρ^1, ρ^2, $\cdots$, ρ^k 是 G 的不等价的不可约表示,而 $m_i \in \mathbb{N}^+$, $i = 1, 2, \cdots, k$,称为 ρ^i 在 ρ 中的<u>重复度</u>.

因此,寻求有限群 G 的所有表示就归结为求 G 的所有不等价、不可约的表示.

§9.5　酉表示

从酉空间的角度来研究群 G 的"可约性"问题,同样能得出定理 9.4.2,而且还会得出一些新结果. 设 V 是群 G 的表示 ρ 的一个表示空间,且 V' 是 ρ 的一个不变子空间. 在 V 中取定基 v_1, v_2, $\cdots$, v_n,而对于 $v, u \in V$,有 $v = \sum_i a_i v_i$, $u = \sum_j b_j v_j$,定义 $\langle v, u \rangle = \sum_i \bar{a}_i b_i$,则 V 是一个酉空间(参见例 8.15.1).如果 $\rho(a)$, $\forall a \in G$ 能使这个内积 $\langle , \rangle$ 不变,那么它们就是酉变换,于是按定理 8.15.2 所述,此时 V' 的正交补空间 $V'_\perp$ 也是各 $\rho(a)$ 的一个不变子空间,且有 $V = V' \oplus V'_\perp$. 这就是马施克定理. 于是我们要解决的问题就是:倘若 $\rho(a)$, $\forall a \in G$ 不是酉变换,即 $\rho(a)$ 不保持上面的内积 $\langle , \rangle$ 不变,那么我们怎样办?

我们解决的方案是:在内积 $\langle , \rangle$ 的基础上,构造 V 的一个新内积 $\{ , \}$,使得 $P(a)$, $\forall a \in G$,对 $\{ , \}$ 都是酉变换. 为此,令

$$\{v,\,u\}=\frac{1}{g}\sum_{a\in G}\langle\rho(a)v,\,\rho(a)u\rangle,\tag{9.21}$$

不难证明(作为练习)这里的$\{\,,\,\}$是V的一个内积,即满足(8.41),且对$\forall b\in G$,有

$$
\begin{aligned}
\{\rho(b)v,\,\rho(b)u\}&=\frac{1}{g}\sum_{a\in G}(\rho(a)(\rho(b)v),\,\rho(a)(\rho(b)u))\\
&=\frac{1}{g}\sum_{a\in G}(\rho(ab)v,\,\rho(ab)u)\\
&=\frac{1}{g}\sum_{t\in G}(\rho(t)v,\,\rho(t)u)=\{v,\,u\},
\end{aligned}\tag{9.22}
$$

其中我们又用了重新排列定理. 这样,由(9.22)可知ρ在新的内积下是酉变换. 于是此时定理8.15.2就能起作用了. 我们用另一种方式得出了定理9.4.2:有限群G的每一个表示ρ都是完全可约的. 再者,取V在内积$\{\,,\,\}$下的标准正交基,那么ρ的矩阵表示D就都是酉矩阵了,或者说,在G的每一个表示(包括不可约的表示)的等价类中都有以酉矩阵表示的代表元.

例9.5.1 设n维的向量空间V是g阶群G的表示ρ的表示空间. 在V的基$\{v_i\}$下,有ρ的n维矩阵表示D. 对此,我们定义G上的函数$\chi:\chi(a_i)=\operatorname{tr}D(a_i)=\sum_j D_{jj}(a_i)\in\mathbb{C}$, $i=1,2,\cdots,g$. 这样,就有$(\chi(a_1),\chi(a_2),\cdots,\chi(a_g))\in\mathbb{C}^g$. 若在$V$的基$\{u_i\}$下,$\rho$的矩阵表示为$D'$,则从$D'(a_i)=PD(a_i)P^{-1}$,可知此时由$D'$确定的$\chi'$,满足$\chi'(a_i)=\chi(a_i)$, $i=1,2,\cdots,g$,即$\chi'=\chi$(参见例4.13.4). 因此,针对某一矩阵表示而定义的χ是与V的基的选取无关的. 所以χ可称为群G的表示ρ的特征标(参见§9.8),可记为χ^ρ,也记为$\chi^{(\rho)}$,尤其当ρ是不可约表示时,常采用后一种标记法.

由于在与表示D等价的表示中有酉矩阵表示$U:U(a_i)=PD(a_i)P^{-1}$,而$U(a_i^{-1})=\bar{U}^T(a_i)$,即$U(a_i)=\bar{U}^T(a_i^{-1})$,所以$\operatorname{tr}U(a_i)=\operatorname{tr}D(a_i)=\chi(a_i)=\bar{\chi}(a_i^{-1})$,或$\chi(a_i^{-1})=\bar{\chi}(a_i)$, $i=1,2,\cdots,g$.

§9.6 舒尔引理

为了研究:(1) 如何判断一个表示是否是不可约的,(2) 群G有多少个不

等价的不可约表示,我们需要下列引理.

定理 9.6.1(舒尔引理) 设群 G 在复数域 $\mathbb{C}$ 上的向量空间 V,U 上有不可约表示 ρ,ρ'.而对 $f \in gl(V, U)$,有(图 9.6.1)

$$\rho'(a)f = f\rho(a), \quad \forall a \in G. \tag{9.23}$$

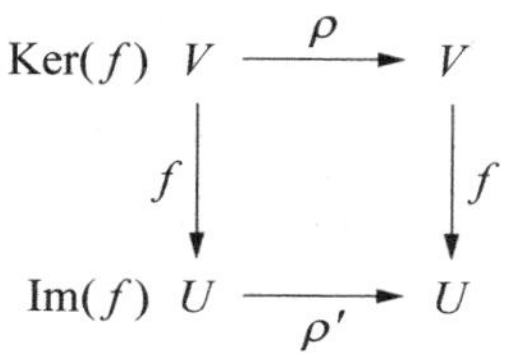

那么:(1) f 是零映射,(2) f 是一个双射,而 $\rho'(a) = f\rho(a)f^{-1}$,$\forall a \in G$,即此时 ρ 与 ρ' 等价(参见 §9.2 中的(4)).(1)与(2)两者必居其一.

我们现在来证明这个引理.考虑 f 的象空间 $\mathrm{Im}(f)$ 与核空间 $\mathrm{Ker}(f)$.$\mathrm{Im}(f)$ 不仅是 U 的子空间,还是 ρ' 下的不变子空间,而 $\mathrm{Ker}(f)$ 是 V 的,ρ 下的不变子空间.这是因为对 $u \in \mathrm{Im}(f)$,则 $\exists v \in V$,而 $f(v) = u$,所以

$$\rho'(a)u = \rho'(a)f(v) = f\rho(a)(v) \in \mathrm{Im}(f),$$

而对 $v \in \mathrm{Ker}(f)$,有 $f(v) = 0$,所以

$$f\rho(a)v = \rho'(a)f(v) = 0,\text{即 } \rho(a)v \in \mathrm{Ker}(f).$$

于是根据 ρ' 是不可约的,有 $\mathrm{Im}(f) = U$,或 $\{0\}$;ρ 是不可约的,有 $\mathrm{Ker}(f) = V$,或 $\{0\}$.考虑到 $\dim \mathrm{Im}(f) + \dim \mathrm{Ker}(f) = \dim V$(参见例 8.5.3),则有

若 $\mathrm{Im}(f) = \{0\}$,则 $\dim \mathrm{Ker}(f) = \dim V$,因此 $\mathrm{Ker}(f) = V$. 此时 f 是零映射.

若 $\mathrm{Im}(f) = U$,则 $\mathrm{Ker}(f) \neq V$,只能是 $\mathrm{Ker}(f) = \{0\}$. 这两点表明 f 是一个双射.

定理证毕.如果我们取 v_1,v_2,$\cdots$,v_n 为 V 的基,u_1,u_2,$\cdots$,$u_{n'}$ 为 U 的基,则可把上述引理中 $\rho(a)$,$\rho'(a)$,f 分别用 $n \times n$,$n' \times n'$,$n' \times n$ 矩阵 $D(a)$,$D'(a)$,F 表示,那么我们就能将(9.23)表示为矩阵形式,而有(参见 §8.9):

定理 9.6.2(舒尔引理的矩阵形式) 设 $D(a)$,$D'(a)$,$\forall a \in G$,分别是群 G 的 n 维,n' 维的不可约表示 ρ,ρ' 的表示矩阵,(分别称为 G 的不可约矩阵表示)此时若存在一个 $n' \times n$ 矩阵 F,使得

$$D'(a)F = FD(a), \quad \forall a \in G, \tag{9.24}$$

图 9.6.1

那么(1) F 是零矩阵；(2) $n'=n$，F 是一个满秩的 $n \times n$ 方阵，且 D 与 D' 等价.(1)与(2)两者必居其一.

当(9.24)中的 $D'(a)=D(a)$，$\forall a \in G$ 时，我们有下列重要推论：

推论 9.6.3　设 $D(a)$，$\forall a \in G$ 是群 G 的一个 n 维不可约矩阵表示,若存在一个非零的 $n \times n$ 矩阵 F 与 $D(a)$ 可换,即

$$D(a)F=FD(a)，\forall a \in G, \tag{9.25}$$

那么 F 是 $n \times n$ 单位矩阵的一个非零常数倍,即 $F=kE_n$，$k \neq 0$，$k \in \mathbb{C}$.

这是因为(9.25)作为(9.24)的特殊情况,由题设可知 $|F| \neq 0$. 此时构造 $F-kE_n$，其中 k 是 F 的特征方程

$$|F-xE_n|=0 \tag{9.26}$$

的一个根.此方程在 $\mathbb{C}$ 中有 n 个根 k_1，k_2，$\cdots$，k_n，且全不为 0(参见例 4.13.8).对它们中的任意一个 k，F 有一些称为特征值为 k 的特征向量 $v \in \mathbb{C}_n$，满足(参见 §4.13 中的(4)，以及[9])

$$Fv=kv，v \neq 0. \tag{9.27}$$

由 $k \neq 0$，得 $kE_n \neq 0$. 再由 kE_n 与 $D(a)$ 可换及(9.25),得出

$$(F-kE_n)D(a)=D(a)(F-kE_n)，\forall a \in G. \tag{9.28}$$

于是,从定理 9.6.2 就得出：(1) $F-kE_n$ 是零矩阵,即 $F=kE_n$；(2) $|F-kE_n| \neq 0$. 但(2)是与 k 是(9.26)的一个根矛盾的,因此我们只能有 $F=kE_n$. 推论证毕.由此当然有 $k_1=k_2=\cdots=k_n=k$.

例 9.6.1　可换群的不可约表示都是 1 维的.

倘若可换群 $G=\{a_1，a_2，\cdots，a_g\}$ 有一个 $n(\geqslant 2)$ 维不可约矩阵表示 D，那么从

$$D(a)D(a_i)=D(a_i)D(a)，\forall a \in G，i=1，2，\cdots，g,$$

就得出 $D(a_i)=k_iE_n$，$i=1，2，\cdots，g$. 这表明 D 是一个可约表示,因此矛盾了.

例 9.6.2　求 g 阶循环群 G 的不可约表示

设 ρ 为循环群 $G=\{a，a^2，\cdots，a^{g-1}，a^g=e\}$ 的一个不可约表示.由于循

环群是可换群,因此有

$$\rho(a)=k\in\mathbb{C}-\{0\}.$$

于是 $\rho(a^g)=k^g=\rho(e)=1$,即 k 是 g 次方程 $x^g=1$ 的一个根 ζ,也即 1, ζ, ζ^2, $\cdots$, ζ^{g-1} 中的某一个,其中 $\zeta=\cos\dfrac{2\pi}{g}+\mathrm{i}\sin\dfrac{2\pi}{g}$,(参见[11]). 这样,我们就得出了 G 的下列 g 个 1 维表示(参见例 9.9.3):

$$\rho^1(a)=\zeta,\ \rho^2(a)=\zeta^2,\ \cdots,\ \rho^{g-1}(a)=\zeta^{g-1},\ \rho^g(a)=1\ (\text{恒等表示}).$$

1 维表示当然是不可约的,它们又互不等价,事实上它们是循环群 G 的所有不等价不可约表示(参见例 9.7.1).

注记:称由参数 s 给出的 $\sigma(s)\in gl(V)$ 是一个不可约系,如果在 V 中不存在一个异于 $\{0\}$ 与 V 的空间 U,它在 $\forall s$, $\sigma(s)$ 下是不变的. 上面讨论的群在 V 上的不可约表示 $\rho(a)$,是以群元 a 为参数的,即 $\forall a\in G$. 这是一个不可约系. 由于在舒尔引理的证明过程中,用到的仅是 $\rho(a)$, $\forall a\in G$ 的不可约性这一点,而与群的性质无关. 所以,舒尔引理、其矩阵形式,及其推论对"不可约系"是普遍成立的.

§9.7 不等价不可约矩阵表示之间的正交关系

设群 G 有两个分别为 n_μ, n_ν 维的不可约矩阵表示:$\rho^{(\mu)}$ 的 $D^{(\mu)}$, $\rho^{(\nu)}$ 的 $D^{(\nu)}$,由此我们对任意 $n_\mu\times n_\nu$ 矩阵 $M=(m_{rs})$,构造 $n_\mu\times n_\nu$ 矩阵 $H=(h_{il})$

$$H=\sum_{a\in G}D^{(\mu)}(a^{-1})MD^{(\nu)}(a),\qquad(9.29)$$

由

$$D^{(\mu)}(a)H=D^{(\mu)}(a)\sum_{s\in G}D^{(\mu)}(s^{-1})MD^{(\nu)}(s)D^{(\nu)}(a^{-1})D^{(\nu)}(a)=$$

$$\sum_{s\in G}D^{(\mu)}(as^{-1})MD^{(\nu)}(sa^{-1})D^{(\nu)}(a)=\sum_{t\in G}D^{(\mu)}(t^{-1})MD^{(\nu)}(t)D^{(\nu)}(a)=HD^{(\nu)}(a),$$

$$(9.30)$$

其中 $t=sa^{-1}$,且用到了重新排列定理. 这样,就得出了 $D^{(\mu)}(a)H=$

$HD^{(\nu)}(a)$. 于是舒尔引理告诉我们这里有两种情况:

(1) 当 $D^{(\mu)}$，$D^{(\nu)}$ 不等价，此时 $H=0$，详细地写出来就是

$$h_{il}=\sum_{a\in G}\sum_{r,s}D^{(\mu)}(a^{-1})_{ir}m_{rs}D^{(\nu)}(a)_{sl}=0,\ i=1,2,\cdots,n_\mu;\ l=1,2,\cdots,n_\nu.$$

$$(9.31)$$

为了从中得到有用的信息，我们利用 M 是任意的这一点，而令 $m_{jk}=1$，其他为 0，于是在 $D^{(\mu)}$，$D^{(\nu)}$ 不等价时，有

$$\sum_{a\in G}D^{(\mu)}(a^{-1})_{ij}D^{(\nu)}(a)_{kl}=0.\qquad(9.32)$$

(2) 当 $D^{(\mu)}$，$D^{(\nu)}$ 等价时，我们假定它们不只是相差一个相似变换，而是完全一致，即 $D^{(\mu)}(a)=D^{(\nu)}(a)$，$\forall a\in G$，因为只有这样才能得出有用的结果. 于是，我们讨论的就是

$$D^{(\mu)}(a)H=HD^{(\mu)}(a),\ \forall a\in G,\qquad(9.33)$$

这样，从推论 9.6.3 就得知由(9.29)给出的 H 为 cE_n，其中 $n=n_\mu$，且常数 c 当然由矩阵 M 决定. 在

$$h_{il}=\sum_{a\in G}\sum_{r,s}D^{(\mu)}(a^{-1})_{ir}m_{rs}D^{(\mu)}(a)_{sl}=c\delta_{il},\ i,l=1,2,\cdots,n_\mu$$

中，令 $r=j$，$s=k$ 时，$m_{rs}=1$，其他为 0，则有

$$\sum_{a\in G}D^{(\mu)}(a^{-1})_{ij}D^{(\mu)}(a)_{kl}=c\delta_{il},\qquad(9.34)$$

为了求出其中的常数 c，在上式中令 $l=i$，而对 i，再从 1 到 n_μ 求和. 这就有

$$\sum_{a\in G}\sum_{i}D^{(\mu)}(a^{-1})_{ij}D^{(\mu)}(a)_{ki}=c\sum_{i}\delta_{ii},\qquad(9.35)$$

注意到 $\sum_{i}D^{(\mu)}(a)_{ki}D^{(\mu)}(a^{-1})_{ij}$ 是 E_{n_μ} 的第 k 行 j 列元，即 δ_{kj}，所以上式的左边给出了 g 个 δ_{kj}，而右边则为 $n_\mu c$. 所以 $g\delta_{kj}=n_\mu c$，即

$$c=\frac{g}{n_\mu}\delta_{kj}.\qquad(9.36)$$

于是(9.34)最后即为

$$\sum_{a \in G} D^{(\mu)}(a^{-1})_{ij} D^{(\mu)}(a)_{kl} = \frac{g}{n_\mu} \delta_{kj} \delta_{il}. \tag{9.37}$$

若引入符号 $\delta_{\mu\nu}$：当 $\rho^{(\mu)}$，$\rho^{(\nu)}$ 不等价时为 0；当 $\rho^{(\mu)}$，$\rho^{(\nu)}$ 等价时为 1，则可将 (9.32)，(9.37) 合并为

$$\sum_{a \in G} D^{(\mu)}(a^{-1})_{ij} D^{(\nu)}(a)_{kl} = \frac{g}{n_\mu} \delta_{\mu\nu} \delta_{kj} \delta_{il}. \tag{9.38}$$

如果将 $D^{(\mu)}$，$D^{(\nu)}$ 都取为酉矩阵 (参见 §9.5)，那么，由 $D^{(\mu)}(a^{-1}) = [D^{(\mu)}(a)]^{-1} = [\overline{D}^{(\mu)}(a)]^T$，则可将 (9.38) 表达为

$$\sum_{a \in G} \overline{D}^{(\mu)}(a)_{ji} D^{(\nu)}(a)_{kl} = \frac{g}{n_\mu} \delta_{\mu\nu} \delta_{kj} \delta_{il}. \tag{9.39}$$

这一结果可以用 $\mathbb{C}^g$ 中的内积 (参见例 8.15.1) 的方式来表达. 这是因为 $D^{(\mu)}$ 的 $D^{(\mu)}(a)_{ij}$ 给出了 $\mathbb{C}^g$ 中的 n_μ^2 个向量：

$(D^{(\mu)}(a_1)_{ij}, D^{(\mu)}(a_2)_{ij}, \cdots, D^{(\mu)}(a_g)_{ij})$，$i, j = 1, 2, \cdots, n_\mu$.

$D^{(\nu)}$ 的 $D^{(\nu)}(a)_{kl}$ 给出了 $\mathbb{C}^g$ 中的 n_ν^2 个向量：

$(D^{(\nu)}(a_1)_{kl}, D^{(\nu)}(a_2)_{kl}, \cdots, D^{(\nu)}(a_g)_{kl})$，$k, l = 1, 2, \cdots, n_\nu$.

由 (9.39) 可知，这些向量都是相互正交的. 于是，设 $D^{(\mu)}$，$D^{(\nu)}$，$D^{(\lambda)}$，$\cdots$ 是 G 的不等价不可约表示，它们的维数分别为 n_μ，n_ν，$n_\lambda \cdots$，则它们会给出 $\mathbb{C}^g$ 中的 $n_\mu^2 + n_\nu^2 + n_\lambda^2 + \cdots$ 个相互正交的向量. 但这个总数不会超过 $\mathbb{C}^g$ 的维数 g. 因此，我们有

$$\sum_\mu n_\mu^2 \leqslant g. \tag{9.40}$$

这表明：有限群 G 的不等价不可约表示的个数是一个有限数，记为 r. 我们在 (§9.10) 中会证明 (9.40) 事实上是一个等式.

例 9.7.1　因为任何表示至少是 1 维的，所以阶为 g 的有限群的不等价不可约表示的个数不大于 g (参见 §9.13). 例 9.6.2 得出了 g 阶循环群 G 的 g 个 1 维不等价表示 ρ^i，$i = 1, 2, \cdots, g$. 从 g 个 1^2 的和等于 g，可推出它们就是 G 的不等价不可约表示的全体了.

例 9.7.2　不等式 (9.40) 给出有限群 G 的不等价不可约表示的个数 $r \leqslant G$ 的阶 g.

§9.8   特征标理论和单纯特征标的第一正交关系

我们在例9.5.1中引入了群 G 的表示 ρ 的特征标 χ，或记为 χ^ρ. 等价的表示显然有相等的特征标（参见§9.2中的(4)). 反过来，我们也能证明（参见§9.9）：

若 G 的两个表示 ρ，σ 的特征标 χ^ρ，χ^σ 相等，则 ρ 与 σ 等价. 因此，表示的特征标就像表示的"指纹"一样.

从特征标的定义，我们不难验证它的下列各性质（作为练习）：

(i) $\chi^\rho(e) = \rho$ 的维数；

(ii) $\chi(a^{-1}) = \bar{\chi}(a)$；（参见例9.5.1）

(iii) $\chi^{\rho^1 \oplus \rho^2}(a) = \chi^{\rho^1}(a) + \chi^{\rho^2}(a)$；（参见(9.7)，(9.8)）

(iv) $\chi^{\rho^1 \otimes \rho^2}(a) = \chi^{\rho^1}(a)\chi^{\rho^2}(a)$；（参见例8.17.1）

(v) 若 $a, b \in G$ 是共轭的，即 $\exists c \in G$，有 $b = cac^{-1}$，那么

$$\chi(b) = \chi(a).$$

由于性质(v)，χ 对 G 的一个共轭类中的所有元都给出同一值. 由此，我们称 χ 是一个类函数.

如果 ρ 是可约的，则称其特征标 χ（或标记为 χ^ρ）是复合的；如果 ρ 是不可约的，则称其特征标是单纯的. 对于有限群 G 的任意表示 ρ，由定理9.4.2可知 ρ 可直和分解为

$$\rho = a_\mu \rho^{(\mu)} \oplus a_\sigma \rho^{(\sigma)} \oplus \cdots \oplus a_\lambda \rho^{(\lambda)},$$

其中 $\rho^{(\mu)}$，$\rho^{(\sigma)}$，$\cdots$，$\rho^{(\lambda)}$ 是 G 的不等价不可约表示，a_μ 是 $\rho^{(\mu)}$ 在 ρ 中的重复度，a_σ 是 $\rho^{(\sigma)}$ 在 ρ 中的重复度，$\cdots\cdots$用 ρ 的矩阵 D 来表示就能得出

$$D = a_\mu D^{(\mu)} \oplus a_\sigma D^{(\sigma)} \oplus \cdots \oplus a_\lambda D^{(\lambda)},$$
$$\chi = a_\mu \chi^{(\mu)} + a_\sigma \chi^{(\sigma)} + \cdots + a_\lambda \chi^{(\lambda)} = \sum_\nu a_\nu \chi^{(\nu)}, \tag{9.41}$$

即有限群的任意表示的特征标都能表示为一些单纯特征标的和.

例9.8.1   可换群的不可约表示都是1维的（参见例9.6.1），所以它的特

征标与该表示自身一致. 因此, 若 χ 是 g 阶可换群 G 的不可约表示 D 的特征标, 则从 $D(a) = \chi(a) \in \mathbb{C}$, 有 $\chi(ab) = D(ab) = D(a)D(b) = \chi(a)\chi(b)$. 若 $a \in G$ 的阶数为 m (参见 §3.7, §3.10), 则从 $a^m = e$, 有 $\chi(a^m) = [\chi(a)]^m = \chi(e) = 1$, 可知 $\chi(a)$ 是 1 的 m 次根. 从 $m \mid g$, $\chi(a)$ 当然是 1 的 g 次根. 例 9.6.2 给出了一个例子. 更一般地, 有

例 9.8.2 n 阶群 G 的 m 维表示 ρ 的特征标 $\chi(a)$ 是 1 的 n 次根的和.

对任意 $m \times m$ 矩阵 M, 设它的特征值为 $\lambda_1, \lambda_2, \cdots, \lambda_m$, 则从 $|M - \lambda E_m| = \lambda^m - \operatorname{tr} M \lambda^{m-1} + \cdots + (-1)^m |M| = (\lambda - \lambda_1)(\lambda - \lambda_2) \cdots (\lambda - \lambda_m)$, 有 $\operatorname{tr} M = \lambda_1 + \lambda_2 + \cdots + \lambda_m$ (参见[9]). 再从矩阵的若尔当标准形理论(参见[9])可知 M^s 的特征值为 $\lambda_1^s, \lambda_2^s, \cdots, \lambda_m^s$, $s \in \mathbb{N}^+$. $a \in G$ 给出的 $D(a)$ 时, 则 $\chi(a) = \operatorname{tr} D(a) = c_1 + c_2 + \cdots + c_m$, 其中 $c_1, c_2, \cdots, c_m$ 为 $D(a)$ 的特征值. 于是 $D^n(a)$ 的特征值为 $c_1^n, c_2^n, \cdots, c_m^n$. 但从 $a^n = e$ (参见推论 3.10.2), 可知 $D^n(a) = E_m$, 而 E_m 的特征值为 $1, 1, \cdots, 1$. 这就有 $c_i^n = 1$, $i = 1, 2, \cdots, m$.

为了求得 G 的不等价不可约表示 $D^{(\mu)}$, $D^{(\nu)}$ 给出的特征标 $\chi^{(\mu)}$, $\chi^{(\nu)}$ 应满足的关系, 我们在(9.38)中令 $j = i$, $l = k$, 再对 i, k 求和. 我们按下列两种情况来讨论:

(1) 当 $\rho^{(\mu)}$, $\rho^{(\nu)}$ 不等价时, $\delta_{\mu\nu} = 0$, 而有

$$\sum_{a \in G} \sum_{i, k} D^{(\mu)}(a^{-1})_{ii} D^{(\nu)}(a)_{kk} = \sum_{a \in G} \chi^{(\mu)}(a^{-1}) \chi^{(\nu)}(a) = 0; \quad (9.42)$$

(2) 当 $\rho^{(\mu)}$, $\rho^{(\nu)}$ 等价时, $\delta_{\mu\nu} = 1$, 且此时 i, $k = 1, 2, \cdots, n_\mu$, 而且 $\sum_{i, k} \delta_{ki} \delta_{ik} = \sum_{i, k} \delta_{ki} = n_\mu$, 因此

$$\sum_{a \in G} \chi^{(\mu)}(a^{-1}) \chi^{(\mu)}(a) = \frac{g}{n_\mu} n_\mu = g. \quad (9.43)$$

(9.42), (9.43)两式可合并为

$$\sum_{a \in G} \chi^{(\mu)}(a^{-1}) \chi^{(\nu)}(a) = \delta_{\mu\nu} g, \quad (9.44)$$

再利用 $\chi^{(\mu)}(a^{-1}) = \bar{\chi}^{(\mu)}(a)$, 最后有

$$\sum_{a\in G}\bar{\chi}^{(\mu)}(a)\chi^{(\nu)}(a)=g\delta_{\mu\nu}, \tag{9.45}$$

这是单纯特征标的第一正交关系.

下一节中，我们将应用这一公式来研究群 G 的表示 ρ 的约化问题.

§9.9　特征标给出的一些结果，以及用它来约化群 G 的表示 ρ

设群有 m 个共轭类 K_1，K_2，$\cdots$，K_m，而 K_i 中有 g_i 个元素. 利用特征标是类函数，即它对共轭类中的任意一个元都给出相同的值，我们引入符号 χ_i^ρ，它表示特征标 χ^ρ 对 K_i 中元的取值，χ_i^ρ 也记为 $\chi_i^{(\rho)}$，尤其当 ρ 是不可约表示时，常采用后一种标记法. 于是，相应地有 $\chi_i^{(\mu)}$，$\chi_i^{(\nu)}$ 等. 这样，(9.45)中对群 G 的元 a 的求和可表达为对共轭类指标 i 的求和，当然应计及 K_i 中有 g_i 个元. 这样，(9.45)就可表达为

$$\sum_i \bar{\chi}_i^{(\mu)}\chi_i^{(\nu)} g_i = g\delta_{\mu\nu}. \tag{9.46}$$

对 G 的不可约表示 $\rho^{(\mu)}$ 的特征标 $\chi^{(\mu)}$，引入 $\chi_i^{(\mu)} g_i^{\frac{1}{2}}$，$i=1,2,\cdots,m$ 而构成 $\mathbb{C}^m$ 中向量

$$(\chi_1^{(\mu)} g_1^{\frac{1}{2}}, \chi_2^{(\mu)} g_2^{\frac{1}{2}}, \cdots, \chi_m^{(\mu)} g_m^{\frac{1}{2}})\in\mathbb{C}^m, \tag{9.47}$$

对 $\rho^{(\nu)}$ 等也同样构成这种向量. 若 G 有 r 个不等价不可约表示（参见§9.7），那么由(9.46)可知 $\mathbb{C}^m$ 中的这 r 个向量是相互正交的. 因此，有结论：

有限群 G 的不等价不可约表示的个数 $r\leqslant G$ 的共轭类的个数 m.

这比例 9.7.2 的结果进一步了. 我们在§9.13将证明 $r=m$.

下面我们要用(9.46)来求 G 的表示 ρ（特征标为 $\chi^\rho=\chi$）中 G 的不等价不可约表示 $\rho^{(\nu)}$（特征标为 $\chi^{(\nu)}$）出现的重复度 a_ν，即

$$\rho=\sum_\nu a_\nu\rho^{(\nu)} \tag{9.48}$$

中的 a_ν. 将与之对相应的 $\chi=\chi^\rho=\sum_\nu a_\nu\chi^{(\nu)}$，在共轭类 k_i 上取值，有

$$\chi_i = \chi_i^\rho = \sum_\nu a_\nu \chi_i^{(\nu)}, \tag{9.49}$$

用 $\bar{\chi}_i^{(\mu)} g_i$ 乘此式的两边,并对 i 求和,按(9.46),就有

$$\sum_i \bar{\chi}_i^{(\mu)} g_i \chi_i = \sum_\nu \sum_i a_\nu \bar{\chi}_i^{(\mu)} \chi_i^{(\nu)} g_i = \sum_\nu a_\nu g \delta_{\mu\nu} = g a_\mu,$$

$$a_\mu = \frac{1}{g} \sum_i g_i \bar{\chi}_i^{(\mu)} \chi_i. \tag{9.50}$$

这就是计算 G 的表示 ρ（特征标为 χ）中不可约表示 $\rho^{(\mu)}$（特征标为 $\chi^{(\mu)}$）出现的重复度 a_μ 的公式. 由这些,我们有下列重要结论:

(1) 若 G 的表示 ρ, ρ', 有相同的特征标 $\chi(a) = \chi'(a)$, $\forall a \in G$,那么从 $\chi_i = \chi'_i$,由(9.50)可得 $\rho = \sum_\mu a_\mu \rho^{(\mu)}$, $\rho' = \sum_\mu a'_\mu \rho^{(\mu)}$ 中的 $a_\mu = a'_\mu$.

这表明 ρ 与 ρ' 具有相同的不可约表示的成份,因此是等价的. 这连同 §9.8 的结果就有结论: ρ 与 ρ' 是等价的,当且仅当它们有相同的特征标.

(2) 从(9.49)得出 $\bar{\chi}_i = \sum_\mu a_\mu \bar{\chi}_i^{(\mu)}$,并以 $g_i \bar{\chi}_i$ 乘(9.49)的两边,再对 i 求和,有

$$\sum_i \chi_i g_i \bar{\chi}_i = \sum_i \sum_\nu a_\nu \chi_i^{(\nu)} \left(g_i \sum_\mu a_\mu \bar{\chi}_i^{(\mu)} \right) = \sum_{\nu,\mu} a_\nu a_\mu \sum_i g_i \chi_i^{(\nu)} \bar{\chi}_i^{(\mu)}$$
$$= \sum_{\nu,\mu} a_\nu a_\mu g \delta_{\nu\mu},$$

或

$$\frac{1}{g} \sum_i g_i |\chi_i|^2 = \sum_\mu a_\mu^2. \tag{9.51}$$

例 9.9.1 若 $\frac{1}{g} \sum_i g_i |\chi_i|^2 = 1$,那么 $\sum_\mu a_\mu^2 = 1$. 这表明 $\{a_\mu\}$ 中只有 1 个等于 1,其他都为 0,即 ρ 是不可约的;若 $\sum_\mu a_\mu^2 = 2$,这表明 $\rho = \rho^{(\mu)} \oplus \rho^{(\nu)}$;若 $\sum_\mu a_\mu^2 = 3$,则有 $\rho = \rho^{(\mu)} \oplus \rho^{(\nu)} \oplus \rho^{(\sigma)}$,而 $\rho \neq \nu \neq \sigma$;若 $\sum_\mu a_\mu^2 = 4$,则有 2 种可能: (i) $\rho = \rho^{(\mu)} \oplus \rho^{(\nu)} \oplus \rho^{(\sigma)} \oplus \rho^{(\tau)}$, $\mu \neq \nu \neq \sigma \neq \tau$; (ii) $\rho = 2\rho^{(\mu)}$.

例 9.9.2 在(9.46)中取 $\rho^{(\mu)}$ 为 G 的恒等表示,而 $\rho^{(\nu)}$ 为恒等表示以外的任意不可约表示,则从 $\chi_i^{(\mu)} = 1$, $\forall i$,以及 $\rho^{(\mu)}$, $\rho^{(\nu)}$ 不等价就有 $\sum_i \chi_i^{(\nu)} g_i =$

$\sum\limits_{a \in G} \chi^{(\nu)}(a) = 0$. 也就是说,若 $\rho^{(\nu)}$ 是 G 的任意一个不为恒等表示的不可约表示,那么 $\chi^{(\nu)}(a_1) + \chi^{(\nu)}(a_2) + \cdots + \chi^{(\nu)}(a_g) = 0$.

例 9.9.3 研究 $3,4,5$ 阶循环群的不等价不可约表示 ρ^i 的特征标 χ^i.

根据例 9.6.2,例 9.8.1,例 9.7.1 我们有下表(图 9.9.1),其中 $\omega = e^{i\frac{2\pi}{3}}$,$\zeta = e^{i\frac{2\pi}{5}}$,而 a 为循环群的生成元.

	a	a^2	$a^3=e$
χ^1	ω	ω^2	1
χ^2	ω^2	ω	1
χ^3	1	1	1

	a	a^2	a^3	$a^4=e$
χ^1	i	-1	$-$i	1
χ^2	-1	1	-1	1
χ^3	$-$i	-1	i	1
χ^4	1	1	1	1

	a	a^2	a^3	a^4	$a^5=e$
χ^1	ζ	ζ^2	ζ^3	ζ^4	1
χ^2	ζ^2	ζ^4	ζ	ζ^3	1
χ^3	ζ^3	ζ	ζ^4	ζ^2	1
χ^4	ζ^4	ζ^3	ζ^2	ζ	1
χ^5	1	1	1	1	1

图 9.9.1 3、4 与 5 阶循环群的特征标表

此表印证了例 9.9.2 的结论.

在下一节中,我们研究一种与群 G 的乘法相关联的表示,从中会引出一些关于有限群表示论的结果.

§9.10 群的正则表示

在例 8.18.2 中,我们对 g 阶群 $G = \{a_1, a_2, \cdots, a_g\}$ 定义了域 K 上的群代数 $A(G) = \left\{\sum\limits_i c_i a_i \mid c_1, \cdots, c_g \in K\right\}$. 从本节开始,我们把域 K 取为复数域 $\mathbb{C}$. $A(G)$ 除了是一个 g 维向量空间外,还可以在其上定义一个乘法运算:$\left(\sum\limits_i c_i a_i\right)\left(\sum\limits_j d_j a_j\right) = \sum\limits_{i,j}(c_i d_j)(a_i a_j)$(参见例 8.18.2). 依此,我们用 $a \in G$ 对 $A(G)$ 中的元"从左边相乘"而引入

$$\pi(a): A(G) \longrightarrow A(G) \tag{9.52}$$
$$\sum\limits_i c_i a_i \qquad a\sum\limits_i c_i a_i = \sum\limits_i c_i(a a_i)$$

容易证明(作为练习)$\pi(a)$ 是一个线性映射,即 $\pi(a) \in gl(A(G))$,再从

$\pi(a)$对 G 的基 $\{a_i\}$ 的作用为 $\pi(a)(a_i)=aa_i$，$\forall i$，则由群的重新排列定理可知，aa_1，aa_2，$\cdots$，aa_g，仅是 a_1，$\cdots$，a_g 的一个排列. 也就是说 $\pi(a)$ 仅将基 a_1，$\cdots$，a_g 重新排列了一下，所以 $\pi(a) \in GL(A(G))$. 这样，我们就有了映射

$$\pi: G \longrightarrow \{\pi(a) \mid \forall a \in G\}(\subset GL(A(G)) \tag{9.53}$$
$$a \qquad\qquad \pi(a)$$

从 $\pi(ab)(a_i)=aba_i=\pi(a)\pi(b)(a_i)$，有 $\pi(ab)=\pi(a)\pi(b)$. 因此，这是一个同态映射，或者说 π 是群 G 的以 $A(G)$ 为负载空间的一个表示，称作 G 的左正则表示. $\pi: G \to \{\pi(a) \mid \forall a \in G\}$ 显然是一个满射，而且若 $\pi(a)=\pi(b)$，即 $\pi(a)(a_i)=\pi(b)(a_i)$，或 $aa_i=ba_i$，有 $a=b$，于是 π 就是一个单射. 所以，最后可知 π 是一个双射，或 π 是 G 的一个忠实表示.

我们来求 π 的特征标 χ^π. 为此，我们来求 $\pi(a)$ 在基 $\{a_i\}$ 下的矩阵表示 $D(a)$ 的各对角元. 当 $a=e$ 时，$D(e)=E_g$，因此有 $D(e)_{ii}=1$，$\forall i$，也即 $\chi^\pi(e)=g$；当 $a \neq e$ 时，有 $\pi(a)(a_i)=aa_i \neq a_i$，因此 $D(a)_{ii}=0$，$\forall i$. 这就有 $\chi^\pi(a)=0$，也即

$$\chi^\pi(a)=\begin{cases} 0, & a \neq e, \\ g, & a=e, \end{cases} \quad \text{或} \quad \chi_i^\pi=\begin{cases} 0, & i \neq 1, \\ g, & i=1. \end{cases} \tag{9.54}$$

上面的右边是我们把单位元 e 所在的共轭类取为 K_1 而得出的结果. 当然这样做了以后 $g_1=1$(参见例 3.12.1). (9.54)可用来约化 G 的 g 维左正则表示 π

$$\pi=\sum_\mu a_\mu \rho^{(\mu)}, \quad \chi_i^\pi=\sum_\mu a_\mu \chi_i^{(\mu)}. \tag{9.55}$$

考虑到当 $i=1$ 时，$\chi_1^\pi=g$，而 $\chi_1^{(\mu)}=n_\mu$，这就得出

$$g=\sum_\mu a_\mu n_\mu. \tag{9.56}$$

为了计算其中的 a_μ，只需将(9.50)中的 χ_i 取为 χ_i^π，即 $a_\mu=\dfrac{1}{g}\sum_i g_i \bar{\chi}_i^{(\mu)} \chi_i^\pi$. 再对其中的 χ_i^π 应用(9.54)，可知在对 i 的这一求和式中只有 $i=1$ 这一项有贡献，由此有

$$a_\mu = \frac{1}{g} g_1 \bar{\chi}_1^{(\mu)} \chi_1^\pi = \frac{1}{g} \cdot 1 \cdot n_\mu \cdot g = n_\mu = \chi_1^{(\mu)}, \qquad (9.57)$$

这表明有限群 G 的任意不等约表示 $\rho^{(\mu)}$ 都出现在 G 的左正则表示 π 的约化之中,而且其出现的重复度等于 $\rho^{(\mu)}$ 的维数. 于是(9.56)最终可以写成

$$g = \sum_\mu n_\mu^2. \qquad (9.58)$$

如果 G 的不可约表示的全体是 $\rho^1, \rho^2, \cdots, \rho^r$,而它们的维数分别为 $d_1, d_2, \cdots, d_r$,其中 r 是 G 的不等价不可约表示的个数,那么就有

$$g = d_1^2 + d_2^2 + \cdots + d_r^2. \qquad (9.59)$$

再者,将(9.57)代入(9.55),有

$$\chi_i^\pi = \sum_\mu \chi_1^{(\mu)} \chi_i^{(\mu)} = \begin{cases} 0, & i \neq 1 \\ g, & i = 1 \end{cases} = g\delta_{i1}, \qquad (9.60)$$

其中用到了(9.54).

例 9.10.1 有限群 G 的右正则表示 π'.

利用"从右边相乘",类似地可以定义

$$\pi': G \longrightarrow \{\pi'(a) \mid \forall a \in G\}, \quad \pi'(a): A(G) \longrightarrow A(G)$$
$$a \qquad \pi'(a) \qquad\qquad \sum_i c_i a_i \quad \left(\sum_i c_i a_i\right) a^{-1}$$

$$(9.61)$$

同样可以证明 π' 也是 G 的一个忠实表示,称为 G 的右正则表示,且同样有 $\chi_i^{\pi'} = 0$ 或 1,当 $i \neq 1$,或 $i = 1$. 因此,左正则表示与右正则表示是等价的. 在可换群的情况下,显然有 $\pi'(a) = \pi(a^{-1})$.

§9.11   左(右)正则表示的矩阵表示

我们在 §3.8 中讨论过群 G 的乘法表,其中特别有 G 的左(右)群表(参见图 3.8.2). 它们分别是以 $a_1, a_2, \cdots, a_g$ 为行元素以 $a_1^{-1}, a_2^{-1}, \cdots, a_g^{-1}$ 为列元素,以左(右)乘而构成的乘法表. 这可由图 9.11.1 形象地表示.

图 9.11.1

我们要从这两张表格直接得出 G 的左(右)正则表示 $\pi(\pi')$ 的矩阵表示 $D(a)(D'(a))$，$\forall a \in G$，事实上 $\pi(a)$ 对 $A(G)$ 的基 $a_1, a_2, \cdots, a_g$ 的作用为

$$\pi(a)a_j = aa_j = \sum_k D(a)_{kj}a_k, \quad j = 1, 2, \cdots, g. \tag{9.62}$$

于是若 $aa_j = a_i$，那么在 $D(a)_{1j}, D(a)_{2j}, \cdots, D(a)_{gj}$ 给出的左正则表示矩阵中的第 j 列中，只有 $D(a)_{ij} = 1$，其他皆为 0. 现在我们来研究在左群表里，在 $a_i a_j^{-1}$ 这里是什么群元. 由 $aa_j = a_i \Leftrightarrow a_i a_j^{-1} = a$，又从重新排列定理可知在该群表中的第 j 列中只有第 i 行第 j 列处为 a，而 j 列中的其他元都不是 a，$j = 1, 2, \cdots, g$. 所以，G 的左正则表示中群元 a 的矩阵表示 $D(a)$ 可以这样得到：

在 G 的左群表中出现 a 的地方取值 1，而其他地方则取值 0 即可. 对 G 的右正则表示的矩阵表示 $D'(a)$ 可类似地讨论(作为练习)，而此时的结论是：在 G 的右群表中出现 a^{-1} 的地方取值 1，而其他地方则取值 0 即可.

例 9.11.1 对称群 S_3 的正则表示的矩阵表示.

例 2.8.1 中我们讨论过 S_3. 为了符号的简化，我们引入它的生成元 $a = \begin{pmatrix} 1 & 2 & 3 \\ 2 & 1 & 3 \end{pmatrix}$，$b = \begin{pmatrix} 1 & 2 & 3 \\ 3 & 2 & 1 \end{pmatrix}$，而将 S_3 表示为 $\{e, a, b, ab, ba, aba\}$(参见例 2.8.1). 此时有下列左(右)群表(图 9.11.2)

	$\begin{matrix} e \\ \parallel \\ e \end{matrix}$	$\begin{matrix} a^{-1} \\ \parallel \\ a \end{matrix}$	$\begin{matrix} b^{-1} \\ \parallel \\ b \end{matrix}$	$\begin{matrix} (ab)^{-1} \\ \parallel \\ ba \end{matrix}$	$\begin{matrix} (ba)^{-1} \\ \parallel \\ ab \end{matrix}$	$\begin{matrix} (aba)^{-1} \\ \parallel \\ aba \end{matrix}$
e	e	a	b	ba	ab	aba
a	a	e	ab	aba	b	ba
b	b	ba	e	a	aba	ab
ab	ab	aba	a	e	ba	b
ba	ba	b	aba	ab	e	a
aba	aba	ab	ba	b	a	e

左群表

	e $\,\|\,$ e	a^{-1} $\,\|\,$ a	b^{-1} $\,\|\,$ b	$(ab)^{-1}$ $\,\|\,$ ba	$(ba)^{-1}$ $\,\|\,$ ab	$(aba)^{-1}$ $\,\|\,$ aba
e	e	a	b	ba	ab	aba
a	a	e	ba	b	aba	ab
b	b	ab	e	aba	a	ba
ab	ab	b	aba	e	ba	a
ba	ba	aba	a	ab	e	b
aba	aba	ba	ab	a	b	e

右群表

图 9.11.2　S_3 的左右群表

于是，按上述 $D(a)$，$D'(a)$ 的构成，$D(e)$，$D(a)$，$D(b)$，$D(ab)$，$D(ba)$，$D(aba)$ 依次为（空白处各元为 0）

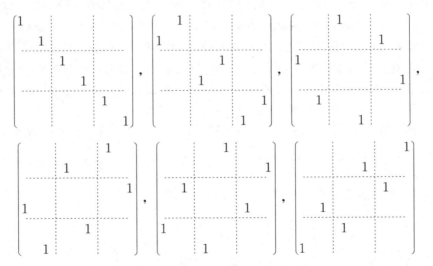

$D'(e)$，$D'(a)$，$D'(b)$，$D'(ab)$，$D'(ba)$，$D'(aba)$ 依次为（空白处各元为 0）

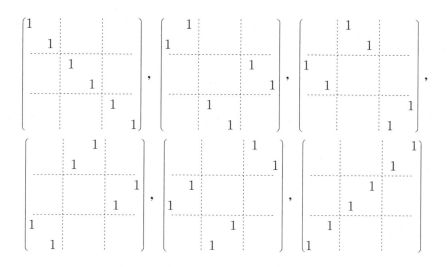

§9.12 单纯特征标的第二正交关系

我们从 G 的 m 个共轭类 K_1，K_2，$\cdots$，K_m 出发讨论. 设 $K_i = \{a_1^{(i)}$，$a_2^{(i)}$，$\cdots$，$a_{g_i}^{(i)}\}$，$i=1, 2, \cdots, m$. 与往常一样，设 $K_1 = \{e\}$，因此 $g_1 = 1$. 应用群代数 $A(G)$ 中的加法运算，我们定义

$$\mathscr{K}_i = \sum_{l=1}^{g_i} a_l^{(i)}，i=1, 2, \cdots, m，\tag{9.63}$$

则 $\mathscr{K}_i \in A(G)$，这就可计算

$$\mathscr{K}_i \mathscr{K}_j = \sum_{l=1}^{g_i} \sum_{s}^{g_j} a_l^{(i)} a_s^{(j)}. \tag{9.64}$$

若 $a_l^{(i)} a_s^{(j)}$ 是 $\mathscr{K}_t$ 的求和式子中的一项，那么有 $a a_l^{(i)} a_s^{(j)} a^{-1} = a a_l^{(i)} a^{-1} a a_s^{(j)} a^{-1}$，且 $a a_l^{(i)} a^{-1} \in K_i$，$a a_s^{(j)} a^{-1} \in K_j$，$\forall a \in G$. 这表明若(9.64)的右端含 $\mathscr{K}_t$ 中的一项；那么它就含 $\mathscr{K}_t$ 的所有项. 这样，就有

$$\mathscr{K}_i \mathscr{K}_j = \sum_t c_{ijt} \mathscr{K}_t，\tag{9.65}$$

其中 $c_{ijt} \in \mathbb{N}^+$. 为了把此式转到 G 的任意 n 维,不可约矩阵表示 $D(a)$(它的特征标为 χ)上去,我们定义

$$D_i = \sum_{b \in K_i} D(b),\qquad (9.66)$$

事实上,D_i 就是把对应于给定共轭类 K_i 中的所有元的线性变换的矩阵加起来,这个求和式子与 (9.63) 是类似的,因此可以用和上面一样的论证方法推导出:对应于 (9.65),有

$$D_i D_j = \sum_t c_{ijt} D_t.\qquad (9.67)$$

此外,由于

$$D(a)D_i\big[D(a)\big]^{-1} = D(a)D_i D(a^{-1}) = \sum_{b \in K_i} D(aba^{-1}) = \sum_{c \in K_i} D(c) = D_i.$$

因此,$D(a)D_i = D_i D(a)$, $\forall a \in G.$ $\qquad (9.68)$

于是由舒尔引理的推论就有

$$D_i = d_i E_n.\qquad (9.69)$$

取该式两边的迹,有 $g_i \chi_i = d_i n = d_i \chi_1$,其中用到了 $\chi_1 = n$(不可约矩阵表示的维数). 这样就有

$$d_i = \frac{g_i \chi_i}{\chi_1}.\qquad (9.70)$$

将 (9.69) 给出的 D_i,以及类似得出的 D_j, D_t 代入 (9.67),就可得到下列等式

$$d_i d_j = \sum_t c_{ijt} d_t.\qquad (9.71)$$

再将 (9.70) 等代入其中,经化简后有

$$g_i g_j \chi_i \chi_j = \sum_t c_{ijt} g_t \chi_t \chi_1,\qquad (9.72)$$

其中的特征标 χ_i, χ_j, χ_t, χ_1 都与 G 的不可约 D 有关,而 g_i, g_j, g_t, c_{ijt} 等都由群 G 的结构决定. 如果引入不可约表示的上标 ν 后,(9.72) 可写为

$$g_i g_j \chi_i^{(\nu)} \chi_j^{(\nu)} = \sum_t c_{ijt} g_t \chi_t^{(\nu)} \chi_1^{(\nu)}. \tag{9.73}$$

例 9.12.1 若 $b, c \in K_i$，则从 $\exists a \in G$，使得 $aba^{-1} = c \Leftrightarrow ab^{-1}a^{-1} = c^{-1}$ 即 b, c 共轭的充要条件是 b^{-1}, c^{-1} 共轭. 因此，对任意给定的 K_i，则存在另一个由 K_i 中所有元的逆元构成的共轭类，记为 $K_{i'}$. K_i 的元的个数 g_i，显然与 $K_{i'}$ 的元的个数相等，即 $g_{i'} = g_i$. K_i 中的 b，与 $K_{i'}$ 中的 b^{-1}，有乘积 $bb^{-1} = e$. 这样就能一共给出 g_i 个 e. 然而，K_i 中的任意元与 $K_j, j \neq i'$ 中的任意元都不会有等于 e 的乘积.

例 9.12.2 把上例的结果用在 (9.65) 上，注意到 $\mathcal{K}_1 = K_1 = \{e\}$，不难得出

$$c_{ij1} = \begin{cases} 0, & \text{当 } j \neq i' \\ g_i, & \text{当 } j = i' \end{cases} = g_i \delta_{ji'}. \tag{9.74}$$

于是对 (9.73) 的两边，关于 G 的 r 个不等价不可约表示求和，就有

$$\sum_{\nu=1}^r g_i g_j \chi_i^{(\nu)} \chi_j^{(\nu)} = \sum_t c_{ijt} g_t \sum_{\nu=1}^r \chi_t^{(\nu)} \chi_1^{(\nu)}$$

$$= \sum_t c_{ijt} g_t g \delta_{t1} = c_{ij1} g_1 g = c_{ij1} g,$$

其中用到了 (9.60)，以及 $g_1 = 1$. 考虑到 (9.74) 给出的 c_{ij1} 的取值，这就有

$$g_i g_j \sum_{\nu=1}^r \chi_i^{(\nu)} \chi_j^{(\nu)} = g_i \delta_{ji'} g,$$

或者写成

$$\sum_{\nu=1}^r \chi_i^{(\nu)} \chi_j^{(\nu)} = \frac{g}{g_i} \delta_{ji'}, \quad \text{或} \sum_{\nu=1}^r \chi_i^{(\nu)} \chi_j^{(\nu)} = \frac{g}{g_j} \delta_{ji}. \tag{9.75}$$

忆及 $\chi_{i'}^{(\nu)}$，是 $\chi^{(\nu)}$ 在 $K_{i'} = \{[a_l^{(i)}]^{-1} \mid l = 1, 2, 3, \cdots, g_i\}$ 上取值的，而 $K_i = \{a_l^{(i)} \mid l = 1, 2, 3, \cdots, g_i\}$，于是从 $\chi(a^{-1}) = \bar{\chi}(a)$（参见 §9.8 的 (ii)），有 $\chi_{i'}^{(\nu)} = \chi^{(\nu)}([a_l^{(i)}]^{-1}) = \bar{\chi}^{(\nu)}(a_l^{(i)}) = \bar{\chi}_i^{(\nu)}$. 所以，我们最后有

$$\sum_{\nu=1}^r \bar{\chi}_i^{(\nu)} \chi_j^{(\nu)} = \frac{g}{g_j} \delta_{ij}. \tag{9.76}$$

这个关系称为单纯特征标的第二正交关系.

例 9.12.1、例 9.9.3 提供了验证(9.76)的一些实例. 因为循环群是可换群,所以 $g_i=1$, $\forall i$. 此时的验证会方便些,对理解亦有帮助.

§9.13　G 的不等价不可约表示的个数等于 G 的共轭类的个数

在各符号 $\chi_i^{(\mu)}$ 中 μ 表示 G 的不等价不可约表示 $\rho^{(\mu)}$, μ 的取值是 1, 2, $\cdots$, r; i 表示 G 的共轭类,取值 1, 2, $\cdots$, m. 在 §9.9 中,我们用 G 的单纯特征标的第一正交关系证明了 $r \leqslant m$. 在这一节中,我们将用 G 的单纯特征标的第二正交关系证明 $m \leqslant r$. 从而有结论:$r=m$.

从 $\{\chi_i^{(\mu)}\}$,我们构造 $\mathbb{C}^r$ 中元

$$(\chi_1^{(1)}, \chi_1^{(2)}, \cdots, \chi_1^{(r)}),$$
$$(\chi_2^{(1)}, \chi_2^{(2)}, \cdots, \chi_2^{(r)}),$$
$$\vdots \qquad \vdots \qquad \qquad \vdots \qquad\qquad (9.77)$$
$$(\chi_m^{(1)}, \chi_m^{(2)}, \cdots, \chi_m^{(r)}).$$

(9.76)告诉我们 $\mathbb{C}^r$ 中的这 m 个向量是相互正交的,因此 $m \leqslant r$. 这样,有限群 G 的不等价不可约表示的个数,与 G 的共轭类的个数就相等了.(9.59)现在就可以写为

$$g=d_1^2+d_2^2+\cdots+d_m^2, \qquad\qquad (9.78)$$

其中 d_1 可以取为 1,因为任意群 G 都有 1 维的恒等表示.

我们把 $\chi_i^{(\mu)}$ 列成右表,称为 G 的特征标表(图 9.13.1). 它涵盖了 G 的不等价不可约表示的全部信息.

第一正交关系(9.46)给出了此表中各行之间的正交关系(带着适当的权因数 g_i);第二正交关系(9.76)给出了各列之间的正交关系(也带着适当的权因数 g_i).

类 表示	K_1	K_2	$\cdots$	K_m
$\rho^{(1)}$	$\chi_1^{(1)}$	$\chi_2^{(1)}$	$\cdots$	$\chi_m^{(1)}$
$\rho^{(2)}$	$\chi_1^{(2)}$	$\chi_2^{(2)}$	$\cdots$	$\chi_m^{(2)}$
$\vdots$	$\vdots$	$\vdots$		$\vdots$
$\rho^{(m)}$	$\chi_1^{(m)}$	$\chi_2^{(m)}$	$\cdots$	$\chi_m^{(m)}$

图 9.13.1　群 G 的特征标表

§9.14　两个实例：四元数群 Q 与对称群 S_3 的特征标表

（1）四元数群 Q

在 §7.17 中我们引入了哈密顿四元数，它的基为 1，i，j，k. 由于 $i^2 = -1$，为了在乘法下构成群，我们还得添加 -1，$-i$，$-j$，$-k$. 不难验证这 8 个元在乘法下，构成了一个 8 阶群 Q，称为四元数群.

引入 $e=1$，$a=i$，$b=j$，则 Q 由 a，b 生成：$e=a^4$，$-1=a^2$，$-i=a^3$，$k=ab$，$-j=a^2b$，$-k=a^3b$. a，b 应满足条件 $a^4=e$，$b^2=a^2$，$aba=b$.

不难验证 ±1，$\pm i$，$\pm j$，$\pm k$ 的逆元分别为 ±1，$\mp i$，$\mp j$，$\mp k$. 据此，可得 Q 的 5 个共轭类：$K_1=\{1\}$，$K_2=\{-1\}$，$K_3=\{\pm i\}$，$K_4=\{\pm j\}$，$K_5=\{\pm k\}$. 由此有 $8=d_1^2+d_2^2+d_3^2+d_4^2+d_5^2$（参见（9.78）），而其唯一解为 $d_1=d_2=d_3=d_4=1$，$d_5=2$. 因此，Q 的正则表示 $\pi=\rho^1\oplus\rho^2\oplus\rho^3\oplus\rho^4\oplus2\rho^5$，其中 ρ^1，ρ^2，ρ^3，ρ^4 是 Q 的 4 个不等价的 1 维表示，而 ρ^5 是 Q 的 2 维不可约表示.

从对 $i=1$，2，3，4 成立的 $\rho^i(a^4)=[\rho^i(a)]^4=1$，可知 $\rho^i(a)$ 只能取值 ±1，$\pm i$. 又从 $\rho^i(b^2)=\rho^i(a^2)$，可知 $\rho^i(b)=\pm\rho^i(a)$. 因此，$\rho^i(a)$，$\rho^i(b)$ 一共有 8 种可能选取. 不过，其中只有 4 种才能构成 Q 的 4 个 1 维表示. 这是因为必须考虑到条件 $\rho^i(aba)=\rho^i(b)$ 的限制. 例如，若 $\rho^i(a)=\rho^i(b)=i$，则 $\rho^i(aba)=-i$，这就与 $\rho^i(b)=i$ 矛盾了. 经过这样的筛选，我们得出了图 9.14.1 中的 χ^1，χ^2，χ^3，

	K_1	K_2	K_3	K_4	K_5
χ^1	1	1	1	1	1
χ^2	1	1	1	-1	-1
χ^3	1	1	-1	1	-1
χ^4	1	1	-1	-1	1
χ^5	2	-2	0	0	0

图 9.14.1　四元数群的特征标表

χ^4. 再从 Q 的正则表示的特征标值，以及 $\chi^\pi=\chi^1+\chi^2+\chi^3+\chi^4+2\chi^5$，则有该表中的 χ^5，最后从 $\dfrac{1}{g}\sum_i g_i|\chi_i^5|^2=\dfrac{1}{8}(|2|^2+|-2|^2)=1$，可知 ρ^5 是不可约的（参见例 9.9.1）.

（2）对称群 S_3

我们沿用例 9.11.1 的符号. S_3 是一个 6 阶群，有 3 个共轭类，这在图

9.14.2 中给出. 由 $g = d_1^2 + d_2^2 + d_3^2$, 而 $d_1 = 1$, 可得 $d_2 = 1$, $d_3 = 2$. 这对应于 $\pi = \sum_i a_i \rho^i = \rho^1 \oplus \rho^2 \oplus 2\rho^3$, 其中 ρ^1 是恒等表示, ρ^2, ρ^3 分别是 1 维表示, 2 维表示. ρ^3 是 2 维的, $a_3 = d_3 = 2$, 因此它在 π 中出现 2 次. 从 $S_3 = A_3 \bigcup aA_3$, 而 $a \notin A_3$, 即 A_3 是 G 的指数为 2 的子群, S_3 有交代表示(参见例 9.1.3). 这样, 我们仅需要求 χ^3 之值了(图 9.14.3).

	K_1	K_2	K_3
S_3 $g=6$	e $g_1=1$	a, b, aba $g_2=3$	ab, ba $g_3=2$

图 9.14.2　S_3 的共轭类, 其中 $a = (12)$, $b = (13)$

不可约表示 \ 类			K_1	K_2	K_3
恒等表示ρ^1	$d_1=1$	χ^1	1	1	1
交代表示ρ^2	$d_2=1$	χ^1	1	-1	1
2 维表示ρ^3	$d_3=2$	χ^3	2	0	-1

图 9.14.3　S_3 的特征标表

对于 $s \in S_3$, $s = \begin{pmatrix} 1 & 2 & 3 \\ s_1 & s_2 & s_3 \end{pmatrix}$, 引入 $\rho(s)$ 对 $\mathbb{C}^3$ 的基 $e_1 = (1, 0, 0)$, $e_2 = (0, 1, 0)$, $e_3 = (0, 0, 1)$ 的作用: $e_i \to e_{s_i}$, $i = 1, 2, 3$, 也即 e_{s_1}, e_{s_2}, e_{s_3} 是 e_1, e_2, e_3 的一个置换. 显然

$$\rho: S_3 \longrightarrow \{\rho(s) \mid \forall s \in S_3\}$$
$$s \qquad \rho(s)$$

构成了 S_3 以 $\mathbb{C}^3$ 为负载空间的一个 3 维忠实表示. 此时, 从

$$D(e) = E_3, \quad D(a) = \begin{pmatrix} 0 & 1 & 0 \\ 1 & 0 & 0 \\ 0 & 0 & 1 \end{pmatrix}, \quad D(b) = \begin{pmatrix} 0 & 0 & 1 \\ 0 & 1 & 0 \\ 1 & 0 & 0 \end{pmatrix}, \quad D(ab) = \begin{pmatrix} 0 & 1 & 0 \\ 0 & 0 & 1 \\ 1 & 0 & 0 \end{pmatrix},$$

依此可求得 ρ 的特征标 χ:

$$\chi_1 = 3, \ \chi_2 = 1, \ \chi_3 = 0.$$

由于 $e_1 + e_2 + e_3$ 生成的 1 维空间在 ρ 下是不变的, 而 $\mathbb{C}^3$ 中的这一子空间给出的是 S_3 的单位表示 ρ^1, 所以 $\rho = \rho^1 \oplus \rho'$, 其中 ρ' 是 S_3 的一个 2 维表示. 由 $\chi = \chi^1 + \chi'$, 我们得到: $\chi_1' = 3 - 1 = 2$, $\chi_2' = 1 - 1 = 0$, $\chi_3' = 0 - 1 = -1$.

计算此时的 $\dfrac{1}{g}\sum_i g_i |\chi_i'|^2 = \dfrac{1}{6}[1 \cdot (2)^2 + 3(0)^2 + 2(-1)^2] = 1$，通过例 9.9.1 可知这个 2 维表示 ρ' 是不可约的，即 S_3 的 ρ^3. 这样，就求得了 χ^3，如图 9.14.3 所示.

关于一些具体群，如点群、对称群等的表示理论，坊间已有不少专著加以论述，我们在此就不再赘述了. 在下一章中，我们将研究四元数与三维空间中的转动这一课题.

第十章

四元数与三维空间中的转动

§10.1　四元数系及其运算

如§7.17所述,四元数系指的是

$$\mathbb{H}=\{x=x_0+x_1i+x_2j+x_3k\,|\,x_i\in\mathbb{R}\,,i=0,1,2,3\},\quad (10.1)$$

其中对 $h_1=x_0+x_1i+x_2j+x_3k$, $h_2=y_0+y_1i+y_2j+y_3k$, $a\in\mathbb{R}$,分别如下地定义了 h_1, h_2 的加法,以及 a 与 h_1 的数乘

$$h_1+h_2=(x_0+y_0)+(x_1+y_1)i+(x_2+y_2)j+(x_3+y_3)k,$$
$$ah_1=ax_0+ax_1j+ax_2j+ax_3k.\quad (10.2)$$

于是 $\mathbb{H}$ 就是 $\mathbb{R}$ 上的一个四维向量空间:1, i, j, k 是它的一个基,$x_0=x_1=x_2=x_3=0$ 给出了加法的零元 0, $-h_1=-x_0-x_1i-x_2j-x_3k$ 是 h_1 的负元. 此外,$\mathbb{H}$ 还有一个乘法运算,其中基中的 1 是乘法的单位元,而对基中的 i, j, k,有

$$ii=jj=kk=-1;$$
$$ij=-ji=k, jk=-kj=i, ki=-ik=j.\quad (10.3)$$

再者 h_1h_2 按乘法对加法的分配律进行,即

$$h_1h_2=(x_0+x_1i+x_2j+x_3k)(y_0+y_1i+y_2j+y_3k)$$
$$=(x_0y_0-x_1y_1-x_2y_2-x_3y_3)+(x_0y_1+x_1y_0+x_2y_3-x_3y_2)i+$$
$$(x_0y_2+x_2y_0+x_3y_1-x_1y_3)j+(x_0y_3+x_3y_0+x_1y_2-x_2y_1)k.$$
$$(10.4)$$

利用这一表达式,经过一些代数运算,我们能证明 $h_1(h_2h_3)=(h_1h_2)h_3$,

即四元数的乘法运算满足结合律(参见例 10.2.1).

§10.2　四元数系的矩阵表示

我们将 $\mathbb{H}$ 的基 $1, i, j, k$ 分别对应矩阵 $\begin{pmatrix} 1 & 0 \\ 0 & 1 \end{pmatrix}$, $\begin{pmatrix} 0, & -i \\ -i & 0 \end{pmatrix}$, $\begin{pmatrix} 0 & -1 \\ 1 & 0 \end{pmatrix}$, $\begin{pmatrix} -i & 0 \\ 0 & i \end{pmatrix}$, 则从

$$\begin{pmatrix} 0 & -i \\ -i & 0 \end{pmatrix} \begin{pmatrix} 0 & -i \\ -i & 0 \end{pmatrix} = \cdots = -\begin{pmatrix} 1 & 0 \\ 0 & 1 \end{pmatrix},$$

$$\begin{pmatrix} 0 & -i \\ -i & 0 \end{pmatrix} \begin{pmatrix} 0 & -1 \\ 1 & 0 \end{pmatrix} = -\begin{pmatrix} 0 & -1 \\ 1 & 0 \end{pmatrix} \begin{pmatrix} 0 & -i \\ -i & 0 \end{pmatrix} = \begin{pmatrix} -i & 0 \\ 0 & i \end{pmatrix}, \cdots \tag{10.5}$$

可知这样引入的矩阵是 $\mathbb{H}$ 的基 $1, i, j, k$ 的一个 2×2 矩阵表示, 而与 $h = x_0 + x_1 i + x_2 j + x_3 k$ 对应的矩阵 $\hat{h}$ 应为

$$\hat{h} = x_0 \begin{pmatrix} 1 & 0 \\ 0 & 1 \end{pmatrix} + x_1 \begin{pmatrix} 0 & -i \\ -i & 0 \end{pmatrix} + x_2 \begin{pmatrix} 0 & -1 \\ 1 & 0 \end{pmatrix} + x_3 \begin{pmatrix} -i & 0 \\ 0 & i \end{pmatrix}$$

$$= \begin{pmatrix} x_0 - x_3 i & -x_2 - x_1 i \\ x_2 - x_1 i & x_0 + x_3 i \end{pmatrix}. \tag{10.6}$$

如果对应 h_1, h_2 的矩阵分别为 $\hat{h}_1 = \begin{pmatrix} x_0 - x_3 i & -x_2 - x_1 i \\ x_2 - x_1 i & x_0 + x_3 i \end{pmatrix}$, $\hat{h}_2 = \begin{pmatrix} y_0 - y_3 i & -y_2 - y_1 i \\ y_2 - y_1 i & y_0 + y_3 i \end{pmatrix}$, 那么容易验证(作为练习), $h_1 + h_2$ 对应 $\hat{h}_1 + \hat{h}_2$, ah_1 对应 $a\hat{h}_1$, $a \in \mathbb{R}$, $h_1 h_2$ 对应 $\hat{h}_1 \hat{h}_2$. 不难证明 $\rho: h \to \rho(h) = \hat{h}$, 构成了 $\mathbb{H}$ 的一个 2 维忠实表示. 下面我们仍用 h 来标记 $\hat{h}$, 即把 h, $\hat{h}$ 视为同一.

　　例 10.2.1　由矩阵的乘法满足结合律, 可推得四元数的乘法也满足结合律.

§10.3 共轭元、逆元,以及 $\mathbb{H}$ 是可除代数

对于 $h=x_0+x_1i+x_2j+x_3k$,定义它的共轭元为 $\bar{h}=x_0-x_1i-x_2j-x_3k$. 因此,对 $h=x_0$,有 $\bar{h}=h$,即实数是自共轭的(参见§10.4).

例 10.3.1 $\bar{h}$ 的矩阵表示与 h 的矩阵表示的关系为

$$h=x_0+x_1i+x_2j+x_3k \qquad \bar{h}=x_0-x_1i-x_2j-x_3k$$

$$\downarrow \qquad\qquad\qquad\qquad \downarrow$$

$$h=\begin{pmatrix} x_0-x_3i & -x_2-x_1i \\ x_2-x_1i & x_0+x_3i \end{pmatrix} \quad \bar{h}=\begin{pmatrix} x_0+x_3i & x_2+x_1i \\ -x_2+x_1i & x_0-x_3i \end{pmatrix}=h^+$$

$$(10.7)$$

于是,四元数 $\bar{h}$ 的矩阵表示 $\bar{h}$[①] 是四元数 h 的矩阵表示的共轭转置 h^+.

例 10.3.2 $\det h=x_0^2+x_1^2+x_2^2+x_3^2=\det\bar{h}\in\mathbb{R}$.

元素 $h\bar{h}$ 可以用(10.4)来计算,也可以用它们的矩阵表示来计算:

$$h\bar{h}=\begin{pmatrix} x_0-x_3i & -x_2-x_1i \\ x_2-x_1i & x_0+x_3i \end{pmatrix}\begin{pmatrix} x_0+x_3i & x_2+x_1i \\ -x_2+x_1i & x_0-x_3i \end{pmatrix} \quad (10.8)$$

$$=(x_0^2+x_1^2+x_2^2+x_3^2)E_2=\det hE_2,$$

$$\det h\bar{h}=(\det h)^2\in\mathbb{R}. \qquad (10.9)$$

因此,当 $\det h\neq 0$,即 h 不是零元时,h 就有乘法逆元

$$h^{-1}=\frac{\bar{h}}{\det h}=\frac{h^+}{\det h}. \qquad (10.10)$$

例 10.3.3 共轭运算的定律.

易证 $\overline{h_1+h_2}=\bar{h}_1+\bar{h}_2$, $\overline{ah}=a\bar{h}$, $a\in\mathbb{R}$,而在(10.8)中,令 $h=h_1h_2$,

---

① 这里的 $\bar{h}$ 是 $\bar{h}=x_0-x_1i-x_2j-x_3k$ 的矩阵表示,即 $\widehat{\bar{h}}$,而不是 h 的矩阵表示 $\hat{h}$ 的共轭矩阵,因此有 $\bar{h}=h^+$. 从上下文能分清 $\bar{h}$ 是四元数,还是矩阵 $\widehat{\bar{h}}=h^+$.

就有

$$(h_1 h_2)\overline{(h_1 h_2)} = \det(h_1 h_2) = \det h_1 \cdot \det h_2 = h_1 \bar{h}_1 (h_2 \bar{h}_2)$$

$$= h_1 (h_2 \bar{h}_2) \bar{h}_1 = h_1 h_2 (\bar{h}_2 \bar{h}_1),$$

由此推得 $\overline{h_1 h_2} = \bar{h}_2 \bar{h}_1$. 在上式的推导中,用到了 $h_2 \bar{h}_2$ 相当于是一个数这一点,所以能移到 h_1 与 $\bar{h}_1$ 中间.

h 是 $\mathbb{H}$ 的零元的充要条件是 $\det h = 0$. 因此,$h \in G = \mathbb{H} - \{0\}$ 的充要条件就是 $\det h \neq 0$. 对于 G,以及 h_1,h_2,$h_3 \in G$,有(i)从 $\det(h_1 h_2) = \det h_1 \cdot \det h_2 \neq 0$,可知 $h_1 h_2 \in G$;(ii)$(h_1 h_2) h_3 = h_1 (h_2 h_3)$;(iii)$\mathbb{H}$ 的乘法单位元 $1 \in G$;(iv)$h \in G$,则从 $\det h^{-1} \neq 0$,有 $h^{-1} \in G$. 于是 $G = \mathbb{H} - \{0\}$ 是一个群,称为 $\mathbb{H}$ 的非零四元数乘群(参见 §9.14).

综上所述,$\mathbb{H}$ 具有加法、数乘以及一个不满足可换性的乘法. $\mathbb{H}$ 离域就差乘法不可换这一点,为此我们把 $\mathbb{H}$ 称为是 $\mathbb{R}$ 上的一个可除代数.

§10.4 实四元数和纯四元数

若 $h = x_0 + x_1 i + x_2 j + x_3 k$ 中的 $x_1 = x_2 = x_3 = 0$,则称 h 是一个实四元数. 它与任意四元数在相乘时都可换. 反过来,若 h 与任意四元数在相乘时都可换,那么它就分别与 i,j 可换. 由此分别能得出 $x_2 = x_3 = 0$,$x_1 = x_3 = 0$,即 h 是一个实四元数. 这样,h 与 $\mathbb{H}$ 中任意元相乘时都可换的充要条件就是 h 是一个实四元数.

若 $h = x_0 + x_1 i + x_2 j + x_3 k$ 中的 $x_0 = 0$,则称 h 是一种纯四元数. 基元 i,j,k 都是纯四元数. i 与 j,j 与 k,k 与 i 之间的乘法是反交换的,但 i 与 i,j 与 j,k 与 k 之间的乘法并不是反交换的. 所以纯四元数之间的相乘一般不是反交换的.

若纯四元数 $h = x_1 i + x_2 j + x_3 k$ 中的 x_1,x_2,x_3 不全为零,则从 $\bar{h} = -h$,以及(10.10),可知此时有

$$h^{-1} = \frac{-h}{x_1^2 + x_2^2 + x_3^2}. \tag{10.11}$$

若 h_1，h_2 都是纯四元数，则(10.4)给出

$$h_1 h_2 = -(x_1 y_1 + x_2 y_2 + x_3 y_3) + (x_2 y_3 - x_3 y_2)i \qquad (10.12)$$
$$+ (x_3 y_1 - x_1 y_3)j + (x_1 y_2 - x_2 y_1)k.$$

例 10.4.1　若 h 与任意纯四元数在相乘时都可换，那么 h 是一个实四元数.

§10.5　纯四元数与 $\mathbb{R}^3$ 中矢量的联系

纯四元数的全体 S 显然构成 $\mathbb{H}$ 的一个子空间. 如果我们在 3 维空间 $\mathbb{R}^3$ 中建立直角坐标系 $\boldsymbol{i}$，$\boldsymbol{j}$，$\boldsymbol{k}$，则可构成下列映射

$$m: S \longrightarrow \mathbb{R}^3, \qquad (10.13)$$

$$h = x_1 i + x_2 j + x_3 k \longrightarrow m(h) = \boldsymbol{h} = x_1 \boldsymbol{i} + x_2 \boldsymbol{j} + x_3 \boldsymbol{k}.$$

不难证明由此定义得出 m 是一个双射，且保持加法与数乘两种运算. 因此，m 的逆映射 m^{-1} 是存在的. 而且若 h_1，$h_2 \in S$，则(10.12)中出现的 $(x_1 y_1 + x_2 y_2 + x_3 y_3)$ 恰好是 $\boldsymbol{h}_1$ 与 $\boldsymbol{h}_2$ 的内积，而 $(x_2 y_3 - x_3 y_2)$，$(x_3 y_1 - x_1 y_3)$，$(x_1 y_2 - x_2 y_1)$ 又恰好是 $\boldsymbol{h}_1$ 与 $\boldsymbol{h}_2$ 的向量积的分量，这就使我们分别如下地定义四元数 h_1，h_2 的内积 "。" 与向量积 "×"

$$h_1 \circ h_2 = m(h_1) \cdot m(h_2) = \boldsymbol{h}_1 \cdot \boldsymbol{h}_2,$$
$$h_1 \times h_2 = m^{-1}(m(h_1) \times m(h_2)) = m^{-1}(\boldsymbol{h}_1 \times \boldsymbol{h}_2)$$
$$= (x_2 y_3 - x_3 y_2)i + (x_3 y_1 - x_1 y_3)j + (x_1 y_2 - x_2 y_1)k.$$

$$(10.14)$$

用了这两种新运算就可将(10.12)写成

$$h_1 h_2 = -(h_1 \circ h_2) + m^{-1}(\boldsymbol{h}_1 \times \boldsymbol{h}_2) = -(h_1 \circ h_2) + h_1 \times h_2.$$

$$(10.15)$$

于是矢量代数中的一些关系，就能移植到纯四元数中来. 例如，若 $\boldsymbol{h}$ 是单位矢量，则 $h \circ h = \boldsymbol{h} \cdot \boldsymbol{h} = 1$；由 $\boldsymbol{h}_1 \times \boldsymbol{h}_2 = -\boldsymbol{h}_2 \times \boldsymbol{h}_1$，便能推出 $h_1 \times h_2 = -h_2 \times h_1$. 再者，从 $\boldsymbol{h}_1 \perp (\boldsymbol{h}_1 \times \boldsymbol{h}_2)$，有 $\boldsymbol{h}_1 \cdot (\boldsymbol{h}_1 \times \boldsymbol{h}_2) = 0$，从而有 $h_1 \circ (h_1 \times h_2)$

$$=m(h_1)\cdot m(h_1\times h_2)=\boldsymbol{h}_1\cdot(mm^{-1}(\boldsymbol{h}_1\times\boldsymbol{h}_2))=\boldsymbol{h}_1\cdot(\boldsymbol{h}_1\times\boldsymbol{h}_2)=0.$$

§10.6 单位四元数

当 $\det h=x_0^2+x_1^2+x_2^2+x_3^2=1$，即 $h\bar{h}=1$ 时，称 h 为一个单位四元数. 所以数 $\pm1,\pm i,\pm j,\pm k$ 都是单位四元数，而对任意不为零的四元数 $h=x_0+x_1i+x_2j+x_3k$，都可以将它归一化，即 $q=\dfrac{\pm h}{\sqrt{\det h}}$ 是一个单位四元数.

例 10.6.1 设 q 是一个单位四元数，则从(10.10)可知 $q^{-1}=\bar{q}=q^{+}$.

设 $q=x_0+x_1i+x_2j+x_3k$ 是一个单位四元数. 此时从 $x_0^2+x_1^2+x_2^2+x_3^2=1$，令 $x_0=\cos\dfrac{\theta}{2}(0\leqslant\theta\leqslant4\pi)$，则 $x_1^2+x_2^2+x_3^2=\sin^2\dfrac{\theta}{2}$.

若 $x_0=\cos\dfrac{\theta}{2}\neq|1|$，则 $\sin\dfrac{\theta}{2}\neq0$，而有

$$q=\cos\frac{\theta}{2}+\sin\frac{\theta}{2}u,$$

$$u=\frac{1}{\sin\dfrac{\theta}{2}}(x_1i+x_2j+x_3k)=\cos\alpha i+\cos\beta j+\cos\gamma k,\qquad(10.16)$$

其中 $\cos\alpha=\dfrac{x_1}{\sin\dfrac{\theta}{2}},\cos\beta=\dfrac{x_2}{\sin\dfrac{\theta}{2}},\cos\gamma=\dfrac{x_3}{\sin\dfrac{\theta}{2}}$. 因而

$$\cos^2\alpha+\cos^2\beta+\cos^2\gamma=1,\qquad(10.17)$$

即纯四元数 u 又是一个单位四元数. 尽管(10.16)是在 $\cos\dfrac{\theta}{2}\neq|1|$ 的条件下得出的，不过它在 $\cos\dfrac{\theta}{2}=|1|$ 时也成立：因此时 $q=\pm E_2$，而 $\dfrac{\theta}{2}=0,\pi,2\pi$，$\sin\dfrac{\theta}{2}u=0$，由此(10.16)成立. 事实上，(10.16)给出了 $SO(3)$ 中转角 $\theta(0\leqslant\theta\leqslant2\pi)$，转轴$(\cos\alpha,\cos\beta,\cos\gamma)$ 的转动. 当 $\dfrac{\theta}{2}=0,\pi,2\pi$ 时，转角 θ 则分别为 $0,2\pi,4\pi$，它们对应 $SO(3)$ 中的恒等转动 E_3[参见 §10.12,(10.38)].

由于 u 既是纯四元数又是单位四元数,所以由(10.11),有 $u^{-1} = -u$.

例 10.6.2   对于(10.16)中的 u,若 x 是一个满足 $x \circ u = 0$ 的纯四元数,那么从 $x \times u = -u \times x$,由(10.15)就有 $xu = x \times u = -u \times x = -ux = u^{-1}x$.

于是最后有 $uxu = x$.

§10.7 $SU(2)$ 群作为单位四元数群

单位四元数集合 $\{q \in \mathbb{H} - \{0\} \mid \det q = 1\}$ 显然在四元数的乘法下构成一个群. 由于 $\det q = 1$,且 $q^{-1} = q^{+}$,可知 $q \in SU(2)$(参见 §4.14). 反过来,令 $h = \begin{pmatrix} \alpha & \beta \\ \gamma & \delta \end{pmatrix} \in SU(2)$. 此时 $h^{-1} = h^{+} = \begin{pmatrix} \bar{\alpha} & \bar{\gamma} \\ \bar{\beta} & \bar{\delta} \end{pmatrix}$,而从用伴随矩阵计算 h^{-1} 的方法(参见例 4.13.1)有 $h^{-1} = \dfrac{1}{\det h} \begin{pmatrix} \delta & -\beta \\ -\gamma & \alpha \end{pmatrix} = \begin{pmatrix} \delta & -\beta \\ -\gamma & \alpha \end{pmatrix}$. 于是,可得 $\delta = \bar{\alpha}$,$\gamma = -\bar{\beta}$. 故令 $\alpha = x_0 - x_3 \mathrm{i}$,$\beta = -x_2 - x_1 \mathrm{i}$,则有

$$h = \begin{pmatrix} x_0 - x_3 \mathrm{i} & -x_2 - x_1 \mathrm{i} \\ x_2 - x_1 \mathrm{i} & x_0 + x_3 \mathrm{i} \end{pmatrix}, \quad x_0^2 + x_1^2 + x_2^2 + x_3^2 = 1,$$

即 h 是一个单位四元数. 这样,单位四元数所构造的群即是 $SU(2)$(参见例 10.6.1).

例 10.7.1   我们有下列群链:非零四元数乘群 $G = \mathbb{H} - \{0\} \supseteq SU(2) \supseteq$ 四元数群 Q(参见 §9.14).

§10.8   零迹厄米(埃尔米特)矩阵

我们对 $x, y, z \in \mathbb{R}$ 构造

$$P = x\sigma_1 + y\sigma_2 + z\sigma_3 = \begin{pmatrix} z & x - y\mathrm{i} \\ x + y\mathrm{i} & -z \end{pmatrix}, \tag{10.18}$$

其中

$$\sigma_1=\sigma_x=\begin{pmatrix}0&1\\1&0\end{pmatrix},\ \sigma_2=\sigma_y=\begin{pmatrix}0&-\mathrm{i}\\\mathrm{i}&0\end{pmatrix},\ \sigma_3=\sigma_z=\begin{pmatrix}1&0\\0&-1\end{pmatrix}$$

$$(10.19)$$

为泡利自旋矩阵. 它们都是零迹厄米(埃尔米特)的, 即 $\operatorname{tr}\sigma_i=0$, $\sigma_i^+=\sigma_i$, $i=1,2,3$, 因而 P 也是零迹厄米的. 记 $H=\{P\in gl(2,\mathbb{C})\,|\,\operatorname{tr}P=0,\ P^+=P\}$, 即 2×2 零迹厄米矩阵全体, 则 H 在矩阵的相加, 以及矩阵与实数的相乘运算下封闭. 由此不难证明(作为练习)H 构成 $\mathbb{R}$ 上的一个向量空间.

注意到 σ_1, σ_2, σ_3 与四元数基元 i, j, k 的关联, 有

$$\sigma_1=\mathrm{i}i,\ \sigma_2=\mathrm{i}j,\ \sigma_3=\mathrm{i}k,\qquad(10.20)$$

因为 $\mathbb{H}$ 是定义在实数上的, 而 i 是虚数单位, 所以 σ_1, σ_2, σ_3, P 都不是四元数. 于是当我们要用到前面对四元数定义的那些运算和导出性质时, 我们将按 (10.20) 所示的模式 $P=\mathrm{i}p$, 将零迹厄米矩阵 P 乘以 $-\mathrm{i}$ 而转换为四元数 $p=-\mathrm{i}P$ 才能进行(参见例 12.8.2).

例 10.8.1　$p=x_1i+x_2j+x_3k\Leftrightarrow P=\mathrm{i}p=x_1\sigma_1+x_2\sigma_2+x_3\sigma_3$, 其中 $p\in S$ (纯四元数全体), $P\in H$ (2×2 零迹厄米矩阵全体).

§10.9　变换 $P\to qPq^{-1}$, $q\in SU(2)$

对于 $q\in SU(2)$, 定义

$$\rho:SU(2)\longrightarrow\{\rho(q)\,|\,\forall q\in SU(2)\}\subset gl(H),$$
$$\quad q\qquad\qquad\rho(q)$$

$$\rho(q):H\longrightarrow H$$
$$\quad P\qquad\rho(q)P=P'=qPq^{-1}\qquad(10.21)$$

从 $\operatorname{tr}P'=\operatorname{tr}P=0$, 再从(参见例 10.6.1) $(P')^+=(qPq^{-1})^+=qP^+\,q^{-1}=qPq^{-1}=P'$, 有 $P'\in H$. 所以上述映射是有定义的. 同时也不难证明 ρ 是一个双射, 且保持乘法运算不变, 即若 $q_1\to\rho(q_1)$, $q_2\to\rho(q_2)$, 有 $q_1q_2\to\rho(q_1q_2)=\rho(q_1)\rho(q_2)$. 这样, 就有 $\rho:SU(2)\longrightarrow\{\rho(q)\,|\,\forall q\in SU(2)\}\subset GL(H)$. 也就是说, ρ 给出了 $SU(2)$ 在 H 上的一个表示(参见 §9.1).

例 **10.9.1**   从 $P=\mathrm{i}p$, $P'=\mathrm{i}p'$,则 $P'=qPq^{-1}$ 等价于

$$p'=qpq^{-1}.$$

§10.10 $\rho(q)$诱导出$\mathbb{R}^3$中的变换

由于 $P'=qPq^{-1}\in H$, 就可将 P' 写成(作为练习)

$$P'=\begin{pmatrix} z' & x'-y'\mathrm{i} \\ x'+y'\mathrm{i} & -z' \end{pmatrix}=q\begin{pmatrix} z & x-y\mathrm{i} \\ x+y\mathrm{i} & -z \end{pmatrix}q^{-1}. \tag{10.22}$$

这样,(x',y',z') 与 (x,y,z) 之间就有了下列线性变换:

$$\begin{pmatrix} x' \\ y' \\ z' \end{pmatrix}=R(q)\begin{pmatrix} x \\ y \\ z \end{pmatrix}. \tag{10.23}$$

于是,就有了映射

$$R: SU(2) \longrightarrow gl(\mathbb{R}^3). \tag{10.24}$$
$$q \qquad\quad R(q)$$

从 $P''=\begin{pmatrix} z'' & x''-y''\mathrm{i} \\ x''+y''\mathrm{i} & -z'' \end{pmatrix}=(q_2q_1)\begin{pmatrix} z & x-y\mathrm{i} \\ x+y\mathrm{i} & -z \end{pmatrix}(q_2q_1)^{-1}=$

$q_2(q_1Pq_1^{-1})q_2^{-1}$ 就能得出 $\begin{pmatrix} x'' \\ y'' \\ z'' \end{pmatrix}=R(q_2q_1)\begin{pmatrix} x \\ y \\ z \end{pmatrix}=R(q_2)R(q_1)\begin{pmatrix} x \\ y \\ z \end{pmatrix}.$

因此,有 $R(q_2q_1)=R(q_2)R(q_1)$,也即 R 是一个(群)同态. 事实上,由(10.22),给出了 $\det P'=\det P$,即 $(x')^2+(y')^2+(z')^2=x^2+y^2+z^2$. 相应地,由(10.23)给出了 $(x'\ y'\ z')(x'\ y'\ z')^T=(xyz)R(q)^TR(q)(x\ y\ z)^T$. 由这两式可得

$$R(q)^TR(q)=E_3, \ \forall q\in SU(2), \tag{10.25}$$

即 $R(q)\in O(3)$ (参见(5.22)). 再从 $q=E_2$ 时,给出 $P'=P$. 因此,$R(E_2)=E_3$. 而 $q\to R(q)$ 又是连续的(参见(10.22),(10.23)),也就是说 q 的参数

x_0, x_1, x_2, x_3 的微小改变,只会引起 $R(q)$ 中矩阵元的微小改变. 因此, $R(q)$ 在一步步的这种变化下,不会从 $\det(E_3)=1$, 突变为 -1. 所以就有 $\det R(q)=1$ 的结论,即 $R(q) \in SO(3)$, $\forall q \in SU(2)$. 于是(10.24)应表为 $R: SU(2) \rightarrow SO(3)$.

那么这个映射是不是一个满射呢? 我们知道每一个(除了 E_3 以外) $A \in SO(3)$, 都由其转轴与转角表征(参见§5.8,§5.9),所以如果能找到 $q \in SU(2)$ 使得 $R(q)$ 有此转轴与转角,那么这个映射就是一个满射了.

§10.11　$q \in SU(2)$确定了 $R(q) \in SO(3)$的转轴

设 $q \in SU(2)$,由(10.16),有 $q = \cos\dfrac{\theta}{2} + \sin\dfrac{\theta}{2}u$, $u = \cos\alpha i + \cos\beta j +$

$\cos\gamma k$. 此时从 $q^{-1} = \bar{q} = \cos\dfrac{\theta}{2} - \sin\dfrac{\theta}{2}u$ (参见例10.6.1).针对这里的 u,定义

$P = iu$,则 $P = \cos\alpha\sigma_1 + \cos\beta\sigma_2 + \cos\gamma\sigma_3 = \begin{pmatrix} \cos\gamma & \cos\alpha - i\cos\beta \\ \cos\alpha + i\cos\beta & -\cos\gamma \end{pmatrix}$. 再

从 q^{-1} 的上述表达式,可知 u 与 q^{-1} 可换,即 $uq^{-1} = q^{-1}u$, 那么(10.22)就给出

$$P' = \begin{pmatrix} z' & x' - y'i \\ x' + y'i & -z' \end{pmatrix} = qPq^{-1} = q(iu)q^{-1} = iq(q^{-1}u)$$

$$= iu = P = \begin{pmatrix} \cos\gamma & \cos\alpha - i\cos\beta \\ \cos\alpha + i\cos\beta & -\cos\gamma \end{pmatrix}.$$

$$(10.26)$$

于是有 $x' = \cos\alpha$, $y' = \cos\beta$, $z' = \cos\gamma$, 而此时(10.23)为

$$\begin{pmatrix} \cos\alpha \\ \cos\beta \\ \cos\gamma \end{pmatrix} = R(q) \begin{pmatrix} \cos\alpha \\ \cos\beta \\ \cos\gamma \end{pmatrix}, \qquad (10.27)$$

也即矢量 $\boldsymbol{u} = \cos\alpha\boldsymbol{i} + \cos\beta\boldsymbol{j} + \cos\gamma\boldsymbol{k}$ 在 $R(q)$ 下不变,它是转动 $R(q)$ 的转轴.

§10.12　$q \in SU(2)$确定了 $R(q) \in SO(3)$的转角

对于上述 u，在 $\mathbb{R}^3$ 中存在垂直于 u 的单位矢量，取其中之一记为 $v = v_1 i + v_2 j + v_3 k$，$v_1^2 + v_2^2 + v_3^2 = 1$. 此时从 $u \cdot v = 0$ 可知 $v = v_1 i + v_2 j + v_3 k$ 与对应于 u 的四元数 u 内积为零，即 $u \circ v = 0$.

接下来，我们要对 v 进行由 q 诱导出的 $R(q)$ 的转动，而得出 v'. 根据上述，这要从 $V = iv = v_1\sigma_1 + v_2\sigma_2 + v_3\sigma_3$ 去计算

$$V' = qVq^{-1} = q(iv)q^{-1} = i\left(\cos\frac{\theta}{2} + \sin\theta u\right)v\left(\cos\frac{\theta}{2} - \sin\frac{\theta}{2}u\right)$$
$$= i(\cos\theta v + \sin\theta u \times v),$$

$$\text{(10.28)}$$

其中用到了 $uvu = v$，$vu = -uv$（参见例 10.6.2），以及由 $u \circ v = 0$ 得出的 $vu = u \times v$（参见 (10.15)）. 由 $V' = iv'$，则 (10.28) 给出 $v' = \cos\theta v + \sin\theta u \times v$. 于是

$$u \circ v' = u \circ (\cos\theta v + \sin\theta u \times v)$$
$$= \cos\theta u \circ v + \sin\theta u \circ (u \times v) = 0, \tag{10.29}$$

这表明 $u \perp v'$，因此，v, v' 构成了垂直于 u 的平面. 最后我们来计算 v 与 v' 的内积. 由于 $(v'_1 \quad v'_2 \quad v'_3)^T = R(q)(v_1 \quad v_2 \quad v_3)$，$R(q) \in SO(3)$，可知 v' 也是单位矢量. 从而（参见 §10.5）

$$v \cdot v' = v \circ v' = v \circ (\cos\theta v + \sin\theta u \times v) = \cos\theta. \tag{10.30}$$

这是 v 与 v' 夹角的余弦，即 v' 是由 v 绕 u 转动 θ 而得出的. 这表明 q 中的 θ 决定了 $R(q)$ 的转角 $\theta (0 \leqslant \theta \leqslant 2\pi)$.

总结一下：单位四元数 $q = \cos\dfrac{\theta}{2} + \sin\dfrac{\theta}{2}(\cos\alpha i + \cos\beta j + \cos\gamma k)$，$q \neq |1|$ 给出了 $R(q) \in SO(3)$，其转轴为 $\cos\alpha i + \cos\beta j + \cos\gamma k$，其转角为 θ. 因此，可引入记号 $q = q(n, \theta)$，$n = \cos\alpha i + \cos\beta j + \cos\gamma k$（参见 §10.6）.

所以，这里明示了：尽管有限转动有转轴（方向），有转角（大小），但它不

是矢量,而是单位四元数(或 $SU(2)$ 中的元).因此两个有限转动的合成,不能用矢量的加法得出,而必须用四元数的乘法来构造(参见例 7.17.2 以及 §10.15).

§10.13 一个实例:绕 z 轴的转动 $\boldsymbol{R_z(\theta)}$

z 轴上的单位矢量由 $\cos\alpha = \cos\beta = 0$, $\cos\gamma = 1$ 给出,于是有 $q = \cos\dfrac{\theta}{2} + \sin\dfrac{\theta}{2}u$,而 $u = k$. 由此可得

$$q = \begin{pmatrix} \cos\dfrac{\theta}{2} & 0 \\ 0 & \cos\dfrac{\theta}{2} \end{pmatrix} + \sin\dfrac{\theta}{2}\begin{pmatrix} -\mathrm{i} & 0 \\ 0 & \mathrm{i} \end{pmatrix} = \begin{pmatrix} \mathrm{e}^{-\frac{\theta}{2}\mathrm{i}} & 0 \\ 0 & \mathrm{e}^{\frac{\theta}{2}\mathrm{i}} \end{pmatrix}, \quad q^{-1} = \begin{pmatrix} \mathrm{e}^{\frac{\theta}{2}\mathrm{i}} & 0 \\ 0 & \mathrm{e}^{-\frac{\theta}{2}\mathrm{i}} \end{pmatrix},$$

$$\tag{10.31}$$

而

$$\rho(q): P \to P' = qPq^{-1}. \tag{10.32}$$

(i) 对 z 轴上矢量 $(0, 0, z)$ 的转动:

对此时的 $P = \begin{pmatrix} z & 0 \\ 0 & -z \end{pmatrix}$,有

$$P' = qPq^{-1} = z\begin{pmatrix} \mathrm{e}^{-\frac{\theta}{2}\mathrm{i}} & 0 \\ 0 & \mathrm{e}^{\frac{\theta}{2}\mathrm{i}} \end{pmatrix}\begin{pmatrix} 1 & 0 \\ 0 & -1 \end{pmatrix}\begin{pmatrix} \mathrm{e}^{\frac{\theta}{2}\mathrm{i}} & 0 \\ 0 & \mathrm{e}^{-\frac{\theta}{2}\mathrm{i}} \end{pmatrix} = \begin{pmatrix} z & 0 \\ 0 & -z \end{pmatrix},$$

把此式与 $P' = \begin{pmatrix} z' & z'-y'\mathrm{i} \\ x'+y'\mathrm{i} & -z' \end{pmatrix}$ 相比,可得

$$x' = x = 0, \ y' = y = 0, \ z' = z. \tag{10.33}$$

由此可知矢量 $(0, 0, z)$ 在绕 z 轴的转动下不变,这与 z 轴为转轴这一事实一致.

(ii) 对 x 轴上矢量 $(x, 0, 0)$ 的转动:

对此时的 $P = \begin{pmatrix} 0 & x \\ x & 0 \end{pmatrix}$，有

$$P' = qPq^{-1} = x \begin{pmatrix} e^{-\frac{\theta}{2}i} & 0 \\ 0 & e^{\frac{\theta}{2}i} \end{pmatrix} \begin{pmatrix} 0 & 1 \\ 1 & 0 \end{pmatrix} \begin{pmatrix} e^{\frac{\theta}{2}i} & 0 \\ 0 & e^{-\frac{\theta}{2}i} \end{pmatrix} = x \begin{pmatrix} 0 & e^{-\theta i} \\ e^{\theta i} & 0 \end{pmatrix},$$

把这一表达式与 $P' = \begin{pmatrix} z' & x'-y'i \\ x'+y'i & -z' \end{pmatrix}$ 相比，可得

$$x' = \cos\theta x, \ y' = \sin\theta x, \ z' = z = 0. \tag{10.34}$$

(iii) 对 y 轴上矢量 $(0, y, 0)$ 的转动：

对此时的 $P = \begin{pmatrix} 0 & -yi \\ yi & 0 \end{pmatrix}$，有

$$P' = y \begin{pmatrix} e^{-\frac{\theta}{2}i} & 0 \\ 0 & e^{\frac{\theta}{2}i} \end{pmatrix} \begin{pmatrix} 0 & -i \\ i & 0 \end{pmatrix} \begin{pmatrix} e^{\frac{\theta}{2}i} & 0 \\ 0 & e^{-\frac{\theta}{2}i} \end{pmatrix} = y \begin{pmatrix} 0 & -e^{-\theta i}i \\ e^{\theta i}i & 0 \end{pmatrix}, \tag{10.35}$$

因而有

$$x' = -\sin\theta y, \ y' = \cos\theta y, \ z' = z = 0.$$

综合 (10.33)，(10.34)，(10.35)，最后有（参见 (5.19)）

$$\begin{pmatrix} x' \\ y' \\ z' \end{pmatrix} = R_z(\theta) \begin{pmatrix} x \\ y \\ z \end{pmatrix}, \ R_z(\theta) = \begin{pmatrix} \cos\theta & -\sin\theta & 0 \\ \sin\theta & \cos\theta & 0 \\ 0 & 0 & 1 \end{pmatrix}. \tag{10.36}$$

类似地，可以得出 $R_x(\theta)$，$R_y(\theta)$ 的表达式（作为练习）.

§10.14　$R: SU(2) \rightarrow SO(3)$ 是一个 2−1 同态

在上一节中，由 $q = \cos\frac{\theta}{2} + \sin\frac{\theta}{2}k$，给出了 (10.36) 中的 $R_z(\theta)$. 若以 $360° + \theta$ 代替 θ，则 $q \rightarrow -q$，而 $R_z(360° + \theta)$ 仍是 $R_z(\theta)$. 这表示 $\pm q \in$

$SU(2)$ 对应同一 $R(q) \in SO(3)$. 对于一般的 $q \in SU(2)$, 也同样有 $\pm q$ 对应同一个 $R(q)$ 这一结果. 下面我们来证明这一点.

若 q_1, $q_2 \in SU(2)$, 有 $R(q_1) = R(q_2)$, 即对 $\forall p \in S$ (参见例 10.8.1), 有 $P'_1 = P'_2$, 也就是说, $q_1 p q_1^{-1} = q_2 p q_2^{-1}$ (参见例 10.9.1). 由最后一个等式推出 $q_2^{-1} q_1 p = p q_2^{-1} q_1$. 于是例 10.4.1 告诉我们 $q_2^{-1} q_1 = k$, 或 $q_1 = k q_2$, $k \in \mathbb{R}$. 注意到 $\det q_1 = \det q_2 = 1$, 就有 $k = \pm 1$, 即 $q_2 = \pm q_1$. 这样, 就有

$$R: SU(2) \longrightarrow SO(3)$$

$$\begin{matrix} q & \\ & \searrow \\ -q & \longrightarrow R(q) \end{matrix} \tag{10.37}$$

特别地,

$$\begin{matrix} \theta: & 0 & 360° & 720° \\ \downarrow & \downarrow & \downarrow & \downarrow \\ q: & E_2 & -E_2 & E_2 \\ \downarrow & \downarrow & \downarrow & \downarrow \\ R(q): & E_3 & E_3 & E_3 \end{matrix} \tag{10.38}$$

这是因为在 $q = \cos\dfrac{\theta}{2} + \sin\dfrac{\theta}{2}(\cos\alpha i + \cos\beta j + \cos\gamma k)$ 中 θ 以 $\dfrac{\theta}{2}$ 形式出现, 这就使得, 在 $(\cos\alpha, \cos\beta, \cos\gamma)$ 固定的这一情况下, $q = q(\theta)$ 是以 $720°$ 为周期的. 在微观世界中, 如电子的波函数 ψ (旋量), 在 $0° \to 360° \to 720°$ 的转动下, 正好具有 $\psi \to -\psi \to \psi$ 的性质, 所以用 $SU(2)$ 群来描述它们就最恰当不过了.

因为 $SU(2)$ 与 $SO(3)$ 有这个 $2 - 1$ 同态, 我们称 $SU(2)$ 是 $SO(3)$ 的覆盖群. 从拓扑学的角度来看, $SO(3)$ 是连通的, 但并不是单连通的, 而 $SU(2)$ 是单连通的. 读者可以在 [15] 找到相关的论述.

§10.15 应用: 无限小转动与角位移

对于 $q_i = q(\boldsymbol{n}_i, \theta_i)$, $i = 1, 2$, 其中 $\boldsymbol{n}_i = \cos\alpha_i \boldsymbol{i} + \cos\beta_i \boldsymbol{j} + \cos\gamma_i \boldsymbol{k}$, $n_i = \cos\alpha_i i + \cos\beta_i j + \cos\gamma_i k$ (参见 §10.12), 有

$$q_2 q_1 = \left(\cos \frac{\theta_2}{2} + \sin \frac{\theta_2}{2} n_2 \right) \left(\cos \frac{\theta_1}{2} + \sin \frac{\theta_1}{2} n_1 \right)$$

$$= \cos \frac{\theta_2}{2} \cos \frac{\theta_1}{2} + \cos \frac{\theta_2}{2} \sin \frac{\theta_1}{2} n_1 + \sin \frac{\theta_2}{2} \cos \frac{\theta_1}{2} n_2 + \sin \frac{\theta_2}{2} \sin \frac{\theta_1}{2} n_2 n_1.$$

$$(10.39)$$

通常来说,$n_2 n_1 \neq n_1 n_2$(参见 §10.4),也即 $q_2 q_1 \neq q_1 q_2$,说明转动是不可交换的(参见图 7.16.1).

由 $q_2 q_1 = q$,得出 $q = q(n, \theta)$,其中的 n,θ 要按四元数 q_2,q_1 的乘法,由 n_1,θ_1;n_2,θ_2 得出(参见例 7.17.2). 量 $\theta_i n_i$,虽然有大小与方向,但若按矢量的相加而得出的量 $\theta_2 n_2 + \theta_1 n_2$ 并不等于量 θn. 因此,这些量都不是矢量. 不过,当 θ_i,$i = 1, 2$ 是无限小角 $d\theta_i$ 时,由于 $\sin \dfrac{d\theta_i}{2} = \dfrac{d\theta_i}{2}$,$\cos \dfrac{d\theta_i}{2} = 1$,$i = 1, 2$(参见(7.28)),由(10.39),以及 $q_2 q_1 = q$,在略去高阶无限小以后,就有

$$q_2 q_1 = 1 + \frac{d\theta_1}{2} n_1 + \frac{d\theta_2}{2} n_2 = 1 + \frac{d\theta}{2} n, \text{即 } d\theta_1 n_1 + d\theta_2 n_2 = d\theta n.$$

由此可见,$q_2 q_1 = q_1 q_2$,即无限小转动是可易的,此外有(参见(10.13))

$$d\theta_1 \boldsymbol{n}_1 + d\theta_2 \boldsymbol{n}_2 = d\theta \boldsymbol{n}. \tag{10.40}$$

于是,我们把(10.40)中的这些量称为相应于无限小转动的角位移,角位移也因此成为一个矢量.

这里的讨论表明:有限转动是一个单位四元数,它们的合成应按四元数中的乘法进行,而无限小转动却是可易的,它们的合成可按矢量的平行四边形法则进行. 如果角位移还是时间的函数,那么它对时间的变化率——角速度就是一个矢量.

第十一章

时空对称与诺特定理

§11.1 经典时空与相对论时空

考虑两个惯性系 S, S', 它们的各坐标轴分别在 $t=t'=0$ 时重合(图 11.1.1), S' 的 x' 轴沿 S 的 x 轴以速度 v 运动. 在经典时空中, 对于这两个惯性系中的时空有伽利略变换

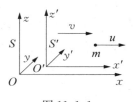

图 11.1.1

$$x'=x-vt,$$
$$y'=y, \ z=z',$$
$$t'=t'. \tag{11.1}$$

设质点 m 在 S' 中的速度为 u, 即 $u=\dfrac{\Delta x'}{\Delta t}$, 那么它在 S 中的速度 $w=\dfrac{\Delta x}{\Delta t}=\dfrac{\Delta x'+v\Delta t}{\Delta t}=u+v$. 这即是经典时空中的速度相加定理, 如果质点 m 是光子, 则 $u=c$(光速), 那么 $w=c+v>c$. 不过, 这与一些物理现象是矛盾的(参见[42], [43]). 爱因斯坦以光量子对所有的惯性观察者都是以 c 为速率而运动着的这一点为基础, 导出了下列洛伦兹变换以代替上述的伽利略变换. (参见附录 5)

$$
\begin{pmatrix} x' \\ y' \\ z' \\ t' \end{pmatrix} =
\begin{pmatrix} \gamma & 0 & 0 & -v\gamma \\ 0 & 1 & 0 & 0 \\ 0 & 0 & 1 & 0 \\ -\dfrac{v}{c^2}\gamma & 0 & 0 & \gamma \end{pmatrix}
\begin{pmatrix} x \\ y \\ z \\ t \end{pmatrix}, \ \gamma = \frac{1}{\sqrt{1-\dfrac{v^2}{c^2}}}. \tag{11.2}
$$

例 11.1.1   相对论中的速度相加定理.

上述的质点 m 对于 S 系的速度则为(参见[13])

$$w = \frac{\Delta x}{\Delta t} = \frac{\Delta[\gamma(x' + vt')]}{\Delta\left[\gamma\left(\dfrac{v}{c^2}x' + t'\right)\right]} = \frac{\Delta x' + v\Delta t'}{\dfrac{v}{c^2}\Delta x' + \Delta t'} = \frac{v + u}{1 + \dfrac{uv}{c^2}}. \qquad (11.3)$$

例如,当 $v = \dfrac{4}{5}c$, $u = \dfrac{4}{5}c$, 按经典速度相加定理应有 $w = 1.6c$, 而按相对

论速度相加定理应为 $w = \dfrac{\left(\dfrac{4}{5} + \dfrac{4}{5}\right)c}{1 + \dfrac{4}{5} \cdot \dfrac{4}{5}} = \dfrac{40}{41}c$.

例 11.1.2   光速不变.

在(11.2)中,显然必须有 $v < c$, 但我们能在极限情况下应用(11.3)(参

见[66]). 例如,对于 $v = \dfrac{4}{5}c$, $u = c$, 就有 $w = \dfrac{\dfrac{4}{5}c + c}{1 + \dfrac{4}{5} \cdot 1} = c$.

从(11.2)有(作为练习)

$$x'^2 - c^2 t'^2 = x^2 - c^2 t^2. \qquad (11.4)$$

这表明同一物理事件,若在 S 中的时空坐标为 (x, t), 在 S' 中的坐标为 (x', t'), 两者因 S, S' 之间的相对运动而改变了,但 $x^2 - c^2 t^2$ 却是一个常量.

§11.2   推动与推动构成的群

我们把(11.2)所标明的洛伦兹变换,称为 S' 沿 S 的 x 轴有一个速度为 v 的推动,引入 $x_1 = x$, $x_4 = ct$, 可将(11.2)简洁地记为

$$\begin{pmatrix} x'_1 \\ x'_4 \end{pmatrix} = \begin{pmatrix} \gamma & -\beta\gamma \\ -\beta\gamma & \gamma \end{pmatrix} \begin{pmatrix} x_1 \\ x_4 \end{pmatrix} = B(v)\begin{pmatrix} x_1 \\ x_4 \end{pmatrix}, \qquad (11.5)$$

其中 $\gamma = \gamma(v) = \dfrac{1}{\sqrt{1 - \beta^2}}$, $\beta = \beta(v) = \dfrac{v}{c}$, 而 $\gamma^2 - (\beta\gamma)^2 = 1$. 再者,

$$\gamma(v) = \gamma(-v), \quad \beta(v) = -\beta(-v).$$

从 $B(u)B(v) = B\left(\dfrac{u+v}{1+\dfrac{uv}{c^2}}\right)$，$B(0) = E_2$，$B(-v) = B^{-1}(v)$，以及变换满

足结合律，可知 $\{B(v) \mid \forall v, |v| < c\}$ 构成一个群.

§11.3 用双曲函数表示推动

从 $\mathrm{e}^{\pm i\theta} = \cos\theta \pm i\sin\theta$（参见（7.29）），有 $\cos\theta = \dfrac{1}{2}(\mathrm{e}^{i\theta} + \mathrm{e}^{-i\theta})$，$\sin\theta =$

$\dfrac{1}{2i}(\mathrm{e}^{i\theta} - \mathrm{e}^{-i\theta})$. 依此，我们定义

$$\cosh\theta = \frac{\mathrm{e}^{\theta} + \mathrm{e}^{-\theta}}{2}, \quad \sinh\theta = \frac{\mathrm{e}^{\theta} - \mathrm{e}^{-\theta}}{2}, \quad \tanh\theta = \frac{\sinh\theta}{\cosh\theta}, \qquad (11.6)$$

它们分别称为双曲余弦，双曲正弦，双曲正切，利用它们的定义，不难证明：

(i) $\cosh^2\theta - \sinh^2\theta = 1$；

(ii) $\sinh(-\theta) = -\sinh\theta$，$\cosh(-\theta) = \cosh\theta$，

　　$\tanh(-\theta) = -\tanh\theta$；

(iii) $\sinh(\theta_1 \pm \theta_2) = \sinh\theta_1\cosh\theta_2 \pm \cosh\theta_1\sinh\theta_2$， $\qquad$ (11.7)

　　$\cosh(\theta_1 \pm \theta_2) = \cosh\theta_1\cosh\theta_2 \pm \sinh\theta_1\sinh\theta_2$，

　　$\tanh(\theta_1 \pm \theta_2) = \dfrac{\tanh\theta_1 \pm \tanh\theta_2}{1 \pm \tanh\theta_1\tanh\theta_2}$.

利用这些性质，由 $\gamma^2 - (\beta\gamma)^2 = 1$，令

$$\cosh\theta = \gamma = \frac{1}{\sqrt{1-\beta^2}}, \qquad (11.8)$$

则 $\sinh^2\theta = \gamma^2 - 1 = \dfrac{v^2}{c^2 - v^2} = (\beta\gamma)^2$. 于是 $\sinh\theta = \pm\beta\gamma$. 这就有下列两种情况：

(1) 若取 $\sinh\theta = \beta\gamma$，则

$$\begin{pmatrix} \cosh\theta & -\sinh\theta \\ -\sinh\theta & \cosh\theta \end{pmatrix} = \begin{pmatrix} \gamma & -\beta\gamma \\ -\beta\gamma & \gamma \end{pmatrix} = B(v), \qquad (11.9)$$

此即(11.5)中的 $B(v)$.

(2) 若取 $\sinh\theta = -\beta\gamma$，则

$$\begin{pmatrix} \cosh\theta & -\sinh\theta \\ -\sinh\theta & \cosh\theta \end{pmatrix} = \begin{pmatrix} \gamma & \beta\gamma \\ \beta\gamma & \gamma \end{pmatrix} = B(-v), \tag{11.10}$$

这是(11.5)的逆变换给出的 $B(-v)$.

对于 $B(v)$，有 $\cosh\theta = \gamma$，$\sinh\theta = \beta\gamma$，因此

$$\beta = \frac{v}{c} = \frac{\sinh\theta}{\cosh\theta} = \tanh\theta,$$

据此我们以 θ 作为推动的参数，即把 $B(v)$ 记为 $B(\theta)$. 于是从(图 11.3.1)

$$B(\varphi)B(\theta) = \begin{pmatrix} \cosh\varphi & -\sinh\varphi \\ -\sinh\varphi & \cosh\varphi \end{pmatrix} \begin{pmatrix} \cosh\theta & -\sinh\theta \\ -\sinh\theta & \cosh\theta \end{pmatrix}$$

$$= \begin{pmatrix} \cosh(\varphi+\theta) & -\sinh(\varphi+\theta) \\ -\sinh(\varphi+\theta) & \cosh(\varphi+\theta) \end{pmatrix} = B(\varphi+\theta),$$

$$\tag{11.11}$$

我们把具有这种"可加性的"参数，称为正则参数(参见 §12.3，§12.7).

例 11.3.1　用正则参数推导速度相加公式.

从 $\dfrac{v}{c} = \tanh\theta$，$\dfrac{u}{c} = \tanh\varphi$，$\dfrac{w}{c} = \tanh(\varphi+\theta)$，有

$$w = c\tanh(\varphi+\theta) = c\,\frac{\tanh\theta + \tanh\varphi}{1 + \tanh\theta\tanh\varphi} = \frac{u+v}{1 + \dfrac{uv}{c^2}},$$

这与例 11.1.1 的结果一致.

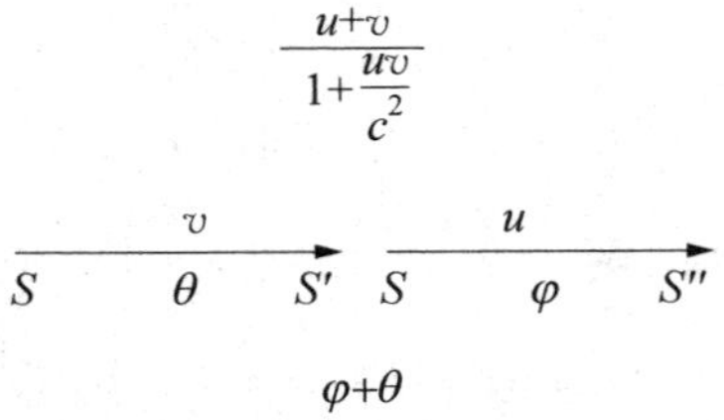

图 11.3.1　推动:以相对速度 v 为参数和以双曲角度 θ 为参数

§11.4 反映相对论中时空对称性的庞加莱群

我们要把上面关于推动的讨论推广到一般的情况中去,即 S' 系的 x',
y',z' 轴可以有任意的取向,且 S' 系对 S 系的相对速度也可以有任意的取向.
为此,我们先把(11.4)推广为

$$x'^2 + y'^2 + z'^2 - c^2 t'^2 = x^2 + y^2 + z^2 - c^2 t^2. \tag{11.12}$$

于是我们要求下列齐次变换

$$\begin{pmatrix} x' \\ y' \\ z' \\ t' \end{pmatrix} = (l_{ij}) \begin{pmatrix} x \\ y \\ z \\ t \end{pmatrix}. \tag{11.13}$$

要保持对每个坐标系而计算的 $x^2 + y^2 + z^2 - c^2 t^2$ 为一个常量. 所有满足这一
条件的矩阵 (l_{ij}) 构成一个群 L(参见[13]),称为时空变换的洛伦兹群. L 显
然分别以 $O(3)$,$SO(3)$,以及在各方向上由推动所构成的群为其各种子群,
且含有空间反演 P,时间反演 T,全反演 J,因为它们都满足(11.12),其中

$$P = \begin{pmatrix} -1 & 0 & 0 & 0 \\ 0 & -1 & 0 & 0 \\ 0 & 0 & -1 & 0 \\ 0 & 0 & 0 & 1 \end{pmatrix}, T = \begin{pmatrix} 1 & 0 & 0 & 0 \\ 0 & 1 & 0 & 0 \\ 0 & 0 & 1 & 0 \\ 0 & 0 & 0 & -1 \end{pmatrix}, J = \begin{pmatrix} -1 & 0 & 0 & 0 \\ 0 & -1 & 0 & 0 \\ 0 & 0 & -1 & 0 \\ 0 & 0 & 0 & -1 \end{pmatrix}.$$

$$\tag{11.14}$$

如果我们也考虑非齐次变换,那么(11.13)就可推广为

$$\begin{pmatrix} x' \\ y' \\ z' \\ t' \end{pmatrix} = (l_{ij}) \begin{pmatrix} x \\ y \\ z \\ t \end{pmatrix} + \begin{pmatrix} d_1 \\ d_2 \\ d_3 \\ d_4 \end{pmatrix}. \tag{11.15}$$

d_1, d_2, d_3, d_4 显然给出了时空的一个平移. 群 L 与所有平移构成的

群,就构成了庞加莱群.

§11.5   力学体系的广义坐标、广义速度与拉格朗日函数

一个质点有 3 个空间坐标,故 n 个无相互作用的质点组就有 $3n$ 个独立坐标,这就需要用 $3n$ 个牛顿方程来确定这些质点的运动. 但是,倘若该体系受到一些约束条件的限制,那么独立参数的个数就会减少. 例如,一个由两个质点构成的体系,若它们之间的距离 d 在整个运动过程中保持不变,那么 5 个独立参数就足以确定该体系的位形了.

确定一个体系的 f 个独立参数,称为该体系的广义坐标,记为 $q: q_1, \cdots,$ q_f,其中 f 称为该体系的自由度. 广义坐标对时间的导数,即 $\dot{q}: \dot{q}_1, \cdots, \dot{q}_f$, 称为该体系的广义速度. $2f$ 个量 $,q, \dot{q}$ 完全确定了体系的状态,而此时仅需 $2f$ 个微分方程就能确定体系的运动(参见[3],[15]).

体系具有动能 T,对于具有保守力的体系,它还具有势能 U. 因而我们对具有保守力的体系引入该体系的拉格朗日函数

$$L = T - U = L(q, \dot{q}). \tag{11.16}$$

依此,我们能定义体系的广义动量.

§11.6   体系的广义动量与哈密顿方程

体系的广义动量指的是

$$p_k = \frac{\partial L}{\partial \dot{q}_k} = \frac{\partial T}{\partial \dot{q}_k}, \ k = 1, 2, \cdots, f, \tag{11.17}$$

其中用到了势能 U 是与 $\dot{q}_k$ 无关的,这里的"·"表示对时间 t 的求导运算,即 $\dot{q}_i$ 就是 $\frac{\mathrm{d}}{\mathrm{d}t} q_i$.

例 11.6.1   单粒子的动能 $T = \frac{1}{2} m(\dot{x}^2 + \dot{y}^2 + \dot{z}^2)$. 因此,

$$p_x = \frac{\partial T}{\partial \dot{x}} = m\dot{x}, \quad p_y = \frac{\partial T}{\partial \dot{y}} = m\dot{y}, \quad p_z = \frac{\partial T}{\partial \dot{z}} = m\dot{z},$$

即此时的广义动量就是该粒子的(线性)动量 $m\boldsymbol{v}$ 在直角坐标系中的分量. 有时 $\dot{p}_k$ 也可能是角动量等. 因此, 有广义动量这一名称.

$q: q_1, q_2, \cdots, q_f; p: p_1, \cdots, p_f$ 称为体系的正则变量. 用它们来描述力学系的状态, 则构成了哈密顿力学, 这就要引入哈密顿函数

$$H = \sum_{k=1}^{f} p_k \dot{q}_k - L = \sum_{k=1}^{f} \frac{\partial T}{\partial \dot{q}_k} \dot{q}_k - L. \tag{11.18}$$

例 11.6.2 由 $\dfrac{\partial \dot{q}_i^{\,2}}{\partial \dot{q}_i} = 2\dot{q}_i$, 有 $\dfrac{\partial \dot{q}_i^{\,2}}{\partial \dot{q}_i} \dot{q}_i = 2\dot{q}_i^{\,2}$.

由于动能 T 是广义速度 $\dot{q}$ 的二次齐函数, 所以根据上例就有

$$\sum \dot{q}_k \frac{\partial T}{\partial \dot{q}_k} = 2T. \tag{11.19}$$

因此, (11.18)就可写成

$$H = 2T - (T - U) = T + U, \tag{11.20}$$

即在保守力场中, 体系的哈密顿函数就是体系的动能和势能之和. 利用 q, p, H, 我们可把它们应满足的哈密顿正则方程表述为(参见[3], [15])

$$\dot{q}_i = \frac{\partial H}{\partial p_i}, \quad \dot{p}_i = -\frac{\partial H}{\partial q_i}, \quad i = 1, 2, \cdots, f, \tag{11.21}$$

这是由 $2f$ 个一阶微分方程构成的一个微分方程组. 除了在力学之外, 这组方程在物理学的其他诸多分支中, 如量子力学, 统计物理中, 也有重大应用.

例 11.6.3 对于保守力场 $\boldsymbol{F}$ 能引入势函数 U, 而(参见[13]) $\boldsymbol{F} = -\mathrm{grad}\,U$, 其中 grad 是英语中 gradient(梯度)一词的缩写, 而 $\mathrm{grad}\,U$ 表示 U 的梯度, 即

$F_x = -\dfrac{\partial U}{\partial x}, \quad F_y = -\dfrac{\partial U}{\partial y}, \quad F_z = -\dfrac{\partial U}{\partial z}.$ 在重力场中, 以 Oz 表示竖直向上的 z 轴, 若取 $U = mgz$, 则有 $F_x = F_y = 0, \quad F_z = \dfrac{-\partial U}{\partial z} = -mg$, 即 $\boldsymbol{F} = -mg\boldsymbol{k}$. U 称为 $\boldsymbol{F}$ 的势函数. 若它不显含时间 t, 且是坐标的单值函数, 则称 $U(x, y,$

z)为质量 m 的质点在点(x, y, z)处的势能. 此时对这一质点 m, 有

$$H = T + U = \frac{1}{2m}(p_x^2 + p_y^2 + p_z^2) + U(x, y, z).$$

因而从 $q: x, y, z$; $p: m\dot{x}, m\dot{y}, m\dot{z}$, 以及 $\dot{p}_k = -\dfrac{\partial H}{\partial q_k}$, 有

$$\dot{p}_x = m\ddot{x} = -\frac{\partial U}{\partial x} = 0, \ \dot{p}_y = m\ddot{y} = -\frac{\partial U}{\partial y} = 0, \ \dot{p}_z = m\ddot{z} = -\frac{\partial U}{\partial z} = -mg.$$

这些式子是牛顿运动第二定理 $\boldsymbol{F} = m\boldsymbol{a}$ 在自由落体情况下的特例.

§11.7　泊松括号

对于 $\varphi = \varphi(q, p, t)$, $\psi = \psi(q, p, t)$, 我们定义 φ, ψ 的泊松括号为

$$[\varphi, \psi] = \sum_i \left(\frac{\partial \varphi}{\partial q_i} \frac{\partial \psi}{\partial p_i} - \frac{\partial \varphi}{\partial p_i} \frac{\partial \psi}{\partial q_i} \right). \tag{11.22}$$

例 11.7.1　试证明: (i) $[c, \varphi] = 0$, $\forall c \in \mathbb{R}$; (ii) $[\psi, \varphi] = -[\varphi, \psi]$;
(iii) $[-\varphi, \psi] = -[\varphi, \psi]$; (iv) $[\varphi, \varphi] = 0$.

在使用泊松括号时, 我们将各 q, p 都看成是独立变量, 即

$$\frac{\partial q_i}{\partial p_j} = 0, \ \frac{\partial p_i}{\partial q_j} = 0, \ \frac{\partial q_i}{\partial q_j} = \delta_{ij}, \ \frac{\partial p_i}{\partial p_j} = \delta_{ij}, \ \forall i, j \in \{1, 2, \cdots, f\}.$$

$$\tag{11.23}$$

例 11.7.2　不难证明(作为练习) $[q_i, p_j] = \delta_{ij}$, $[q_i, H] = \dfrac{\partial H}{\partial p_i}$, $[p_i,$

$H] = -\dfrac{\partial H}{\partial q_i}$.

依此, 哈密顿方程(11.21)就可表示为

$$\dot{q}_i = [q_i, H], \ \dot{p}_i = [p_i, H]. \tag{11.24}$$

对于一般的 $\varphi = \varphi(q, p, t)$, 利用(11.21), 有

$$[\varphi, H] = \sum_i \left(\frac{\partial \varphi}{\partial q_i} \dot{q}_i + \frac{\partial \varphi}{\partial p_i} \dot{p}_i \right). \tag{11.25}$$

于是 $\varphi(q,p,t)$ 随时间的变化率为

$$\dot{\varphi}=\frac{\mathrm{d}\varphi}{\mathrm{d}t}=\frac{\partial\varphi}{\partial t}+\sum_i\left(\frac{\partial\varphi}{\partial q_i}\dot{q}_i+\frac{\partial\varphi}{\partial p_i}\dot{p}_i\right)=\frac{\partial\varphi}{\partial t}+[\varphi,H]. \qquad (11.26)$$

例 11.7.3 对于 $\varphi=\varphi(q,p,t)$, $\psi=\psi(q,p,t)$ 有

$$\frac{\partial}{\partial t}[\varphi,\psi]=\left[\frac{\partial\varphi}{\partial t},\psi\right]+\left[\varphi,\frac{\partial\psi}{\partial t}\right].$$

例 11.7.4   若 $Q=Q(q,p,t)$, 则

$$[q_i,Q]=\sum_j\left(\frac{\partial q_i}{\partial q_j}\frac{\partial Q}{\partial p_j}-\frac{\partial q_i}{\partial p_j}\frac{\partial Q}{\partial q_j}\right)=\frac{\partial Q}{\partial p_i},\ [p_i,Q]=-\frac{\partial Q}{\partial q_i}.$$

$$(11.27)$$

例 11.7.5   对不显含时间 t 的物理量 $Q=Q(q,p)$, $q_i=q_i(t)$, $p_i=p_i(t)$, 从 $\frac{\partial Q}{\partial t}=0$, 有

$$\dot{Q}=\sum_i\left(\frac{\partial Q}{\partial q_i}\frac{\partial q_i}{\partial t}+\frac{\partial Q}{\partial p_i}\frac{\partial p_i}{\partial t}\right)=[Q,H].$$

这一公式是 (11.26) 的特例, 又推广了 (11.24).

例 11.7.6   泊松括号的性质(作为练习). 对于正则变量 p, q 的函数 φ, ψ, θ 有 (i) $[a\varphi+b\psi,\theta]=a[\varphi,\theta]+b[\psi,\theta]$(分配律), $a,b\in\mathbb{R}$;

(ii) $[\varphi,\varphi]=0$(幂零律);

(iii) $[\varphi,[\psi,\theta]]+[\psi,[\theta,\varphi]]+[\theta,[\varphi,\psi]]=0$(雅可比恒等式).

因此可见, 对于以正则变量 q, p 为变量的函数集合, 以函数的加法与函数的数乘为运算而构成的无限维向量空间, 若以泊松括号定义其中两个函数的乘法, 那么此空间构成了一个无限维李代数(参见[63]).

§11.8   诺特与诺特定理

艾米·诺特(1882—1935), 德国女数学家, 德国第一位数学女博士, 她在抽象代数和理论物理方面都有极大贡献(参见[31]). 1921 年, 她发表了《环中

的理想论》一文，从不同领域的相似情况出发，把它们加以抽象化、公理化，并加以统一的处理. 这使抽象代数真正成为一门数学分支，她被誉为"现代数学代数化的伟大先行者""抽象代数之母". 1918 年，她发表了论述物理体系的连续对称性与守恒定理之间联系的诺特定理：力学体系的每一个连续变换，都与一个守恒量相对应. 这是理论物理中的一座里程碑.

§11.9　时间平移对称性与能量守恒定律

设体系的哈密顿函数 H 在时间平移下是不变的（即时间的均匀性），即

$$H(q, p, t + \mathrm{d}t) = H(q, p, t).　\qquad (11.28)$$

由于在此式中，正则变量 q，p 是不变的，故有

$$\mathrm{d}H = \frac{\partial H}{\partial t} \mathrm{d}t = 0.　\qquad (11.29)$$

也即在（11.28）的情况下，有 $\dfrac{\partial H}{\partial t} = 0$. 于是按（11.26），有

$$\dot{H} = \frac{\partial H}{\partial t} + [H, H] = 0,　\qquad (11.30)$$

其中用到了例 11.7.1 中的（iv）. 这表明体系的能量不随时间而变化，即体系的能量守恒. 在研究正则变量的对称变换时，我们需要引入体系的流.

§11.10　体系的守恒流

设有不显含 t 时间的力学量 $Q = Q(q, p)$，对其正则变量 q，p 引入参数 s，即 $q_i = q_i(s)$，$p_i = p_i(s)$，使得对 $i = 1, 2, \cdots f$，满足

$$\frac{\mathrm{d}q_i}{\mathrm{d}s} = [q_i, Q] = \frac{\partial Q}{\partial p_i}, \quad \frac{\mathrm{d}p_i}{\mathrm{d}s} = [p_i, Q] = -\frac{\partial Q}{\partial q_i},　\qquad (11.31)$$

其中用到了例 11.7.4. 这一微分方程组在 $q_i(0) = q_i$，$p_i(0) = p_i$ 下的解 $q_i(s)$，$p_i(s)$，就给出了正则变量的下列变换

$$q_i = q_i(0) \longrightarrow q_i(s),$$
$$p_i = p_i(0) \longrightarrow p_i(s), \qquad i=1, 2, \cdots, f. \qquad (11.32)$$

$(q(s), p(s))$ 称为该系统的一个流. 对此, 有

$$H(q, p) \longrightarrow H(q(s), p(s)),$$

$$\frac{\mathrm{d}H}{\mathrm{d}s} = \sum_i \left(\frac{\partial H}{\partial q_i} \frac{\mathrm{d}q_i}{\mathrm{d}s} + \frac{\partial H}{\partial p_i} \frac{\mathrm{d}p_i}{\mathrm{d}s} \right) = \sum_i \left(\frac{\partial H}{\partial q_i} \frac{\partial Q}{\partial p_i} - \frac{\partial H}{\partial p_i} \frac{\partial Q}{\partial q_i} \right) = [H, Q].$$

$$(11.33)$$

如果流 $(q(s), p(s))$ 使得 H 保持不变, 则称它是该体系的一个守恒流. 对此, 从 $H(q(s), p(s)) = H(q, p)$, 可知 $\dfrac{\mathrm{d}H}{\mathrm{d}s} = 0$. 因而有 $[H, Q] = 0$. 最后, 从例 11.7.5 可得

$$\dot{Q} = [Q, H] = -[H, Q] = 0.$$

这表明力学量 Q 不随时间而变化, 从而它是一个守恒量.

§11.11　例: 三维空间中质量为 m 的自由粒子的动量守恒

此时 $q_1 = x$, $q_2 = y$, $q_3 = z$, $p_1 = m\dot{x}$, $p_2 = m\dot{y}$, $p_3 = m\dot{z}$, 而 $H = \dfrac{1}{2m}(p_1^2 + p_2^2 + p_3^2)$. 于是对 $Q = p_1$, (11.31) 为

$$\frac{\mathrm{d}q_1}{\mathrm{d}s} = \frac{\partial p_1}{\partial p_1} = 1, \ \frac{\mathrm{d}q_i}{\mathrm{d}s} = \frac{\partial p_1}{\partial p_i} = 0, \ i=2, 3,$$

$$\frac{\mathrm{d}p_i}{\mathrm{d}s} = -\frac{\partial p_1}{\partial q_i} = 0, \ i=1, 2, 3. \qquad (11.34)$$

由此方程的解, 得到该体系的一个流

$$q_1(s) = q_1 + s, \ q_i(s) = q_i, \ i=2, 3,$$

$$p_i(s) = p_i, \ i=1, 2, 3. \qquad (11.35)$$

再从 H 在此流下不变, 可知它是一个守恒流, 那么 $Q = p_1$ 就守恒了. 同理可

证 p_2，p_3 的守恒. $q_1 \rightarrow q_1(s) = q_1 + s$，即 $x \rightarrow x + s$，是坐标的平移（参见 §11.4），这样，我们就从 H 在坐标平移下的不变性，即空间的均匀性推出了体系的动量守恒.

§11.12 例：三维空间中质量为 m 的粒子在中心力场中时的角动量守恒

角动量即是动量矩. 若沿用上节中的 q_i，p_i，则该粒子的角动量 $\boldsymbol{L} = \boldsymbol{r} \times \boldsymbol{p}$. 例如 $\boldsymbol{L}$ 的 z 分量就是 $L_z = q_1 p_2 - q_2 p_1$. 此时

$$H = \frac{1}{2m}(p_1^2 + p_2^2 + p_3^2) + U(r), \quad r = \sqrt{q_1^2 + q_2^2 + q_3^2}.$$

我们将原坐标系 $\boldsymbol{i}$，$\boldsymbol{j}$，$\boldsymbol{k}$ 绕 z 轴转动 s 角来给出新坐标系 $\boldsymbol{i}'$，$\boldsymbol{j}'$，$\boldsymbol{k}'$，从而给出矢量分量的变化（参见例 5.5.1、例 5.8.1、例 8.7.2、[15]），即转坐标系，而不是转矢量：$v = q_1 \boldsymbol{i} + q_2 \boldsymbol{j} + q_3 \boldsymbol{k} = q_1(s)\boldsymbol{i}' + q_2(s)\boldsymbol{j}' + q_3(s)\boldsymbol{k}'$，而由

$$\begin{pmatrix} q_1(s) \\ q_2(s) \\ q_3(s) \end{pmatrix} = \begin{pmatrix} \cos s & \sin s & 0 \\ -\sin s & \cos s & 0 \\ 0 & 0 & 1 \end{pmatrix} \begin{pmatrix} q_1 \\ q_2 \\ q_3 \end{pmatrix}, \quad \begin{pmatrix} p_1(s) \\ p_2(s) \\ p_3(s) \end{pmatrix} = \begin{pmatrix} \cos s & \sin s & 0 \\ -\sin s & \cos s & 0 \\ 0 & 0 & 1 \end{pmatrix} \begin{pmatrix} p_1 \\ p_2 \\ p_3 \end{pmatrix}$$

$$(11.36)$$

来构造 (11.32) 中的流. 再来看看是什么物理量引起这一流的.

从 (11.36) 有

$$\frac{\mathrm{d}q_1(s)}{\mathrm{d}s} = -\sin s q_1 + \cos s q_2 = q_2(s), \quad \frac{\mathrm{d}q_2(s)}{\mathrm{d}s} = -q_1(s), \quad \frac{\mathrm{d}q_3(s)}{\mathrm{d}s} = 0,$$

$$\frac{\mathrm{d}p_1(s)}{\mathrm{d}s} = p_2(s), \quad \frac{\mathrm{d}p_2(s)}{\mathrm{d}s} = -p_1(s), \quad \frac{\mathrm{d}p_3(s)}{\mathrm{d}s} = 0.$$

$$(11.37)$$

于是 (11.31) 现在就是

$$\frac{\partial Q}{\partial p_1} = \frac{\mathrm{d}q_1}{\mathrm{d}s} = q_2(s), \frac{\partial Q}{\partial p_2} = \frac{\mathrm{d}q_2}{\mathrm{d}s} = -q_1(s), \frac{\partial Q}{\partial p_3} = \frac{\mathrm{d}q_3}{\mathrm{d}s} = 0,$$

$$\frac{\partial Q}{\partial q_1} = -\frac{\mathrm{d}p_1}{\mathrm{d}s} = -p_2(s), \frac{\partial Q}{\partial q_2} = -\frac{\mathrm{d}p_2}{\mathrm{d}s} = p_1(s), \frac{\partial Q}{\partial q_3} = -\frac{\mathrm{d}p_3}{\mathrm{d}s} = 0.$$

$$(11.38)$$

不难验证 $Q(s) = -q_1(s)p_2(s) + q_2(s)p_1(s)$ 满足这组方程. 因此 $Q = Q(0) = -L_z$ 守恒, 也即 L_z 守恒. 同理可证 L_x, L_y 守恒. 这表明了体系若有转动对称性, 即空间的各向同性, 那么它的角动量就守恒了.

§11.13 粒子的宇称、τ-θ 之谜, 以及弱相互作用中宇称不守恒

物理学家也考虑体系在分立变换下的守恒定律. 这样, 微观领域中的诸粒子就有了表征其特性的各量子数, 如宇称, 奇异数等. 粒子的宇称是与空间的反演运算 P (参见 (11.14)) 相关的. 它对描述粒子的波函数 $\psi(\mathbf{r}, t)$ 有下列运算

$$P\psi(\mathbf{r}, t) = \psi(-\mathbf{r}, t). \tag{11.39}$$

若 $\psi(\mathbf{r}, t)$ 是 P 的一个本征函数 (特征向量), 即 $P\psi(\mathbf{r}, t) = \lambda\psi(\mathbf{r}, t)$, $\lambda \in \mathbb{C}$, 则从 P^2 是恒等运算, 就有 $P^2\psi(\mathbf{r}, t) = \lambda^2\psi(\mathbf{r}, t) = \psi(\mathbf{r}, t)$, 因此 $\lambda^2 = +1$, 或 $\lambda = \pm 1$. 针对 $\lambda = \pm 1$, 我们分别把相应的粒子称为具有偶宇称或奇宇称. 如光子就具有奇宇称. 然而, 在 1949 年物理学家利用乳胶技术, 拍摄到了一个命名为 τ 的粒子衰变为 3 个 π 介子的相片. 此前, 也发现了一个命名为 θ 的粒子衰变为 2 个 π 介子的情况, 即

$$\begin{aligned} \tau &\longrightarrow \pi + \pi + \pi, \\ \theta &\longrightarrow \pi + \pi. \end{aligned} \tag{11.40}$$

如果在这两个衰变过程 (弱相互作用) 中宇称量守恒的话, 那么上两式中右边不相同就使我们得出, τ 与 θ 是两个不同的粒子的结论. 然而, 人们却发现它们有相同的质量, 电荷以及寿命. 这就是出现在 1954 年到 1956 年期间, 令人困惑的 "τ-θ 之谜". 对于这个问题有些物理学家 (其中包括首先提出宇

称守恒原理的维格纳）认为：是否 τ，θ 有可能是同一类粒子，但又具有不同的宇称呢？

物理学家李政道和杨振宁在 1956 年提出了"弱相互作用中宇称不守恒定律"，并提出了检验这一断言的实验方案. 1957 年初，物理学家吴健雄与她的团队完成了极化 ^{60}Co 的 β 衰变实验，证实了弱相互作用的左右不对称.

李-杨的这一伟大发现不仅解决了"τ-θ 之谜"：τ，θ 就是同一个 K 介子，而且彻底改变了人们对世界的认识与理解. 对称意味着完美. 简洁，代表着客观规律的简单与统一，而正因为不对称的存在，这个客观世界才充满着更多的可能性. 李政道和杨振宁因提出"弱相互作用中宇称不守恒"，而荣获 1957 年诺贝尔物理奖.

在下一部分，我们转向对李群和李代数的讨论，并最终把它们用到角动量理论以及基本粒子模型中去.

第五部分
李群、李代数及它们的应用

本书的最后三章,论述了李群、李代数及它们的应用,尤其是 $su(2)$ 和 $su(3)$ 的表示及其在角动量理论以及在粒子模型中的应用.

在第十二章中,我们引入了矩阵李群的概念,进而通过对过单位元的单参数群进行求导运算及矩阵的指数映射,得出了一些重要的李代数.我们还讨论了李代数的表示,以及如何从李群的表示诱导出它的李代数的表示等问题.

在第十三章中,我们全面且系统地论述了 $su(2)$ 的表示论(即角动量理论).这一理论不仅在数学、物理的许多方面有着广泛且重要的应用,也为进一步研究 $su(3)$ 奠定了基础.

在第十四章中,我们从核子的同位旋谈起,然后从微观粒子具有内禀量子数——同位旋第三分量与超荷,由坂田模型引入了 $su(3)$.在详述了 $su(3)$ 的一些表示后,我们完美地阐明了基本粒子的八正法与夸克模型.

第十二章

浅说李群与李代数

§12.1　连续群的参数表示

有限群 G 可以用列出其所有元素的方式来展示出来,而无限离散群,即群元个数是无限可数个的群,也可以用 1, 2, …来标记它的各元素.

例 12.1.1　对 $G=\{R_n \mid \forall n \in \mathbb{Z}\}$,而 $R_n: x \to x'=x+n$, $x \in \mathbb{Z}$,有 R_0 是 G 的单位元,$R_{n_2} \cdot R_{n_1}=R_{n_2+n_1}$,$(R_n)^{-1}=R_{-n}$. 由此可知,$G$ 构成一个可换群.由 $\mathbb{Z}$ 与 $\mathbb{N}^+$ 有一对一的对应(参见(7.5),§2.5),即

$$
\begin{array}{ccccc}
0, & 1, & -1, & 2, & -2, \quad \cdots \\
\downarrow & \downarrow & \downarrow & \downarrow & \downarrow \\
1, & 2, & 3, & 4, & 5 \quad \cdots
\end{array}
\tag{12.1}
$$

由此可知,我们也可以用 1, 2, 3, …来标记此群的元.同样地,对于

$$
G=\{R_{m,n} \mid \forall m, n \in \mathbb{Z}\}, R_{m,n}: x'=x+m, y'=y+n, x, y \in \mathbb{Z}.
$$

也能以 1, 2, 3, …来标记 G 的群元.(参见§2.4)

对于像绕 z 轴的所有转动构成的 $SO(2)=\{R_z(\theta) \mid 0 \leqslant \theta \leqslant 360°\}$ 这样的群,参数 θ 是连续的,且从 $R_z(\psi) \cdot R_z(\varphi)=R_z(\theta)$,有

$$
\theta=\theta(\psi, \varphi)=\psi+\varphi,
\tag{12.2}
$$

θ 是 ψ, φ 的一个连续函数.为此,我们把 $SO(2)$ 称为是一个连续群.一般地,若 $G=\{R(a_1, \cdots, a_r)\}$,即每一个群元 R,由 r 个实参数 $a: a_1, a_2, \cdots, a_r$ 标定,G 就是一个连续群.此时即有 $a^0: a_1^0, a_2^0, \cdots, a_r^0$,而 $R(a^0)$ 为群的单位元;对于 a,存在 $\bar{a}: \bar{a}_1, \bar{a}_2, \cdots, \bar{a}_r$ 使得 $R(\bar{a})=[R(a)]^{-1}$;对于参数 a, b,存在参数 c,使得 $R(a)R(b)=R(c)$,如果下列函数

$$\bar{a}_k = \bar{a}_k(a_1, a_2, \cdots, a_r), \quad c_k = c_k(a_1, a_2, \cdots, a_r; b_1, b_2, \cdots, b_r)$$

$$(12.3)$$

不仅是连续的,且是解析函数,即这些函数关于它们的各变量都有各阶的偏导数,那么称 G 是一个 r 个实参数(或 r 维)李群.

例 12.1.2　对于参数 $a: a_1, \cdots, a_r$,引入 $a_i = a_i^0 - d_i$, $i = 1, 2, \cdots, r$,则当 $d_1 = d_2 = \cdots = d_r = 0$ 时,$a_i = a_i^0$,$i = 1, 2, \cdots, r$. 因此,若采用新参数 $d: d_1, d_2, \cdots, d_r$,则 G 的单位元可表示为 $G(0, 0, \cdots, 0)$.

§12.2　李群的一些例子

(1) 由变换 $x' = ax$,$x \in \mathbb{R}$,$a \in \mathbb{R}$,$a \neq 0$ 的全体给出的群是单参数(1 维的)可换李群. 此时 $a = 1$,给出单位元;$\bar{a} = \dfrac{1}{a}$ 给出了上述变换的逆变换;由 $x'' = bx' = bax$,给出的变换 $x'' = cx$,而由此得出的 $c = ba$ 是 a,b 的解析函数.

(2) 由变换 $x' = a_1 x + a_2$,$x \in \mathbb{R}$,$a_1, a_2 \in \mathbb{R}$,$a_1 \neq 0$ 的全体给出了一个双参数(2 维的)非可换李群. 此时,$a_1 = 1$,$a_2 = 0$ 给出了单位元;$\bar{a}_1 = \dfrac{1}{a_1}$,$\bar{a}_2 = \dfrac{-a_2}{a_1}$ 给出了上述变换的逆变换;而由 $x'' = b_1 x' + b_2 = c_1 x + c_2$,得出的 $c_1 = b_1 a_1$,$c_2 = b_1 a_2 + b_2$ 都是 a_1,a_2,b_1,b_2 的解析函数.

(3) $GL(n, \mathbb{C})$(参见 §4.13). 每个群元都有 n^2 个矩阵元,以它们为群元的参数,则有 n^2 个复参数,即 $2n^2$ 个实参数. 我们用实数,故 $GL(n, \mathbb{C})$ 是 $2n^2$ 维的李群. $GL(n, \mathbb{R})$ 则是 n^2 维李群.

(4) $SL(n, \mathbb{C})$(参见 §4.14). 由 $A \in SL(n, \mathbb{C})$,$\det A = 1$,则 $\det A$ 的实部 $= 1$,虚部 $= 0$,给出 2 个条件,所以 $SL(n, \mathbb{C})$ 的参数个数为 $2(n^2 - 1)$,同理 $SL(n, \mathbb{R})$ 的参数个数,则为 $n^2 - 1$.

(5) $A \in U(3)$ 满足 $A\bar{A}^T = E_3$(参见 §4.14). 它的 3 个行向量的归一条件(由共轭复数相乘的和等于 1 给出),给出了 3 个实条件. 它的 3 个行向量彼此之间的复正交(得出的内积的实部与虚部都为零),给出了 $3 \times 2 = 6$ 个实条件.

因此，$U(3)$ 是 $2 \times 3^2 - 3 - 6 = 9$ 维的；$SU(3)$ 为 $9 - 1 = 8$ 维的. 一般地，$U(n)$ 是 n^2 维的，$SU(n)$ 是 $n^2 - 1$ 维的.

（6）$A \in O(3)$ 群满足 $AA^T = E_3$（参见 §4.14）. 它的 3 个行向量的归一给出 3 个实条件，而它的行向量彼此正交也给出 3 个实条件. 因此 $O(3)$ 是 $9 - 6 = 3$ 维李群. 它的 3 个行向量的不同次序排出的行列式为 $+1$，或 -1. 不过，这种新的次序对其子群 $SO(3)$ 的参数并不构成新的约束. 因此，它的子群 $SO(3)$ 也是 3 维李群.

一般地，$O(n)$ 是 $\dfrac{1}{2} n(n-1)$ 维的，而 $SO(n)$ 也是 $\dfrac{1}{2} n(n-1)$ 维的.

§12.3　$n \times n$ 矩阵群 G 的过 E_n 的单参数矩阵族

例 12.3.1　$SO(3)$ 群提供的例子.

绕 x, y, z 轴，转角为 θ 的转动分别为（参见 (5.19)，例 5.5.1）

$$R_x(\theta) = \begin{pmatrix} 1 & 0 & 0 \\ 0 & \cos\theta & -\sin\theta \\ 0 & \sin\theta & \cos\theta \end{pmatrix}, \quad R_y(\theta) = \begin{pmatrix} \cos\theta & 0 & \sin\theta \\ 0 & 1 & 0 \\ -\sin\theta & 0 & \cos\theta \end{pmatrix},$$

$$R_z(\theta) = \begin{pmatrix} \cos\theta & -\sin\theta & 0 \\ \sin\theta & \cos\theta & 0 \\ 0 & 0 & 1 \end{pmatrix}, \tag{12.4}$$

当 $0 \leqslant \theta \leqslant 2\pi$ 变化时，它们分别给出了 3 个过 E_3 的单参数 θ 的矩阵族，因为它们在 $\theta = 0$ 时，都给出 E_3.

对于更一般的 $n \times n$ 矩阵 G，我们假定对它的单位元 E_n 的邻域中的元 $S = (\sigma_{ij})$，可用 r 个参数 $a_1, a_2, a_3, \cdots, a_r$ 来描述，即对它的矩阵元 σ_{ij}，有 $\sigma_{ij} = \sigma_{ij}(a_1, a_2, a_3, \cdots, a_r)$，$i, j = 1, 2, 3, \cdots, n$. 不失一般性，可假定 $\sigma_{ij}(0, 0, \cdots, 0) = \delta_{ij}$（参见例 12.1.2），而且函数 σ_{ij} 是可微的，再者由 $\partial \sigma_{ij} / \partial a_k$，$i, j = 1, 2, \cdots, n$；$k = 1, 2, \cdots, r$ 构成的 r 行 n^2 列的函数矩阵在 $(0, 0, \cdots, 0) \in \mathbb{R}^r$ 处秩为 r. 此时，可引入记号 $S = (\sigma_{ij}(a_1, a_2, \cdots, a_r)) = S(a_1, a_2, \cdots, a_r)$.

如果这 r 个参数又都是 θ 的函数，即 $a_i = a_i(\theta)$，$a_i(0) = 0$，那么就有 $S(a_1(\theta), a_2(\theta), \cdots, a_r(\theta)) = S(\theta)$，$S(0) = E_n$. $S(\theta)$ 称为 G 的过 E_n 的一个单参数（矩阵）族. 用几何的语言来说，$S(\theta)$ 即是 G 中过 E_n 的一条以 θ 为参数的曲线. G 中不同的单参数族，则给出了 G 中过 E_n 的不同曲线. 用这种说法，例 12.3.1 就给出了 $SO(3)$ 群中分别绕 x，y，z 轴的转动构成的 3 条过 E_3 的曲线.

§12.4　E_n 处的切向量空间

对于上节所说的 $S(\theta)$，定义

$$U = S'(0) = \frac{\mathrm{d}S(\theta)}{\mathrm{d}\theta}\bigg|_{\theta=0} = \frac{\mathrm{d}S(0)}{\mathrm{d}\theta} \in gl(n, \mathbb{C}), \tag{12.5}$$

这里对矩阵 $S(\theta)$ 的求导运算是对它的各矩阵元求导作出的. 从几何上说，$S(\theta)$ 是过 E_n 的一条曲线，而 U 就是该曲线在 E_n 处的一条切向量. 把针对 G 中不同曲线 $S(\theta)$，由 $S'(0)$ 给出的切向量集合在一起，便有集合 $G°$. 下面我们将一步步地去丰富 $G°$ 的结构. 我们暂且将它称为群 G 在 E_n 处的切向量空间.

例 12.4.1　从 $S(\theta)$，由 $S^{-1}(0) = E_n$ 可知 $S^{-1}(\theta)$ 也是 G 中一条过 E_n 的曲线. 又从 $S(\theta)S^{-1}(\theta) = E_n$，有 $\dfrac{\mathrm{d}S(0)}{\mathrm{d}\theta}S^{-1}(0) + S(0)\dfrac{\mathrm{d}S^{-1}(0)}{\mathrm{d}\theta} = 0$，有 $U +$ $\dfrac{\mathrm{d}S^{-1}(0)}{\mathrm{d}\theta} = 0$，即 $\dfrac{\mathrm{d}S^{-1}(0)}{\mathrm{d}\theta} = -U$. 这表明若 $U \in G°$，则 $-U \in G°$.

例 12.4.2　沿用例 12.3.1 的记号，有

$$I_x = \frac{\mathrm{d}R_x(0)}{\mathrm{d}\theta} = \begin{pmatrix} 0 & 0 & 0 \\ 0 & 0 & -1 \\ 0 & 1 & 0 \end{pmatrix}, \ I_y = \frac{\mathrm{d}R_y(0)}{\mathrm{d}\theta} = \begin{pmatrix} 0 & 0 & 1 \\ 0 & 0 & 0 \\ -1 & 0 & 0 \end{pmatrix},$$

$$I_z = \frac{\mathrm{d}R_z(0)}{\mathrm{d}\theta} = \begin{pmatrix} 0 & -1 & 0 \\ 1 & 0 & 0 \\ 0 & 0 & 0 \end{pmatrix}. \tag{12.6}$$

§12.5 $G°$是一个实数域上的r维向量空间

首先,若$S(\theta)$给出U,那么对$k \in \mathbb{R}$,考虑$S(k\theta)$,则由

$$\frac{\mathrm{d}S(k\theta)}{\mathrm{d}\theta} = k\frac{\mathrm{d}S(\theta)}{\mathrm{d}\theta}, 可知 kU \in G°, \forall k \in \mathbb{R}. \tag{12.7}$$

其次,若$S(\theta)$给出$U = S'(0)$,$T(\theta)$给出$V = T'(0)$,则从$S(\theta)T(\theta)$也是G中过E_n的一条曲线,有

$$\frac{\mathrm{d}S(\theta)T(\theta)}{\mathrm{d}\theta} = S'(\theta)T(\theta) + S(\theta)T'(\theta), 即 U + V \in G°. \tag{12.8}$$

这样,$G°$中的元就有了加法与数乘运算.由于U, V, $\cdots$都是$n \times n$矩阵,那就不难证明$G°$构成了$\mathbb{R}$上的一个向量空间.

最后,从$S = S(a_1, a_2, \cdots, a_r)$,令$S(a_i) = S(0, \cdots, 0, a_i, 0, \cdots, 0)$,就有下列$r$个矩阵

$$U_i = \frac{\mathrm{d}S(a_i)}{\mathrm{d}a_i}\bigg|_{a_i=0} \in G°, \; i = 1, 2, \cdots, r, \tag{12.9}$$

按§12.3中对这r个参数的假定,可以证明矩阵U_i, $i = 1, 2, \cdots, r$是线性无关的.而对任意的$S(\theta) = S(a_1(\theta), a_2(\theta), \cdots, a_r(\theta))$,有

$$U = S'(0) = \sum_i \frac{\partial S}{\partial a_i}(0, 0, \cdots, 0)a_i'(0) = \sum_i a_i'(0)U_i, \tag{12.10}$$

其中$a_i'(0) = \frac{\mathrm{d}a_i(0)}{\mathrm{d}\theta}$,于是任意$U \in G°$都可由这$r$个$U_i$线性表出.因此,$G°$是实数域$\mathbb{R}$上的一个$r$维向量空间,而$\{U_i\}$是它的一个基.

§12.6 $G°$还有括号积运算

对于U, $V \in G°$,一般而言$UV \notin G°$(参见例12.6.2),但可以证明

$$[U, V] = UV - VU \in G°, \tag{12.11}$$

即 U, V 的"括号积" $[U, V]$ 是 $G°$ 中的元. 我们来证明这一点.

(i) 设 V 是由过 E_n 的曲线 $T(\tau)$ 给出的,且 $S \in G$. 那么 $ST(\tau)S^{-1}$ 也是过 E_n 的一条曲线. 由 $\dfrac{d}{d\tau}(ST(\tau)S^{-1}) = S\dfrac{dT(\tau)}{d\tau}S^{-1}$,可知 $SVS^{-1} \in G°$.

(ii) 若 $S = S(\theta)$ 给出切向量 U,那么对每一个 θ,根据(i)可知 $S(\theta)VS^{-1}(\theta) \in G°$. 于是由 $\dfrac{S(\theta)VS^{-1}(\theta) - V}{\theta} \in G°$,可得 $\lim\limits_{\theta \to 0}\dfrac{S(\theta)VS^{-1}(\theta) - V}{\theta} \in G°$,而这正是 $S(\theta)VS^{-1}(\theta)$ 在 $\theta = 0$ 时的导数. 又知

$$\dfrac{dS(\theta)VS^{-1}(\theta)}{d\theta}\bigg|_{\theta=0} = S'(0)VS^{-1}(0) + S(0)V\dfrac{dS^{-1}(0)}{d\theta} = UV - VU \in G°,$$

$$(12.12)$$

其中用到了例 12.4.1 的结果. 于是,令 $[U, V] = UV - VU$,则有

$$[U, V] \in G°, \quad \forall U, V \in G°. \tag{12.13}$$

例 12.6.1 矩阵 U, V 的括号积运算 $[U, V]$ (12.13),显然满足(i) $[U, U] = 0$, (ii) $[U, aV_1 + bV_2] = a[U, V_1] + b[U, V_2]$, (iii) $[[U, V], W] + [[V, W], U] + [[W, U], V] = 0$.

因此,我们得到了 $G°$ 是 $\mathbb{R}$ 上一个 r 维的李代数的结论,这里 $r =$ 李群 G 的实参数个数 $=$ 李群 G 的维数 $= G$ 的单位元处的切(向量)空间的维数. 这样,对李群 G 的单位元附近性质的研究就可归纳为对它的李代数 $G°$ 的研究.

例 12.6.2 对 $SO(3)$ 而言,其李代数 $so(3)$,由例 12.4.2 中的 I_x, I_y,

I_z 张成: $G° = aI_x + bI_y + cI_z = \begin{pmatrix} 0 & -c & b \\ c & 0 & -a \\ -b & a & 0 \end{pmatrix}$ (参见例 12.8.5). 从

$I_xI_y = \begin{pmatrix} 0 & 0 & 0 \\ 1 & 0 & 0 \\ 0 & 0 & 0 \end{pmatrix}$, $I_yI_x = \begin{pmatrix} 0 & 1 & 0 \\ 0 & 0 & 0 \\ 0 & 0 & 0 \end{pmatrix}$,可知它们都不是 $so(3)$ 中的元. 而

$[I_x, I_y] = I_xI_y - I_yI_x = I_z \in so(3)$. 对 $so(3)$ 中的任意其他括号积都有同样结果.

设 X_i, $i = 1, 2, \cdots, r$ 是李群 G 的李代数 $G°$ 的一个基,那么由(12.13)有

$$[X_i, X_j] = \sum_k c_{ij}^k X_k, \quad i, j, k = 1, 2, \cdots, r. \qquad (12.14)$$

这 r^3 个常数 $c_{ij}^k \in \mathbb{R}$，决定了 $G°$ 的结构，称为 $G°$ 关于基 $\{X_i\}$ 的结构常数. 不同的 r 维李代数，它们有同构的 r 维向量空间（参见 §8.5），而其各不相同（不同构），就是由其独特的结构常数表现出来的. 一般来说，结构常数表征了李代数的性质，也即表征了相应的李群的一些局部性质（参见[19]，[46]）.

§12.7　矩阵的指数映射

在 §12.3 中，我们利用过群 $G \subseteq GL(n, \mathbb{C})$ 的单位元 E_n 的一条曲线 $S(\theta)$，得出了 $U = S'(0) \in G$ 的李代数 $G° \subseteq gl(n, \mathbb{C})$. 这是从群 G 通过"求导运算"，得出 $G°$ 中元. 现在我们要倒过来：把 $G°$ 中的元映射为 G 中的元（参见 §12.8）. 为此我们先用 e^x 的幂级数展开式 $e^x = 1 + x + \dfrac{1}{2!}x^2 + \cdots$ 来定义矩阵 $U \in gl(n, \mathbb{C})$ 的下列指数映射，即 U 映射为 e^U：

$$e^U = E_n + U + \frac{1}{2!}U^2 + \cdots. \qquad (12.15)$$

对此，我们有

定理 12.7.1　矩阵函数 e^U 有下列性质：

（i）矩阵级数（12.15）恒是收敛的；

（ii）若 U, V 是可换的，即 $[U, V] = 0$，那么 $e^{U+V} = e^U e^V$；

（iii）对于 $P \in GL(n, \mathbb{C})$，$U \in gl(n, \mathbb{C})$，有 $e^{PUP^{-1}} = Pe^U P^{-1}$；

（iv）若 U 的特征值为 $\lambda_1, \lambda_2, \cdots, \lambda_n$，则 e^U 的特征值为 $e^{\lambda_1}, e^{\lambda_2}, \cdots, e^{\lambda_n}$；

（v）$\det e^U = e^{\mathrm{tr}U}$，$e^{\overline{U}} = (\overline{e^U})$，$e^{U^T} = (e^U)^T$，$e^{U^+} = (e^U)^+$，$e^{-U} = (e^U)^{-1}$.

我们在下面的论述中，会用到其中的一些性质. 读者在思考问题时，也许会用到其中的另一些性质. 关于这些性质的证明（有些容易，有些较冗长）可参见[19]，[49].

于是从 $\det e^U = e^{\mathrm{tr}U} > 0$，可知 $U \to e^U$，给出了从 $gl(n, \mathbb{C})$ 到 $GL(n, \mathbb{C})$ 的一个映射. 再由（12.15），由 $U \in gl(n, \mathbb{C})$ 定义

$$S(\theta) = e^{\theta U} = E_n + (\theta U) + \frac{1}{2!}(\theta U)^2 + \cdots \in GL(n, \mathbb{C}), \quad (12.16)$$

当 $\theta = 0$ 时，θU 为 $n \times n$ 零矩阵，有 $S(0) = E_n$. 因此，$S(\theta)$ 是群 $GL(n, \mathbb{C})$ 中过 E_n 的一条曲线.

这个 $S(\theta)$ 还有以下的性质：(i) $\frac{\mathrm{d}}{\mathrm{d}\theta} S(\theta) = \frac{\mathrm{d}}{\mathrm{d}\theta} \Big(E_n + \theta U + \frac{1}{2!}(\theta U)^2 + \cdots \Big) = U(E_n + \theta U + \cdots) = US(\theta) = S(\theta)U$，即 $\frac{\mathrm{d}}{\mathrm{d}\theta} e^{\theta U} = U e^{\theta U} = e^{\theta U} U$. (ii) 对于 $S(\theta_i) = e^{\theta_i U}$，$i = 1, 2$，由于 $\theta_1 U$，$\theta_2 U$ 可换，所以 $S(\theta_1) S(\theta_2) = e^{\theta_1 U} e^{\theta_2 U} = e^{\theta_1 U + \theta_2 U} = e^{(\theta_1 + \theta_2)U} = S(\theta_1 + \theta_2)$. 因此集合 $H = \{S(\theta) \mid \forall \theta\}$ 构成 $GL(n, \mathbb{C})$ 的一个过 E_n 的单参数子群，而且参数 θ 是一个（可加的）正则参数. (iii) $S'(0) = U e^{\theta U} |_{\theta=0} = U$，即 U 是 $GL(n, \mathbb{C})$ 的李代数 $GL^{\circ}(n, \mathbb{C})$ 中的元.

在下一节中，我们用这里的方法来求一般线性群 $GL(n, \mathbb{C})$ 及其一些子群的李代数.

§12.8　$GL(n, \mathbb{C})$ 及其一些子群的李代数

(1) $GL(n, \mathbb{C})$ 的李代数 $gl(n, \mathbb{C})$

按定义 $GL(n, \mathbb{C})$ 的李代数 $GL^{\circ}(n, \mathbb{C})$ 中的元 U 是这样求得的（参见 §12.4）：对于 $GL(n, \mathbb{C})$ 中任意一条过 E_n 的曲线 $S(\theta)$，作 $S'(0) = U$，则 $U \in GL^{\circ}(n, \mathbb{C})$. 由上述可知 $GL^{\circ}(n, \mathbb{C}) \subseteq gl(n, \mathbb{C})$. 反过来，对任意 $U \in gl(n, \mathbb{C})$，令 $S(\theta) = e^{\theta U}$，则 $S'(0) = U$. 这表明 $gl(n, \mathbb{C}) \subseteq GL^{\circ}(n, \mathbb{C})$. 因此最后有：$GL(n, \mathbb{C})$ 的李代数 $GL^{\circ}(n, \mathbb{C})$ 就是 $gl(n, \mathbb{C})$. 类似地，$GL(n, \mathbb{R})$ 的李代数就是 $gl(n, \mathbb{R})$.

(2) $SL(n, \mathbb{C})$ 的李代数 $sl(n, \mathbb{C})$

设 $S(\theta) = (\sigma_{ij}(\theta)) \in SL(n, \mathbb{C})$，即 $\det S(\theta) = 1$，$\forall \theta$. 此时从 $\det S(\theta) = \sum_j \sigma_{ij}(\theta) S_{ij}(\theta)$，其中 $S_{ij}(\theta)$ 是 $\sigma_{ij}(\theta)$ 的代数余子式. 由 $(\sigma_{ij}(0)) = E_n$，可知 $S_{ij}(0) = \delta_{ij}$，$\forall i, j$. 基于以上条件，并注意到 $\det S(\theta) = \det[\sigma_{ij}(\theta)]$ 有 n^2 个变量 σ_{ij}，$\forall i, j$，那么我们对 $\det S(\theta) = 1$ 关于 θ 求导，则在 $\theta = 0$ 处可得

$$0 = \sum_{i,j} \frac{\partial \det S(0)}{\partial \sigma_{ij}} \frac{\mathrm{d}\sigma_{ij}(0)}{\mathrm{d}\theta} = \sum_{i,j} S_{ij}(0) \frac{\mathrm{d}\sigma_{ij}(0)}{\mathrm{d}\theta} = \sum_i \frac{\mathrm{d}\sigma_{ii}(0)}{\mathrm{d}\theta},$$

而此时 $U = \dfrac{\mathrm{d}S(0)}{\mathrm{d}\theta} = \left(\dfrac{\mathrm{d}\sigma_{ij}(0)}{\mathrm{d}\theta} \right)$. 由最后两个等式可得出：$SL(n, \mathbb{C})$ 的李代数

中的元 U，必须满足 $\mathrm{tr}\,U = 0$. 反过来，对任意满足 $\mathrm{tr}\,U = 0$ 的 $U \in gl(n, \mathbb{C})$，

若令 $S(\theta) = \mathrm{e}^{\theta U}$，则从定理 12.7.1 的 (v) 可知此时 $\det S(\theta) = \mathrm{e}^{\mathrm{tr}\,\theta U} = \mathrm{e}^0 = 1$，即

由满足 $\mathrm{tr}\,U = 0$ 的 U，构成的 $S(\theta) = \mathrm{e}^{\theta U} \in SL(n, \mathbb{C})$. 因此，任意满足 $\mathrm{tr}\,U = 0$

的 U 都是 $SL(n, \mathbb{C})$ 的李代数中的元.

综上所述 $SL(n, \mathbb{C})$ 的李代数是 $sl(n, \mathbb{C}) = \{U \in gl(n, \mathbb{C}) \mid \mathrm{tr}\,U = 0\}$.

（3）$U(n)$ 的李代数 $u(n)$

由 $S(\theta) \in U(n)$ 满足 $S(\theta)S(\theta)^+ = E_n$，有

$$\frac{\mathrm{d}}{\mathrm{d}\theta} S(\theta)S(\theta)^+ = \frac{\mathrm{d}S(\theta)}{\mathrm{d}\theta} S(\theta)^+ + S(\theta) \frac{\mathrm{d}S(\theta)^+}{\mathrm{d}\theta} = 0,$$

因此 $U = \dfrac{\mathrm{d}S(0)}{\mathrm{d}S}$，满足

$$U + U^+ = 0, \tag{12.17}$$

即 $U \in u(n)$ 应是反厄米（埃尔米特）的. 反过来，对于每一个反厄米矩阵 U，

构造 $\mathrm{e}^{\theta U}$，则从（参见定理 12.7.1 中的 (ii)）

$$\mathrm{e}^{\theta U}(\mathrm{e}^{\theta U})^+ = \mathrm{e}^{\theta U}\mathrm{e}^{\theta U^+} = \mathrm{e}^{\theta U + \theta U^+} = E_n, \tag{12.18}$$

可知 $\mathrm{e}^{\theta U} \in U(n)$.

这就有结论：$U(n)$ 的李代数 $u(n) = \{U \in gl(n, \mathbb{C}) \mid U + U^+ = 0\}$. 于是

根据（2），可知 $SU(n)$ 的李代数

$$su(n) = \{U \in gl(n, \mathbb{C}) \mid U + U^+ = 0,\ \mathrm{tr}\,U = 0\}. \tag{12.19}$$

例 12.8.1　$n \times n$ 的反厄米矩阵全体由上述可知构成 $\mathbb{R}$ 上的一个 n^2 维

李代数（参见 §12.2 的 (5)）. 事实上，这一全体能构成 $\mathbb{R}$ 上的一个 n^2 维向量

空间是显然的. 再者，若 U, V 是反厄米的，则

$$[U, V]+[U, V]^+ = UV-VU+V^+U^+-U^+V^+$$
$$= UV+(U^+V-U^+V)-VU+V^+U^+$$
$$\qquad +(VU^+-VU^+)-U^+V^+$$
$$= (U+U^+)V-U^+(V+V^+)-V(U+U^+)+(V^++V)U^+$$
$$= 0,$$

即$[U, V]$是反厄米的.

例 12.8.2 厄米矩阵的情况.

设U, V是反厄米的,而令$Y=\mathrm{i}U, Z=\mathrm{i}V$,则从

$$Y-Y^+=\mathrm{i}U-(-\mathrm{i}U^+)=\mathrm{i}(U+U^+)=0,$$

可知Y是厄米的. 同理,Z也是厄米的. 由上例可知$[U, V]+[U, V]^+=0$. 而由此有,$[Y, Z]+[Y, Z]^+=[\mathrm{i}U, \mathrm{i}V]+[\mathrm{i}U, \mathrm{i}V]^+=-[U, V]-[U, V]^+=0$,可知$[Y, Z]$是反厄米的,而不是厄米的.

因此,尽管$n\times n$的厄米矩阵的全体构成$\mathbb{R}$上的一个n^2维向量空间,但它不是$\mathbb{R}$上的一个李代数(参见例 12.8.3).

例 12.8.3 (10.19)所示的泡利矩阵$\sigma_x, \sigma_y, \sigma_z$是厄米的. 它们的对易关系(括号积)为$[\sigma_x, \sigma_y]=2\mathrm{i}\sigma_z$,$[\sigma_y, \sigma_z]=2\mathrm{i}\sigma_x$,$[\sigma_z, \sigma_x]=2\mathrm{i}\sigma_y$. 由于$\mathrm{i}$的出现,泡利矩阵并不构成$\mathbb{R}$上的李代数.

例 12.8.4 厄米矩阵的特征值是实数.

设Y是一个厄米矩阵,即$Y=Y^+$. 若对列向量$x\neq 0$有$Yx=\lambda x, \lambda\in\mathbb{C}$,则有$\overline{x}^TY^+=\overline{\lambda}\overline{x}^T$. 于是从$\overline{x}^TY^+x=\overline{\lambda}\overline{x}^Tx$,$Y=Y^+$有$\overline{x}^TYx=\lambda\overline{x}^Tx=\overline{\lambda}\overline{x}^Tx$. 因为$\overline{x}^Tx\neq 0$,这就得出了$\lambda=\overline{\lambda}$,即$Y$的特征值是一个实数. 在量子物理中,表示物理量的矩阵(或算符)的特征值是这个物理量的可能值. 因此,它们就应是厄米的,以保证这些特征值都是实数. 所以,对于反厄米的U,我们要将它"复数化",而构成$Y=\mathrm{i}U$,使之成为厄米的(参见§10.8). 这样才能与物理量相对应. 由此可见,研究反厄米矩阵,或随后的厄米矩阵除了比研究酉矩阵在数学上要简单些外,还更具直接的物理意义.

(4) $O(n)$的李代数$o(n)$

实正交群$O(n)$是$U(n)$的一个子群,由矩阵元为实数而得出. 于是(12.17)成为

$$U + U^T = 0, \quad U \in gl(n, \mathbb{R}), \tag{12.20}$$

即 U 是反对称实矩阵. 反过来, 任意反对称实矩阵都属于 $o(n)$ (作为练习). 因此 $o(n) = \{U \in gl(n, \mathbb{R}) \mid U + U^T = 0\}$.

(5) $SO(n)$ 的李代数 $so(n)$

若 $U \in so(n)$, 则 $U + U^T = 0$, 且 $e^U \in SO(n)$, 所以此时应对 U 再加上 $\mathrm{tr}\, U = 0$ 的这一限制 (参见本节中的 (2)). 不过, 由于任意反对称矩阵的各对角元必为 0, 所以这一限制并不构成任何新的条件. 这样, 就有 $so(n) = o(n)$. 这一点并不足为奇, 因为 $O(n)$ 的 E_n 的邻域中的那些元都是行列式为 $+1$ 的, 即都是 $SO(n)$ 中的元, 而李代数就是由 E_n 的邻域中的那些元得出的.

例 12.8.5 例 12.4.2 给出的 I_x, I_y, I_z 都是反对称的. 例 12.6.2 也表明了 $SO(3)$ 由 3×3 反对称实矩阵构成. $I_x I_y$ 不是反对称的, 故 $I_x I_y \notin SO(3)$, 而 $I_x I_y - I_y I_x = [I_x, I_y]$ 是反对称的.

§12.9 使 $gl(V)$ 成为李代数

$\mathbb{C}$ 上的一个 n 维向量空间 V, 其上的线性变换 f 的全体构成一个 $\mathbb{C}$ 上的 n^2 维向量空间 $gl(V)$ (参见 §8.5). 对于 $f, h \in gl(V)$, 定义 f, h 的括号积

$$[f, h] = fh - hf,$$

有 $[f, h] \in gl(V)$, 且这一括号积满足李代数对括号积的要求 (作为练习). 因此 $gl(V)$ 是 $\mathbb{C}$ 上的一个李代数.

在 V 取定基 $\{v_i\}$ 后, f 有矩阵表示 F (参见 §8.8), 而且从 §8.9 可知作为向量空间 $gl(V)$ 与 $gl(n, \mathbb{C})$ 是同构的.

§12.10 李群、李代数的同态, 同构, 以及它们的表示

李群 G 与李群 G' 之间的同态映射 $\phi: G \to G'$, 除了要求 ϕ 保持群之间的乘法, 即

$$\phi(ab) = \phi(a)\phi(b), \quad \forall a, b \in G. \tag{12.21}$$

此外,还对它们的参数之间的连续性有一定的要求.关于后面这一条,我们就不详细论述了(参见[15],[19],[34]).如果 G,G' 之间存在同态映射,则称 G 与 G' 同态.如果 ϕ 还是一个双射,那么 G 与 G' 就同构.

定义 12.10.1 设 ψ 是李代数 L,L' 之间的一个线性映射,且保持括号积不变,即

$$\psi([X,Y]) = [\psi(X),\psi(Y)], \ \forall X,Y \in L, \tag{12.22}$$

则称 ψ 是一个李代数同态映射.此时称 L 与 L' 同态.如果 ψ 还是一个双射,那么李代数 L 与李代数 L' 同构.

例 12.10.1 在 $\mathbb{C}$ 上 n 维向量空间 V 中,取定基 $\{v_i\}$,那么 $f \in gl(V)$ 有表示 $F \in gl(n,\mathbb{C})$(参见§8.8).定义 $\psi(f)=F$,则 ψ 是一个李代数同构映射,即 $gl(V)$ 与 $gl(n,\mathbb{C})$ 同构.此时,对 $f \to F$,$h \to H$,$k_1,k_2 \in \mathbb{C}$,有 $k_1 f + k_2 h \to k_1 F + k_2 H$,$[f,h] \to [F,H] = FH - HF$.由 $gl(n,\mathbb{C})$ 在 $\mathbb{C}$ 上是 n^2 维的,在 $\mathbb{R}$ 上是 $2n^2$ 维的,可知 $gl(V)$ 在 $\mathbb{R}$ 上是 $2n^2$ 维的(参见§8.9).

同态 $\phi:G \to GL(V)$(或 $GL(n,\mathbb{C})$)称为李群 G 的一个(线性)表示,而同态 $\psi:L \to gl(V)$(或 $gl(n,\mathbb{C})$)则称为李代数 L 的一个(线性)表示.

对于李群(或李代数)表示的可约,不可约,⋯⋯都与以前群的表示一样,有同样的定义.对于李群(或李代数)表示的不可约系,舒尔引理等同样成立(参见§9.6 中的注记).

§12.11 由矩阵李群 G 的表示诱导出其李代数 G° 的表示

利用李群 G 与其李代数 G° 之间的联系:指数映射,以及过 G 的单位元的单参数子群,我们可由 G 的表示 $\phi:G \to GL(n,\mathbb{C})$ 诱导出 G° 的表示 $\psi:G^\circ \to gl(n,\mathbb{C})$:对于 $U \in G^\circ$,从 $e^{\theta U} \in G$ 与 $\phi(e^{\theta U})$ 定义

$$\psi(U) = \frac{d}{d\theta}\phi(e^{\theta U}) \mid_{\theta \equiv 0}. \tag{12.23}$$

我们在下列 3 种情况下,求 $\psi(U)$.

(1) ϕ 是 G 的自然表示(参见例 9.1.2),即对 $A \in G$,$\phi(A)=A$.于是对

任意 $U \in G^\circ$，令 $A = e^{\theta U}$，而有 $\phi(e^{\theta U}) = e^{\theta U}$. 由此，(12.23) 给出（参见 §12.7）

$$\psi(U) = \frac{\mathrm{d}}{\mathrm{d}\theta} e^{\theta U} \mid_{\theta=0} = U, \tag{12.24}$$

即 U 用自己来表示. 因此，ψ 当然是 G° 的一个表示，称为 G° 的自然表示.

（2）ϕ 是 G 的逆步表示，即对 $A \in G$，$\phi(A) = (A^{-1})^T$（参见 §9.2 中的 (1)）. 此时，

$$\psi(U) = \frac{\mathrm{d}}{\mathrm{d}\theta} [(e^{\theta U})^{-1}]^T \mid_{\theta=0} = \frac{\mathrm{d}}{\mathrm{d}\theta} e^{-\theta U^T} \mid_{\theta=0} = -U^T. \tag{12.25}$$

于是对 $U_1, U_2 \in G^\circ$，$k_1, k_2 \in \mathbb{R}$，从 (i) $\psi(k_1 U_1 + k_2 U_2) = -k_1 U_1^T - k_2 U_2^T = k_1 \psi(U_1) + k_2 \psi(U_2)$，(ii) $\psi([U_1, U_2]) = -[U_1, U_2]^T = -U_2^T U_1^T + U_1^T U_2^T = [\psi(U_1), \psi(U_2)]$ 可知 (12.25) 构成 G° 的一个表示，称为 G° 的逆步表示.

（3）若 n_i 维 V_i 负载了 G 的表示 ϕ_i，$i = 1, 2$，则 $V_1 \otimes V_2$ 负载了 G 的，由 ϕ_1, ϕ_2 构成的张量积表示 $\phi = \phi_1 \otimes \phi_2$（参见 §9.2 中的 (2)）. 若 ψ_1, ψ_2 分别是由 G 的表示 ϕ_1, ϕ_2 诱导的 G° 的表示，则 (12.23) 给出

$$\psi(U) = \frac{\mathrm{d}}{\mathrm{d}\theta} (\phi_1(e^{\theta U}) \otimes \phi_2(e^{\theta U})) \mid_{\theta=0}$$

$$= \frac{\mathrm{d}}{\mathrm{d}\theta} \phi_1(e^{\theta U}) \mid_{\theta=0} \otimes \phi_2(e^{\theta U}) \mid_{\theta=0} + \phi_1(e^{\theta U}) \mid_{\theta=0} \otimes \frac{\mathrm{d}}{\mathrm{d}\theta} \phi_2(e^{\theta U}) \mid_{\theta=0}$$

$$= \psi_1(U) \otimes E_{n_2} + E_{n_1} \otimes \psi_2(U), \quad \forall U \in G^\circ,$$

$$\tag{12.26}$$

其中 $\psi_1(U)$，E_{n_1} 作用在张量积空间 $V_1 \otimes V_2$ 的 V_1 上，而 E_{n_2}，$\psi_2(U)$ 作用在 V_2 上. 从 ψ_1, ψ_2 是 G° 的表示，能证明 $\psi(U) = \psi_1(U) \otimes E_{n_1} + E_{n_2} \otimes \psi_2(U)$，$U \in G^\circ$ 是 G° 的一个表示，记作 $\psi = \psi_1 \otimes \psi_2$，称为 ψ_1, ψ_2 的张量积表示. 这是从 G 的表示 ϕ_1, ϕ_2 的张量积 $\phi_1 \otimes \phi_2$ 诱导出 G° 的表示 $\psi = \psi_1 \otimes \psi_2$. 更一般地，若 ψ_1, ψ_2 是 G° 的表示，则 (12.26) 的右端也给出了 G° 的表示（作为练习），同样记作 $\psi_1 \otimes \psi_2$，也称为 ψ_1, ψ_2 的张量积表示.

§12.12　李代数 L 的伴随表示

李代数 L 自身就是一个向量空间,我们以下列方式给出 L 的以 L 为负载空间的一个表示:

$$\mathrm{ad}\colon L \longrightarrow gl(L), \qquad \mathrm{ad}\,A\colon L \longrightarrow L,$$
$$A \qquad \mathrm{ad}\,A \qquad\qquad U \qquad \mathrm{ad}\,A\,U = [A, U], \ \forall U \in L$$

$$(12.27)$$

这里的 ad 是英语 adjoint(伴随的)一词的前面两个字母. 要证明上述映射 ad: $L \to gl(L)$ 是李代数 L 的一个表示. 我们还得证明(i)ad 是线性映射,即对 k_1,$k_2 \in \mathbb{R}$;A_1,$A_2 \in L$,有 $\mathrm{ad}(k_1 A_1 + k_2 A_2) = k_1 \mathrm{ad}\,A_1 + k_2 \mathrm{ad}\,A_2$,或等价地对任意 $U \in L$,有 $\mathrm{ad}(k_1 A_1 + k_2 A_2)U = (k_1 \mathrm{ad}\,A_1 + k_2 \mathrm{ad}\,A_2)U$;(ii)ad 保持括号积不变,即 $\mathrm{ad}[A_1, A_2] = [\mathrm{ad}\,A_1, \mathrm{ad}\,A_2]$,或等价地对任意 $U \in L$,有 $\mathrm{ad}[A_1, A_2]U = [\mathrm{ad}\,A_1, \mathrm{ad}\,A_2]U$.

例 12.12.1　由 $\mathrm{ad}(k_1 A_1 + k_2 A_2)U = [k_1 A_1 + k_2 A_2, U] = (k_1 A_1 + k_2 A_2)U - U(k_1 A_1 + k_2 A_2)$,而 $(k_1 \mathrm{ad}\,A_1 + k_2 \mathrm{ad}\,A_2)U = k_1[A_1, U] + k_2[A_2, U] = k_1(A_1 U - U A_1) + k_2(A_2 U - U A_2)$. 比较上述 2 个等式,可知 ad 是线性变换. 再者,$\mathrm{ad}[A_1, A_2]U = [[A_1, A_2], U] = -[U, [A_1, A_2]]$,而 $[\mathrm{ad}\,A_1, \mathrm{ad}\,A_2]U = \mathrm{ad}\,A_1 \mathrm{ad}\,A_2 U - \mathrm{ad}\,A_2 \mathrm{ad}\,A_1 U = [A_1, [A_2, U]] - [A_2, [A_1, U]] = [A_1, [A_2, U]] + [A_2, [U, A_1]]$. 根据雅可比恒等式这两个等式是相等的.

由此,我们可知 ad 是 L 的一个表示,称为 L 的伴随表示. 设 X_i,$i = 1$,2,$\cdots$,r 是 L 的一个基,以此我们来求 $\mathrm{ad}\,A$ 的矩阵表示:对于 $A = \sum_i k_i X_i$,有

$$\mathrm{ad}\,A X_j = [A, X_j] = \left[\sum_i k_i X_i, X_j\right]$$
$$= \sum_i k_i \sum_k c_{ij}^k X_k = \left(\sum_{i,k} k_i c_{ij}^k\right) X_k,$$

其中用到了(12.14),所以,最后有

$$\text{ad} A \text{ 的矩阵表示} = \begin{bmatrix} \sum_i k_i c_{i1}^1 & \sum_i k_i c_{i2}^1 & \cdots & \sum_i k_i c_{ir}^1 \\ \sum_i k_i c_{i1}^2 & \sum_i k_i c_{i2}^2 & \cdots & \sum_i k_i c_{ir}^2 \\ \vdots & \vdots & & \vdots \\ \sum_i k_i c_{i1}^r & \sum_i k_i c_{i2}^r & \cdots & \sum_i k_i c_{ir}^r \end{bmatrix}, \quad (12.28)$$

这是一个 $r = \dim L$ 维的表示.

　　在下一章中,我们将讨论 $su(2)$ 的表示理论,即研究在许多物理科学中有重要应用的角动量理论. 这也为论述 $su(3)$ 的表示论打下了基础. $su(3)$ 的表示论是基本粒子的夸克模型等的数学基础. 这些课题,我们会在本书的最后一章中系统地阐述.

第十三章

$su(2)$ 与 角 动 量 理 论

§ 13.1 A_1 型李代数

例 12.4.2 给出了 $so(3)$ 的基

$$I_x = \begin{pmatrix} 0 & 0 & 0 \\ 0 & 0 & -1 \\ 0 & 1 & 0 \end{pmatrix}, \quad I_y = \begin{pmatrix} 0 & 0 & 1 \\ 0 & 0 & 0 \\ -1 & 0 & 0 \end{pmatrix}, \quad I_z = \begin{pmatrix} 0 & -1 & 0 \\ 1 & 0 & 0 \\ 0 & 0 & 0 \end{pmatrix}. \quad (13.1)$$

而它们的对易关系(括号积)为(参见例 12.6.2)

$$[I_x, I_y] = I_z, \ [I_y, I_z] = I_x, \ [I_z, I_x] = I_y. \quad (13.2)$$

对于 $q \in SU(2)$,即单位四元数元,由 § 10.11 可知 $q = q(\boldsymbol{n}, \theta) = \cos\dfrac{\theta}{2} + \sin\dfrac{\theta}{2}(\cos\alpha i + \cos\beta j + \cos\gamma k)$, $\boldsymbol{n} = \cos\alpha i + \cos\beta j + \cos\gamma k$. 由 $i = -\mathrm{i}\sigma_x$, $j = -\mathrm{i}\sigma_y$, $k = -\mathrm{i}\sigma_z$,有 $su(2)$ 的基

$$Q_x = \frac{\mathrm{d}}{\mathrm{d}\theta}q(\boldsymbol{i}, \theta)\,|_{\theta=0} = -\frac{1}{2}\mathrm{i}\sigma_x, \ Q_y = -\frac{1}{2}\mathrm{i}\sigma_y, \ Q_z = -\frac{1}{2}\mathrm{i}\sigma_z,$$

$$(13.3)$$

利用 σ_x, σ_y, σ_z 的括号积(参见例 12.8.3),不难证明(作为练习),

$$[Q_x, Q_y] = Q_z, \ [Q_y, Q_z] = Q_x, \ [Q_z, Q_x] = Q_y. \quad (13.4)$$

由此就能得出 $so(3)$ 与 $su(2)$ 作为李代数是同构的. 在其他情况中,我们也会得到这同一一李代数(参见 § 13.2, § 13.9). 为了从 I_x, I_y, I_z 得到厄米的矩阵,我们引入 $J_x = \mathrm{i}I_x$, $J_y = \mathrm{i}I_y$, $J_z = \mathrm{i}I_z$, 而有

$$[J_x, J_y] = [iI_x, iI_y] = -I_z = iJ_z, \quad [J_y, J_z] = iJ_x, \quad [J_z, J_x] = iJ_y.$$
$$\text{(13.5)}$$

引入 $J_1 = J_x$，$J_2 = J_y$，$J_3 = J_z$，可将上面的 3 个式子简洁地写成

$$[J_i, J_j] = iJ_k, \text{其中 } i, j, k \text{ 是 1，2，3 的循环.} \quad \text{(13.6)}$$

这里出现了 i，因此这就在复数域 $\mathbb{C}$ 上考虑问题了. 基 J_x，J_y，J_z 在 $\mathbb{C}$ 上构成的李代数称为 A_1 型李代数.

为了理论进一步展开，我们还定义

$$J_\pm = J_x \pm iJ_y,$$
$$J^2 = J_x^2 + J_y^2 + J_z^2. \quad \text{(13.7)}$$

此时有（作为练习，参见例 13.3.2）

$$[J^2, J_\pm] = 0, \quad [J_z, J_\pm] = \pm J_\pm, \quad [J_+, J_-] = 2J_z. \quad \text{(13.8)}$$

例 13.1.1 由 $[J_z, J_\pm] = J_z J_\pm - J_\pm J_z$，有

$$J_z J_\pm = [J_z, J_\pm] + J_\pm J_z = J_\pm J_z \pm J_\pm.$$

例 13.1.2 $\quad J_\mp J_\pm = (J_x \mp iJ_y)(J_x \pm iJ_y)$

$$= J_x^2 \mp iJ_y J_x \pm iJ_x J_y + J_y^2$$
$$= J_x^2 + J_y^2 \pm i(J_x J_y - J_y J_x) = J^2 - J_z^2 \mp J_z.$$

例 13.1.3 $\quad J_i$ 都是厄米的，即 $J_i^+ = J_i$. 因此 $J_\pm^+ = J_x \mp iJ_y = J_\mp$.

§13.2 轨道角动量算符

角动量即动量矩 $L = r \times p$，其中 r，p 分别是粒子的位矢与动量. 在量子力学，它们都以算符表示，而有

$$L_x = yp_z - zp_y = \frac{\hbar}{i}\left(y\frac{\partial}{\partial z} - z\frac{\partial}{\partial y}\right),$$

$$L_y = zp_x - xp_z = \frac{\hbar}{i}\left(z\frac{\partial}{\partial x} - x\frac{\partial}{\partial z}\right), \quad \text{(13.9)}$$

$$L_z = xp_y - yp_x = \frac{\hbar}{i}\left(x\frac{\partial}{\partial y} - y\frac{\partial}{\partial x}\right),$$

其中 $\hbar$ 为约化普朗克常数. 注意到, L_x, L_y, L_z 都是一阶偏导数构成的算符, 所以, 如 $L_x L_y$, 因含有 2 阶偏导数, 因此不在 L_x, L_y, L_z 构成的向量空间之中, 不过, 经计算可得

$$[L_x, L_y] = i\hbar L_z, \quad [L_y, L_z] = i\hbar L_x, \quad [L_z, L_x] = i\hbar L_y. \quad (13.10)$$

比较(13.5)与(13.10)可知轨道角动量算符构成了一个 A_1 型李代数. 下面我们来讨论 A_1 型李代数的有限维不可约表示.

§13.3　定义在表示空间上的算符 J^2

在 J_x, J_y, J_z 构成的 A_1 型李代数中, 我们有加法、数乘以及括号积运算, 但没有元素之间的乘法运算. 因此, $J_x J_x$, $J_y J_y$, $J_z J_z$ 都不是李代数中的元. 所以, (13.7)中的 $J^2 = J_x^2 + J_y^2 + J_z^2$ 就需要说明了.

设 n 维向量空间 V 负载了此李代数的一个表示 ρ, 即 $\rho(J_x)$, $\rho(J_y)$, $\rho(J_z) \in gl(V)$. 这样就有 $\rho(J_i)\rho(J_i) \in gl(V)$, $i = 1, 2, 3$. 于是有

$$\rho(J_x)\rho(J_x) + \rho(J_y)\rho(J_y) + \rho(J_z)\rho(J_z) \in gl(V). \quad (13.11)$$

再者, 因为 ρ 是表示, 它保持括号积不变. 于是从(13.6)就有

$$[\rho(J_i), \rho(J_j)] = i\rho(J_k), \quad i, j, k \text{ 是 } 1, 2, 3 \text{ 的循环}. \quad (13.12)$$

正如在一般量子力学书籍中, 把 $\rho(J_i)$ 对 $v \in V$ 的作用 $\rho(J_i)v$ 写成 $J_i v$ 一样, 如果在(13.11)中也省去各 ρ 符号, 且把此式记为 J^2, 就有(参见(13.7))

$$J^2 = J_x^2 + J_y^2 + J_z^2. \quad (13.13)$$

下面我们就采用这一做法.

例 13.3.1　$[J^2, J_i] = 0$, $i = 1, 2, 3$.

$$
\begin{aligned}
[J^2, J_z] &= [J_x^2 + J_y^2 + J_z^2, J_z] = [J_x^2, J_z] + [J_y^2, J_z] \\
&= J_x J_x J_z - J_z J_x J_x + J_y J_y J_z - J_z J_y J_y \\
&\quad + (-J_x J_z J_x + J_x J_z J_x) + (-J_y J_z J_y + J_y J_z J_y) \\
&= J_x [J_x, J_z] + [J_x, J_z] J_x + J_y [J_y, J_z] + [J_y, J_z] J_y \\
&= -i J_x J_y - i J_y J_x + i J_y J_x + i J_x J_y = 0.
\end{aligned}
$$

同样能证明$[J^2, J_i]=0$，$i=1, 2$.

例 13.3.2　由$[J^2, J_i]=0$，$J_\pm=J_x\pm\mathrm{i}J_y$，有$[J^2, J_\pm]=0$.

如果ρ是一个不可约表示，即$\rho(J_i)$（或J_i）是一个不可约系（参见§9.6中的注记），那么例 13.3.1 告诉我们，此时可应用舒尔引理：由(13.11)定义的变换（或J^2）的表示矩阵则为kE_n，即对任意$v\in V$，有$J^2v=kv$，其中常数k由不可约表示ρ确定的. 像有限群时表示的特征标那样，在A_1型李代数的情况下，k可用来标定不同的不可约表示ρ（参见(13.19)）.

与J_x, J_y, J_z都可易的算符J^2称为卡西米尔算符，它是针对表示ρ定义的. 不同的ρ应有不同的J^2，尽管我们都用符号J^2来表示.

§13.4　J^2与J_z的共同特征向量

设n维向量空间V是J_x, J_y, J_z所构成的A_1型李代数的一个有限维不可约表示ρ的表示空间. 又设v是该空间中J_z的一个特征向量，其特征值为m. 由于$J^2v=kv$，我们就可以把v暂且记为$|k, m\rangle$，即它是J^2, J_z的一个共同特征向量：

$$J_z|k, m\rangle=m|k, m\rangle,$$
$$J^2|k, m\rangle=k|k, m\rangle. \tag{13.14}$$

下面我们就用各算符之间的对易关系，来决定m与k之间的关系. 为此，我们先讨论J^2, J_z对$|k, m\rangle_\pm$的作用.

（1）首先定义

$$|k, m\rangle_\pm=J_\pm|k, m\rangle. \tag{13.15}$$

$|k, m\rangle_\pm$可能为零向量. 若不是零向量，由$J^2|k, m\rangle_\pm=J^2J_\pm|k, m\rangle=J_\pm J^2|k, m\rangle=kJ_\pm|k, m\rangle$，即$|k, m\rangle_\pm$也是$J^2$的特征值为$k$的特征向量. 这是预料中的，因为$J^2$对$V$中任意$v$，都有$J^2v=kv$，而$k$是一个恒定值.

（2）利用例 13.1.1 结果，在$|k, m\rangle_\pm\neq 0$时，计算

$$J_z|k,m\rangle_\pm = J_zJ_\pm|k,m\rangle = (J_\pm J_z \pm J_\pm)|k,m\rangle$$
$$= (m\pm1)|k,m\rangle_\pm.$$

这表明 $|k,m\rangle_\pm$ 也是 J_z 的特征向量,而特征值为 $m\pm1$. 为此,我们把 J_+, J_- 分别称为上升算符,下降算符,它们对 $|k,m\rangle$ 作用 1 次,分别把其中的 m 增加 1,减小 1.

§13.5　计算 $|k,m\rangle_\pm$ 的长度平方

我们假定 $|k,m\rangle$ 已经归一化了,即 $\langle k,m|k,m\rangle=1$. 由 $|k,m\rangle_\pm = J_\pm|k,m\rangle$,$_\pm\langle k,m| = \langle k,m|(J_\pm)^+ = \langle k,m|J_\mp$(见例 8.15.1,例 13.1.3),再由例 13.1.2,有

$$
\begin{aligned}
_\pm\langle k,m|k,m\rangle_\pm &= \langle k,m|J_\mp J_\pm|k,m\rangle \\
&= \langle k,m|J^2 - J_z^2 \mp J_z|k,m\rangle \qquad (13.16)\\
&= (k-m^2\mp m)\langle k,m|k,m\rangle \\
&= k-m^2\mp m = k-m(m\pm1).
\end{aligned}
$$

由 $|k,m\rangle_\pm$ 的长度大于等于零,有 $k\geqslant m^2\pm m$. 因此,$k\geqslant m^2$. 再由 k 为定值,所以,m 分别有最大值 m_l,最小值 m_s.

从 $|k,m_s\rangle$ 开始经过不断地施用上升算符 J_+,因为我们考虑的表示是有限维的,这就得出了

$$|k,m_s\rangle,\ |k,m_s+1\rangle,\ \cdots,\ |k,m_l\rangle, \qquad (13.17)$$

其中一共有 $p+1$ 个向量,而 $p=m_l-m_s\in\mathbb{N}^+$.

§13.6　k 与 m 的关联以及 A_1 型李代数不可约表示的求得

因为 $J_+|k,m_l\rangle=0$,$J_-|k,m_s\rangle=0$,即 $|k,m_l\rangle_+$ 与 $|k,m_s\rangle_-$ 的长度都为零,则从(13.16)分别可得

$$
\begin{aligned}
k-m_l(m_l+1)&=0, \\
k-m_s(m_s-1)&=0.
\end{aligned}
\qquad (13.18)
$$

于是有 $m_l(m_l+1)=m_s(m_s-1)$. 再以 $m_s=m_l-p$ 代入,可得出 $m_l=\dfrac{p}{2}$. 最后有

$$m_l=j,\quad m_s=-j,\quad k=j(j+1), \tag{13.19}$$

其中 $j=\dfrac{p}{2}$. 在通常采用的符号中,我们以 $|j,m\rangle$ 表示 $|k,m\rangle=|j(j+1),m\rangle$. 不过,此时应有

$$J^2|j,m\rangle=j(j+1)|j,m\rangle,\quad J_z|j,m\rangle=m|j,m\rangle. \tag{13.20}$$

使用了 $j=\dfrac{p}{2}$,我们可将不可约表示 ρ 记为 ρ^j,而负载它的空间 V 的基,(13.17)可写成

$$|j,-j\rangle,\ |j,-j+1\rangle,\ \cdots,\ |j,j\rangle. \tag{13.21}$$

ρ^j 是一个 $n=p+1=2j+1$ 维不可约表示. 这里用了 J_z 的最大特征值 $m_l=j$ 来标定 A_1 型李代数的不可约表示 ρ^j, $j=0,\dfrac{1}{2},1,\dfrac{3}{2},\cdots$.

例 13.6.1 (13.16)给出了 $J_+|k,m\rangle=|j,m\rangle_+$ 的长度平方为 $k-m(m+1)=j(j+1)-m(m+1)$. 由 $J_+|j,m\rangle$ 正比于归一的 $|j,m+1\rangle$. 因此有 $J_+|j,m\rangle=\sqrt{j(j+1)-m(m+1)}\,|j,m+1\rangle$. 同理可得 $J_-|j,m\rangle=\sqrt{j(j+1)-m(m-1)}\,|j,m-1\rangle$. 这是两个很有用的公式.

例 13.6.2 $\rho^0,\rho^{\frac{1}{2}},\rho^1$ 分别是 1 维,2 维,3 维表示. 它们的负载空间的基分别明示于图 13.6.1 中.

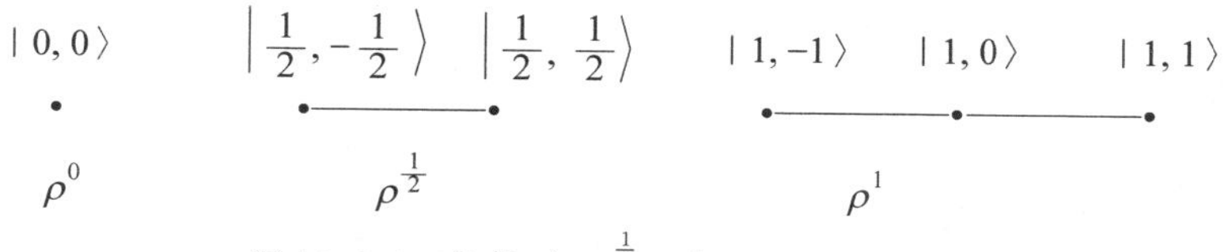

图 13.6.1 负载 ρ^0、$\rho^{\frac{1}{2}}$、ρ^1 的空间的基向量

§13.7 $\rho^j \otimes \rho^{j'}$ 的约化

设 ρ^j，$\rho^{j'}$ 的负载空间分别为 $V = \{|j, m\rangle\}$，$V' = \{|j', m'\rangle\}$，那么 $V \otimes V'$ 是 $\rho^j \otimes \rho^{j'}$ 的负载空间，在其上 J_i 对其基 $|j, m\rangle \otimes |j', m'\rangle$ 的作用为（参见 §12.11 中的(3). 下面略去 $\otimes$）

$$J_i(|j, m\rangle|j', m'\rangle) = (J_i|j, m\rangle)|j', m'\rangle + |j, m\rangle(J_i|j', m'\rangle),$$
$$i = 1, 2, 3. \tag{13.22}$$

不过，因为现在 $V \otimes V'$ 一般是可约的，J_i 在其上不再是不可约系，因而 J^2 在其上的作用就不再是恒等变换的一个常数倍了.

对于 J_3，从(13.22)有

$$J_3(|j, m\rangle|j', m'\rangle) = (m + m')|j, m\rangle|j', m'\rangle = M|j, m\rangle|j', m'\rangle. \tag{13.23}$$

这样就由 m，m' 得出了 $M = (m + m')$. 如果 m 是描述微观粒子的量子数的话，那么 m 就是可加量子数，即由张量积表示的复合体系的量子数是它的各个体系的量子数之和. 这表明李代数这一数学结构适合于描述具有可加量子数的量子体系.

例 13.7.1 约化 $\rho^{\frac{1}{2}} \otimes \rho^{\frac{1}{2}}$.

从 $\rho^{\frac{1}{2}}$ 的 $\left|\frac{1}{2}, \frac{1}{2}\right\rangle$，$\left|\frac{1}{2}, -\frac{1}{2}\right\rangle$，有 $\rho^{\frac{1}{2}} \otimes \rho^{\frac{1}{2}}$ 中的 $M = \frac{1}{2} + \frac{1}{2}$，$\frac{1}{2} - \frac{1}{2}$，$-\frac{1}{2} + \frac{1}{2}$，$-\frac{1}{2} - \frac{1}{2}$，即 $M = 1, 0, 0, -1$. 这表明 $\rho^{\frac{1}{2}} \otimes \rho^{\frac{1}{2}}$ 中有 ρ^1 与 ρ^0，也即 $\rho^{\frac{1}{2}} \otimes \rho^{\frac{1}{2}} = \rho^1 \oplus \rho^0$，这可以用基向量的叠加来约化. (图 13.7.1)

例 13.7.2 约化 $\rho^{\frac{1}{2}} \otimes \rho^1$.

此时 $M = \frac{3}{2}, \frac{1}{2}, \frac{1}{2}, -\frac{1}{2}, -\frac{1}{2}, -\frac{3}{2}$. 于是有 $\rho^{\frac{1}{2}} \otimes \rho^1 = \rho^{\frac{3}{2}} \oplus \rho^{\frac{1}{2}}$ (图 13.7.1)

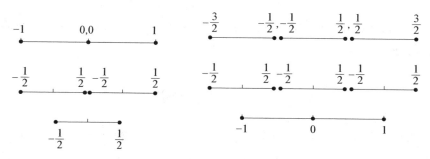

图 13.7.1　用基向量的叠加来约化 $\rho^{\frac{1}{2}} \otimes \rho^{\frac{1}{2}}$ 与 $\rho^{\frac{1}{2}} \otimes \rho^1$

同样,有 $\rho^1 \otimes \rho^1 = \rho^2 \oplus \rho^1 \oplus \rho^0$. 更一般地,在 $j \geqslant j'$ 时,有(作为练习)

$$\rho^j \otimes \rho^{j'} = \rho^{j+j'} \oplus \rho^{j+j'-1} \oplus \cdots \oplus \rho^{j-j'}. \tag{13.24}$$

这就是量子力学中的两个角动量的耦合法则.

例 13.7.3　(13.24)左端给出 $(2j+1)(2j'+1)$ 这一维数,而右端有 $[2(j+j')+1] + [2(j+j'-1)+1] + \cdots + [2(j-j')+1]$,也就等于 $(2j+1)(2j'+1)$.

由 $\rho^{\frac{1}{2}} \otimes \rho^{\frac{1}{2}} \otimes \rho^{\frac{1}{2}} = (\rho^1 \oplus \rho^0) \otimes \rho^{\frac{1}{2}} = (\rho^1 \otimes \rho^{\frac{1}{2}}) \oplus \rho^0 \otimes \rho^{\frac{1}{2}} = \rho^{\frac{3}{2}} \oplus \rho^{\frac{1}{2}} \oplus \rho^{\frac{1}{2}} = \rho^{\frac{3}{2}} \oplus 2\rho^{\frac{1}{2}}$ 等等,可知:除 ρ^0 外的最低维表示 $\rho^{\frac{1}{2}}$,通过张量积的约化能构成自然数 j 的表示 ρ^j,也可构成半正整数 j 的表示,称 $\rho^{\frac{1}{2}}$ 为基础表示. $\rho^{\frac{1}{2}}$ 又是 $su(2)$ 的自然表示.

§13.8　轨道角动量的 ρ^j 与 $|j, m\rangle$

(13.9)中的 L_x, L_y, L_z 是在直角坐标 x, y, z 中给出的. 如果使用球面坐标 r, θ, φ,则 $Y_{jm}(\theta, \varphi)$ 给出了 $|j, m\rangle$ 的实现(参见[8]),而有

$$L_z Y_{jm}(\theta, \varphi) = m Y_{jm}(\theta, \varphi), \quad L^2 Y_{jm} = j(j+1) Y_{jm}, \tag{13.25}$$

其中 Y_{jm} 为球函数,而 j 称为角量子数, m 为磁量子数.

这样,我们就得到了 $|j, m\rangle$ 的一个具体实现,而且知道了角量子数 j 取

值 0，1，2，$\cdots$，即轨道角动量给出了 ρ^0，ρ^1，ρ^2，$\cdots$．那么 $\rho^{\frac{1}{2}}$ 描述了怎样的物理情境呢？

§13.9　电子的自旋

电子除了具有能量、动量和轨道角动量以外还可能具有一些非经典的内部自由度．二十世纪二十年代，人们在实验中观察到了电子的自旋现象，随后提出了电子自旋的二重态现象理论：每个电子都具有自旋角动量，它在空间任意方向上的投影只有 $\pm\frac{\hbar}{2}$ 这两个值．按照近代的说法，这个体系的数学基础是 A_1 型李代数，即描述电子自旋的自旋角动量算符 S_x，S_y，S_z 满足（参见（13.10））

$$[S_x, S_y] = i\hbar S_z, \quad [S_y, S_z] = i\hbar S_x, \quad [S_z, S_x] = i\hbar S_y. \quad (13.26)$$

不难证明（作为练习，参见例 12.8.3）

$$S_x = \frac{\hbar}{2}\sigma_x, \quad S_y = \frac{\hbar}{2}\sigma_y, \quad S_z = \frac{\hbar}{2}\sigma_z \quad (13.27)$$

满足（13.26），其中 σ_x，σ_y，σ_z 是厄米的泡利矩阵（参见（10.19））．于是从

$$S_z = \frac{\hbar}{2}\begin{pmatrix} 1 & 0 \\ 0 & -1 \end{pmatrix} \text{ 有：} S_z\begin{pmatrix} 1 \\ 0 \end{pmatrix} = \frac{\hbar}{2}\begin{pmatrix} 1 & 0 \\ 0 & -1 \end{pmatrix}\begin{pmatrix} 1 \\ 0 \end{pmatrix} = \frac{\hbar}{2}\begin{pmatrix} 1 \\ 0 \end{pmatrix}, \quad S_z\begin{pmatrix} 0 \\ 1 \end{pmatrix} = -\frac{\hbar}{2}\begin{pmatrix} 0 \\ 1 \end{pmatrix}.$$

可知，若记 $\left|\dfrac{1}{2}, \dfrac{1}{2}\right\rangle = \begin{pmatrix} 1 \\ 0 \end{pmatrix}$，$\left|\dfrac{1}{2}, -\dfrac{1}{2}\right\rangle = \begin{pmatrix} 0 \\ 1 \end{pmatrix}$ 就有

$$S_z\left|\frac{1}{2}, \frac{1}{2}\right\rangle = \frac{\hbar}{2}\left|\frac{1}{2}, \frac{1}{2}\right\rangle, \quad S_z\left|\frac{1}{2}, -\frac{1}{2}\right\rangle = -\frac{\hbar}{2}\left|\frac{1}{2}, -\frac{1}{2}\right\rangle,$$

$$(13.28)$$

即 S_z 的本征值为 $\pm\dfrac{\hbar}{2}$．同样，从 $\sigma_x = \begin{pmatrix} 0 & 1 \\ 1 & 0 \end{pmatrix}$，$\sigma_y = \begin{pmatrix} 0 & -i \\ i & 0 \end{pmatrix}$，有

$$S_x\begin{pmatrix} 1 \\ 1 \end{pmatrix} = \frac{\hbar}{2}\begin{pmatrix} 1 \\ 1 \end{pmatrix}, \quad S_x\begin{pmatrix} 1 \\ -1 \end{pmatrix} = -\frac{\hbar}{2}\begin{pmatrix} 1 \\ -1 \end{pmatrix}; \quad S_y\begin{pmatrix} 1 \\ i \end{pmatrix} = \frac{\hbar}{2}\begin{pmatrix} 1 \\ i \end{pmatrix}, \quad S_y\begin{pmatrix} 1 \\ -i \end{pmatrix} = -\frac{\hbar}{2}\begin{pmatrix} 1 \\ -i \end{pmatrix},$$

$$(13.29)$$

即 S_x, S_y 的本征值也都为 $\pm\dfrac{\hbar}{2}$. 这些结果表明,电子的自旋角动量 S,在空间任何方向上的投影(即特征值)只有 $\pm\dfrac{\hbar}{2}$ 这两个值. 又从

$$\sigma_x^2 = \sigma_y^2 = \sigma_z^2 = E_2,\qquad (13.30)$$

有

$$S^2 = \frac{\hbar^2}{4}(\sigma_x^2 + \sigma_y^2 + \sigma_z^2) = \frac{3\hbar^2}{4}E_2 = \frac{1}{2}\left(\frac{1}{2}+1\right)\hbar^2 E_2. \qquad (13.31)$$

例 13.9.1 由(13.27)不难得出 $S_z = \dfrac{\hbar}{2}\begin{pmatrix} 1 & 0 \\ 0 & -1 \end{pmatrix}$, $S_+ = S_x + \mathrm{i}S_y = \hbar\begin{pmatrix} 0 & 1 \\ 0 & 0 \end{pmatrix}$, $S_- = S_x - \mathrm{i}S_y = \hbar\begin{pmatrix} 0 & 0 \\ 1 & 0 \end{pmatrix}$.

这一切都能在 A_1 型代数的 $\rho^{\frac{1}{2}}$ 表示的框架中得到了解释.

人们把自旋为半整数的粒子称为费米子,而把自旋为整数的粒子称为玻色子. 电子是费米子,光子是玻色子.

用粒子所具有的内禀自由度这一概念来对基本粒子分类,这是下一章要讨论的内容.

第十四章

$su(3)$ 与基本粒子的夸克模型

§14.1 核子的同位旋

质子与中子统称为核子,它们在原子核中束缚在一起.这不是由电磁力所致,因为电磁力会使质子相互排斥.这是由于在核子间存在一种"强相互作用",它在很短的距离内起作用,而且是电磁相互作用的好几个数量级.1932年,海森堡提出质子与中子是同一个粒子(核子)的 2 个不同态,而它们构成一个粒子双重态,且在一个对称群下相互转换.海森堡将此群取为 $SU(2)$ 群,而质子态 $|p\rangle$,中子态 $|n\rangle$,按 $su(2)$ 的自然表示变换.这一理论类似于电子的自旋理论,所以称为核子的同位旋理论.

具体地说,$su(2)$ 的基取为(参见例 13.9.1,(14.8),(14.9))

$$T_3 = \frac{1}{2}\begin{pmatrix} 1 & 0 \\ 0 & -1 \end{pmatrix}, \ T_+ = \begin{pmatrix} 0 & 1 \\ 0 & 0 \end{pmatrix}, \ T_- = \begin{pmatrix} 0 & 0 \\ 1 & 0 \end{pmatrix}, \tag{14.1}$$

而 $su(2)$ 自然表示的空间 V 的基取为 $|p\rangle = \begin{pmatrix} 1 \\ 0 \end{pmatrix}$,$|n\rangle = \begin{pmatrix} 0 \\ 1 \end{pmatrix}$,则有

$$T_3|p\rangle = \frac{1}{2}\begin{pmatrix} 1 & 0 \\ 0 & -1 \end{pmatrix}\begin{pmatrix} 1 \\ 0 \end{pmatrix} = \frac{1}{2}\begin{pmatrix} 1 \\ 0 \end{pmatrix} = \frac{1}{2}|p\rangle, \ T_3|n\rangle = -\frac{1}{2}|n\rangle.$$

$$\tag{14.2}$$

于是我们可以把 $|p\rangle$ 标记为 $\left|\frac{1}{2}, \frac{1}{2}\right\rangle$,$|n\rangle$ 标记为 $\left|\frac{1}{2}, -\frac{1}{2}\right\rangle$,即它们负载了 $su(2)$ 的表示 $\rho^{\frac{1}{2}}$.

此时核子的电荷,由算符

$$Q = T_3 + \frac{1}{2}E_2 \qquad\qquad (14.3)$$

给出. 这是因为 $Q\,|\,p\rangle = \left[\dfrac{1}{2}\begin{pmatrix}1&0\\0&-1\end{pmatrix} + \dfrac{1}{2}\begin{pmatrix}1&0\\0&1\end{pmatrix}\right]\begin{pmatrix}1\\0\end{pmatrix} = 1\cdot\begin{pmatrix}1\\0\end{pmatrix}$，即 $|\,p\rangle$ 的电

荷(特征值)为 1，而 $Q\,|\,n\rangle = \begin{pmatrix}1&0\\0&0\end{pmatrix}\begin{pmatrix}0\\1\end{pmatrix} = 0\cdot\begin{pmatrix}0\\1\end{pmatrix}$，即 $|\,n\rangle$ 的电荷为 0. 质子和中

子属于重子一族，每一个重子都有其量子数 B——重子数来描述.

　　质子、中子的重子数为 $+1$，它们的反粒子的重子数为 -1. 参与强相互作用的还有各种介子，它们的重子数都为 0. 如 π 介子：π^+，π^0，π^-，它们构成一个同位旋 3 重态，即它们按 $su(2)$ 的 ρ^1 变换，且电荷分别为 1，0，-1. 1949 年，维格纳提出了重子数守恒定律. 于是对于核子、介子而言，它们有电荷、同位旋、重子数，此时应把(14.3)推广为

$$Q = T_3 + \frac{1}{2}B. \qquad\qquad (14.4)$$

　　这些粒子(态)分别是 T_3 与 B 的本征态，而其本征值分别是该粒子的同位旋第 3 分量，以及该粒子的重子数.

§14.2　奇异数与坂田模型

　　在强相互作用中，动量、能量、电荷、同位旋，以及重子数都是守恒量. 不过，奇怪的是，如

$$K^- + p \rightarrow \Lambda + K^0 \qquad\qquad (14.5)$$

这一反应，虽然符合这些量的守恒，但却从未观察到，为了解释这种"奇异性"，盖尔曼和西岛和彦提出：在强相互作用中应有一种新的守恒量子数 S——奇异数. 从各粒子的生成与衰变反应中能推出参与强相互作用的各粒子的奇异数之值：质子、中子的奇异数为 0，介子 K^-，K^0 的奇异数分别为 -1，1，而重子 Λ 的奇异数为 -1. 这样(14.5)左、右两边的奇异数就不相等了. 因此，这就解释了为何不会出现这一反应.

　　除了奇异数 S，物理学家也常用超荷 Y，$Y = S + B$. 于是(14.4)又推广为

$$Q = T_3 + \frac{1}{2}Y. \tag{14.6}$$

这就是著名的盖尔曼–西岛公式. 那么,有待解决的是:粒子的奇异性的"物的背影"是什么?

1956 年,坂田昌一提出:在当时已发现的 30 多种强子中,只有质子、中子,以及 Λ(图 14.2.1)才是基本的,而其他强子都由它们以及它们的反粒子复合(张量积)而成. 如果复合粒子中含有 Λ,或其反粒子的成份,那么该粒子就具有奇异数.

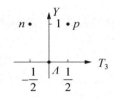

图 14.2.1   坂田子模型中的基础粒子——坂田子

该模型在解释复合粒子的质量上遇到了极大的困难. 例如说,π 介子应由一个坂田子与一个反坂田子构成,这样才能得出一个重子数为 0 的介子. 然而单单是一个质子的质量就是一个 π 介子质量的 6 倍. 这样,坂田模型在实验上就得不到有力的支持,但它毕竟开创了研究强子结构的先河:他已用到了 $su(3)$ 对称性. 图 14.2.1 所示的 $su(3)$ 三重态,包括了 p,n 构成的一个 $su(2)$ 二重态,以及 Λ 构成的一个 $su(2)$ 单态.

1961 年盖尔曼和内埃曼在 $su(3)$ 的框架中提出了"八正法",取得了巨大的成功. 为此,我们先讨论一下 $su(3)$ 李代数,回过来再阐明"八正法",及其随后的发展——基本粒子的夸克模型.

§14.3 A_2 型李代数 $su(3)$

由 §12.2 可知群 $SU(3)$ 是 8 维的,又由(12.19)可知 $su(3)$ 中元是反厄米,零迹矩阵. 因此,我们把 $su(3)$ 的基取成

$$F_1 = \frac{1}{2}\begin{pmatrix} 0 & i & 0 \\ i & 0 & 0 \\ 0 & 0 & 0 \end{pmatrix}, \; F_2 = \frac{1}{2}\begin{pmatrix} 0 & 1 & 0 \\ -1 & 0 & 0 \\ 0 & 0 & 0 \end{pmatrix}, \; F_3 = \frac{1}{2}\begin{pmatrix} i & 0 & 0 \\ 0 & -i & 0 \\ 0 & 0 & 0 \end{pmatrix},$$

$$F_4 = \frac{1}{2}\begin{pmatrix} 0 & 0 & i \\ 0 & 0 & 0 \\ i & 0 & 0 \end{pmatrix}, \; F_5 = \frac{1}{2}\begin{pmatrix} 0 & 0 & 1 \\ 0 & 0 & 0 \\ -1 & 0 & 0 \end{pmatrix}, \; F_6 = \frac{1}{2}\begin{pmatrix} 0 & 0 & 0 \\ 0 & 0 & i \\ 0 & i & 0 \end{pmatrix},$$

$$F_7 = \frac{1}{2}\begin{pmatrix} 0 & 0 & 0 \\ 0 & 0 & 1 \\ 0 & -1 & 0 \end{pmatrix}, \quad F_8 = \frac{1}{3}\begin{pmatrix} i & 0 & 0 \\ 0 & i & 0 \\ 0 & 0 & -2i \end{pmatrix}. \tag{14.7}$$

如果将它们厄米化,即有

$$T_1 = -iF_1 = \frac{1}{2}\begin{pmatrix} 0 & 1 & 0 \\ 1 & 0 & 0 \\ 0 & 0 & 0 \end{pmatrix}, \quad T_2 = -iF_2 = \frac{1}{2}\begin{pmatrix} 0 & -i & 0 \\ i & 0 & 0 \\ 0 & 0 & 0 \end{pmatrix},$$

$$T_3 = -iF_3 = \frac{1}{2}\begin{pmatrix} 1 & 0 & 0 \\ 0 & -1 & 0 \\ 0 & 0 & 0 \end{pmatrix}, \quad V_1 = -iF_4 = \frac{1}{2}\begin{pmatrix} 0 & 0 & 1 \\ 0 & 0 & 0 \\ 1 & 0 & 0 \end{pmatrix},$$

$$V_2 = -iF_5 = \frac{1}{2}\begin{pmatrix} 0 & 0 & -i \\ 0 & 0 & 0 \\ i & 0 & 0 \end{pmatrix}, \quad U_1 = -iF_6 = \frac{1}{2}\begin{pmatrix} 0 & 0 & 0 \\ 0 & 0 & 1 \\ 0 & 1 & 0 \end{pmatrix}, \tag{14.8}$$

$$U_2 = -iF_7 = \frac{1}{2}\begin{pmatrix} 0 & 0 & 0 \\ 0 & 0 & -i \\ 0 & i & 0 \end{pmatrix}, \quad Y = -iF_8 = \frac{1}{3}\begin{pmatrix} 1 & 0 & 0 \\ 0 & 1 & 0 \\ 0 & 0 & -2 \end{pmatrix}.$$

像往常那样,对于 T_1, T_2,定义 $T_\pm = T_1 \pm iT_2$;对于 V_1, V_2,定义 $V_\pm = V_1 \pm iV_2$;对于 U_1, U_2,定义 $U_\pm = U_1 \pm iU_2$,而有

$$T_+ = \begin{pmatrix} 0 & 1 & 0 \\ 0 & 0 & 0 \\ 0 & 0 & 0 \end{pmatrix}, \quad T_- = \begin{pmatrix} 0 & 0 & 0 \\ 1 & 0 & 0 \\ 0 & 0 & 0 \end{pmatrix}, \quad V_+ = \begin{pmatrix} 0 & 0 & 1 \\ 0 & 0 & 0 \\ 0 & 0 & 0 \end{pmatrix},$$

$$V_- = \begin{pmatrix} 0 & 0 & 0 \\ 0 & 0 & 0 \\ 1 & 0 & 0 \end{pmatrix}, \quad U_+ = \begin{pmatrix} 0 & 0 & 0 \\ 0 & 0 & 1 \\ 0 & 0 & 0 \end{pmatrix}, \quad U_- = \begin{pmatrix} 0 & 0 & 0 \\ 0 & 0 & 0 \\ 0 & 1 & 0 \end{pmatrix}. \tag{14.9}$$

不难验证 Y, T_3, $T_\pm$, $V_\pm$, $U_\pm$ 这 8 个矩阵之间的下列对易关系

$$[Y, T_3] = 0,$$

$$[T_3, T_\pm] = \pm T_\pm, \qquad [Y, T_\pm] = 0,$$

$$[T_3, V_\pm] = \pm \left(\frac{1}{2}\right) V_\pm, \quad [Y, V_\pm] = \pm V_\pm, \tag{14.10}$$

$$[T_3, U_\pm] = \mp \left(\frac{1}{2}\right) U_\pm, \quad [Y, U_\pm] = \pm U_\pm,$$

从中可以看出 Y 与 T_3, $T_\pm$ 都可易. 按物理上的要求,我们选定 Y 与 T_3 作为一对对易的算符. 从中还能看出 T_3 与 $T_\pm$, $V_\pm$, $U_\pm$ 都不可易,所以在 Y, T_3 之中若增加 $T_\pm$, $V_\pm$, $U_\pm$ 中的任意一个而形成的 3 个矩阵就不彼此可易了. 在下一节中,我们将证明可易的 Y, T_3 有共同特征向量.

§14.4 Y, T_3 的共同特征向量

设 $\mathbb{C}$ 上向量空间 V 给出了 $su(3)$ 的一个表示 ρ,由 $[Y, T_3] = 0$,先有 $[\rho(Y), \rho(T_3)] = 0$. 下面略去符号 ρ,即 $T_3 = \rho(T_3)$, $Y = \rho(Y)$,而 $v \in V$ 是 T_3 的一个特征值为 λ 的特征向量,即 $T_3 v = \lambda v$, $\lambda \in \mathbb{C}$. 由 v 构造 $V_\lambda = \{u \mid u \in V, T_3 u = \lambda u\}$,则从 $v \in V_\lambda$ 可知 V_λ 是非空的,且不难证明(作为练习)V_λ 是 V 的一个子空间.

对于任意 $u \in V_\lambda$,考虑 Yu. 由

$$T_3(Yu) = YT_3 u = \lambda Yu, \tag{14.11}$$

可知 $Yu \in V_\lambda$,这表明 V_λ 在 Y 下不变. 因此,可以考虑 Y 在 V_λ 上的运算,而得出在 V_λ 中存在 w,使得 $Yw = \mu w$, $\mu \in \mathbb{C}$. 由于 $w \in V_\lambda$,即 $T_3 w = \lambda w$,所以 w 是 T_3, Y 的共同特征向量,而 w 用它们的特征值可记为 $w = |\lambda, \mu\rangle$. 这是 $\lambda\mu$ 平面中的一个点.

与以前一样(参见 §13.4 中的(2)),不难证明若 $T_\pm |\lambda, \mu\rangle \neq 0$,则从 $T_3 T_\pm |\lambda, \mu\rangle = (T_\pm T_3 \pm T_\pm) |\lambda, \mu\rangle = (\lambda \pm 1) T_\pm |\lambda, \mu\rangle$, $YT_\pm |\lambda, \mu\rangle = T_\pm Y |\lambda, \mu\rangle = \mu T_\pm |\lambda, \mu\rangle$. 这表明 $T_\pm |\lambda, \mu\rangle$ 正比于 $|\lambda \pm 1, \mu\rangle$,即 $T_\pm$ 的运算使得 $\lambda\mu$ 平面中表明 $|\lambda, \mu\rangle$ 的点分别沿平行 T_3 轴的正(负)方向移动 1 个单位(图 14.4.1). 由(14.10)所示的对易关系,我们同样可以计算 $U_\pm |\lambda, \mu\rangle$, $V_\pm |\lambda, \mu\rangle$. 例如,对 $U_+ |\lambda, \mu\rangle$,从 $T_3 U_+ |\lambda, \mu\rangle =$

$$\left(U_+ \, T_3 - \frac{1}{2} U_+\right) | \lambda , \mu \rangle = \left(\lambda - \frac{1}{2}\right) U_+ | \lambda , \mu \rangle , \text{又从} \, YU_+ | \lambda , \mu \rangle = (U_+ Y +$$

$$U_+) | \lambda , \mu \rangle = (\mu + 1) U_+ | \lambda , \mu \rangle , \text{可知} \, U_+ | \lambda , \mu \rangle \, \text{正比于} \left| \lambda - \frac{1}{2} , \mu + 1 \right\rangle .$$

换句话说，U_+ 的作用是使 T_3 的特征值 λ 减少 $\frac{1}{2}$；使 Y 的特征值增加 1.同样，我们可以讨论其他各情况.类似于 A_1 型李代数中的上升，下降算符 $J_\pm$（参见 §13.4），A_2 型李代数的 6 个算符 $T_\pm , U_\pm , V_\pm$ 的作用由图 14.4.1 明示，它们把各 $|\lambda , \mu\rangle$ 联系了起来.

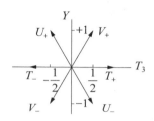

图 14.4.1　$T_\pm , U_\pm , V_\pm$ 的作用

§14.5　*su*(3)的一些不可约表示

（1）1 维表示 **1**

类似于 *su*(2) 有 1 维恒等表示 ρ^0，*su*(3) 也有 $|0,0\rangle$ 负载的 1 维恒等表示，记为 **1**.

（2）自然表示 **3**

$Y , T_3 , T_\pm , V_\pm , U_\pm$ 是 3×3 矩阵，用它们自己表示自己，即有 *su*(3) 的 3 维自然表示，取负载这个表示的空间 V 的基为

$$u = \begin{pmatrix} 1 \\ 0 \\ 0 \end{pmatrix} , \quad d = \begin{pmatrix} 0 \\ 1 \\ 0 \end{pmatrix} , \quad s = \begin{pmatrix} 0 \\ 0 \\ 1 \end{pmatrix} . \tag{14.11}$$

则从

$$T_3 u = \frac{1}{2} \begin{pmatrix} 1 & 0 & 0 \\ 0 & -1 & 0 \\ 0 & 0 & 0 \end{pmatrix} \begin{pmatrix} 1 \\ 0 \\ 0 \end{pmatrix} = \frac{1}{2} \begin{pmatrix} 1 \\ 0 \\ 0 \end{pmatrix} , \quad Yu = \frac{1}{3} \begin{pmatrix} 1 & 0 & 0 \\ 0 & 1 & 0 \\ 0 & 0 & -2 \end{pmatrix} \begin{pmatrix} 1 \\ 0 \\ 0 \end{pmatrix} = \frac{1}{3} \begin{pmatrix} 1 \\ 0 \\ 0 \end{pmatrix} ,$$

$$T_3 d = \frac{1}{2}\begin{pmatrix} 1 & 0 & 0 \\ 0 & -1 & 0 \\ 0 & 0 & 0 \end{pmatrix}\begin{pmatrix} 0 \\ 1 \\ 0 \end{pmatrix} = -\frac{1}{2}\begin{pmatrix} 0 \\ 1 \\ 0 \end{pmatrix}, \quad Yd = \frac{1}{3}\begin{pmatrix} 1 & 0 & 0 \\ 0 & 1 & 0 \\ 0 & 0 & -2 \end{pmatrix}\begin{pmatrix} 0 \\ 1 \\ 0 \end{pmatrix} = \frac{1}{3}\begin{pmatrix} 0 \\ 1 \\ 0 \end{pmatrix},$$

$$T_3 s = \frac{1}{2}\begin{pmatrix} 1 & 0 & 0 \\ 0 & -1 & 0 \\ 0 & 0 & 0 \end{pmatrix}\begin{pmatrix} 0 \\ 0 \\ 1 \end{pmatrix} = 0\begin{pmatrix} 0 \\ 0 \\ 1 \end{pmatrix}, \quad Ys = \frac{1}{3}\begin{pmatrix} 1 & 0 & 0 \\ 0 & 1 & 0 \\ 0 & 0 & -2 \end{pmatrix}\begin{pmatrix} 0 \\ 0 \\ 1 \end{pmatrix} = -\frac{2}{3}\begin{pmatrix} 0 \\ 0 \\ 1 \end{pmatrix},$$

$$(14.12)$$

可得 $su(3)$ 自然表示 **3** 的负载空间的基向量 $u = \left| \frac{1}{2}, \frac{1}{3} \right\rangle$, $d = \left| -\frac{1}{2}, \frac{1}{3} \right\rangle$,

$s = \left| 0, -\frac{2}{3} \right\rangle$（图 14.5.1），统一记为 q，即 $q: u, d, s$.

（3）自然表示 **3** 的逆步表示 $\overline{\mathbf{3}}$

对于 $A \in su(3)$，以 A 表示 A，就是自然表示 **3**，此时使用的是列向量空间，其基向量 q 为（14.11）中的列向量 u, d, s，而 **3** 的逆步表示 $\overline{\mathbf{3}}$ 是由 $-A^T$ 来表示 A（参见 §12.11），即 $\rho(A) = -A^T$. 若 v 为列向量，则从 $\rho(A)v = (-A^T)v = v'$，考虑 v, v' 的行向量 v^T, $(v')^T$，且分别记为 $\overline{v}$, $\overline{v}'$，那么就有 $\overline{v}' = (v')^T = v^T(-A) = \overline{v}(-A)$.

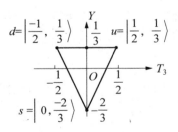

图 14.5.1　$su(3)$ 自然表示 **3**

的基向量 q

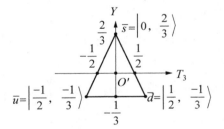

图 14.5.2　$su(3)$ 自然表示的逆步表示 $\overline{\mathbf{3}}$

的基向量 $\overline{q}$

由对应于 $q: u, d, s$ 的行向量为 $\overline{q}: \overline{u}, \overline{d}, \overline{s}$，因此，有

$$\overline{u} = u^T = (1, 0, 0), \quad \overline{d} = d^T = (0, 1, 0), \quad \overline{s} = s^T = (0, 0, 1).$$

$$(14.13)$$

现在我们把 **3** 的逆步表示 $\bar{\mathbf{3}}$,在以 $\bar{u}$, $\bar{d}$, $\bar{s}$ 为基的行向量空间中表示出来:例如说

$$\rho(T_3)\bar{u} = (1 \quad 0 \quad 0)(-T_3) = (1 \quad 0 \quad 0)\left(-\frac{1}{2}\right)\begin{pmatrix} 1 & 0 & 0 \\ 0 & -1 & 0 \\ 0 & 0 & 0 \end{pmatrix}$$

$$= -\frac{1}{2}(1 \quad 0 \quad 0) = -\frac{1}{2}\bar{u},$$

$$\rho(Y)\bar{u} = (1 \quad 0 \quad 0)(-Y) = (1 \quad 0 \quad 0)\left(-\frac{1}{3}\right)\begin{pmatrix} 1 & 0 & 0 \\ 0 & 1 & 0 \\ 0 & 0 & -2 \end{pmatrix}$$

$$= -\frac{1}{3}(1 \quad 0 \quad 0) = -\frac{1}{3}\bar{u},$$

这就有 $\bar{u} = \left| -\frac{1}{2}, -\frac{1}{3} \right\rangle$. 类似地有: $\bar{d} = \left| \frac{1}{2}, -\frac{1}{3} \right\rangle$, $\bar{s} = \left| 0, \frac{2}{3} \right\rangle$(作为练习). 这些结果明示于图 14.5.2 之中.

作为对比,在 $su(2)$ 的情况中,2 维表示 $\rho^{\frac{1}{2}}$ 就是它的自然表示. $\rho^{\frac{1}{2}}$ 的逆步表示就是 $\rho^{\frac{1}{2}}$ 本身,因为我们只有一个 2 维表示. $\rho^{\frac{1}{2}}$ 又是 $su(2)$ 的基础表示(参见 §13.7),在 $su(3)$ 的情况中,它有 2 个基础表示,即 **3** 与 $\bar{\mathbf{3}}$,由它们通过张量积,再经约化可构成 $su(3)$ 的所有不可约表示. 再者,$\bar{u}$, $\bar{d}$, $\bar{s}$ 的 T_3, Y 值正好是 u, d, s 相应值的负值. 如果 u, d, s 是"基础粒子",那么 $\bar{u}$, $\bar{d}$, $\bar{s}$ 就是"基础反粒子",而它们的复合(张量积)便能给出所有的粒子来. 那么,什么是这些基础粒子? 这样做是否经得住实验的检验? 要解答这些问题还需要几块拼图.

(4) $su(3)$ 的伴随表示 **8**

在 §12.12 中,我们讨论过李代数 L 的伴随表示,它是由 L 本身负载的一种表示. 对于 $su(3)$ 而言,要考虑由 $A \in su(3)$ 给出映射 $\mathrm{ad}\,A \in gl(su(3))$:

$$\begin{aligned} \mathrm{ad}\,A &: su(3) \longrightarrow su(3) \\ B & \qquad \mathrm{ad}\,A(B) = [A, B] \end{aligned} \tag{14.14}$$

而此时负载空间 $su(3) = 《Y, T_3, T_\pm, V_\pm, U_\pm》$ 是 8 维的,而对于其中的向量 $Y, T_3, T_\pm, V_\pm, U_\pm$,有:

对于 T_3,从 $\mathrm{ad}\, T_3(T_3) = [T_3, T_3] = 0$, $\mathrm{ad}\, Y(T_3) = [Y, T_3] = 0$,可知 T_3 是 $\mathrm{ad}\, T_3$, $\mathrm{ad}\, Y$ 的共同特征向量,且特征值都为 0,故 T_3 在伴随表示中可标记为 $T_3 = |0, 0\rangle$;

对于 Y,从 $\mathrm{ad}\, T_3(Y) = [T_3, Y] = 0$, $\mathrm{ad}\, Y(Y) = 0$,而有 $Y = |0, 0\rangle$;

对于 $T_\pm$,从 $\mathrm{ad}\, T_3(T_\pm) = [T_3, T_\pm] = \pm T_\pm$, $\mathrm{ad}\, Y(T_\pm) = [Y, T_\pm] = 0$,而有 $T_\pm = |\pm 1, 0\rangle$;

对于 $V_\pm$,从 $\mathrm{ad}\, T_3(V_\pm) = [T_3, V_\pm] = \pm\dfrac{1}{2}V_\pm$, $\mathrm{ad}\, Y(V_\pm) = [Y, V_\pm] = \pm V_\pm$,而有 $V_\pm = \left|\pm\dfrac{1}{2}, \pm 1\right\rangle$;

对于 $U_\pm$,从 $\mathrm{ad}\, T_3(U_\pm) = [T_3, U_\pm] = \mp\dfrac{1}{2}U_\pm$, $\mathrm{ad}\, Y(U_\pm) = [Y, U_\pm] = \pm U_\pm$,有 $U_\pm = \left|\mp\dfrac{1}{2}, \pm 1\right\rangle$.

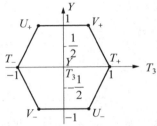

图 14.5.3 $su(3)$ 的伴随表示 **8**

这些结果明示于图 14.5.3 之中,这 8 个态之间的关系由图 14.4.1 给出. 在这 8 个态中,(U_+, V_+), (V_-, U_-) 每一个都是一个同位旋双重态;(T_-, T_3, T_+) 是一个同位旋三重态,而 Y 是一个同位旋单重态.

§14.6 $su(3)$ 不可约表示张量积的约化

我们来约化 $\mathbf{3} \times \overline{\mathbf{3}}$. 为此,先注意到负载 $su(3)$ 的表示 $\rho = \mathbf{3} \otimes \overline{\mathbf{3}}$ 的空间的 9 个基向量为 $u \otimes \bar{u}$, $u \otimes \bar{d}$, $u \otimes \bar{s}$, $d \otimes \bar{u}$, $d \otimes \bar{d}$, $d \otimes \bar{s}$, $s \otimes \bar{u}$, $s \otimes \bar{d}$, $s \otimes \bar{s}$,而且(参见(12.26),§13.7)

$$\rho(T_3)(|\lambda_1, \mu_1\rangle \otimes |\lambda_2, \mu_2\rangle) = (\lambda_1 + \lambda_2)|\lambda_1, \mu_1\rangle \otimes |\lambda_2, \mu_2\rangle,$$

$$\rho(Y)(|\lambda_1, \mu_1\rangle \otimes |\lambda_2, \mu_2\rangle) = (\mu_1 + \mu_2)|\lambda_1, \mu_2\rangle \otimes |\lambda_2, \mu_2\rangle,$$

(14.15)

即 T_3, Y 的特征值都是可加量子数. 接下来,省去符号 ρ, $\otimes$,来计算 T_3, Y 对上述 9 个基向量的作用. 例如,对于 $u\bar{d}$,有

$$T_3(u\bar{d}) = u\bar{d}, \quad Y(u\bar{d}) = 0(u\bar{d}), \tag{14.16}$$

因此 $u\bar{d} = |\,1, 0\rangle$,或者说 $u\bar{d}$ 对应 $\lambda\mu$ 平面中的点 $(1, 0)$. 类似地,可以得出 (作为练习) 其他一些结果. 最后有

$$u\bar{u} = |\,0, 0\rangle, \qquad u\bar{d} = |\,1, 0\rangle, \qquad u\bar{s} = \left|\,\frac{1}{2}, 1\right\rangle,$$

$$d\bar{u} = |-1, 0\rangle, \qquad d\bar{d} = |\,0, 0\rangle, \qquad d\bar{s} = \left|-\frac{1}{2}, 1\right\rangle, \tag{14.17}$$

$$s\bar{u} = \left|-\frac{1}{2}, -1\right\rangle, \quad s\bar{d} = \left|\frac{1}{2}, -1\right\rangle, \quad s\bar{s} = |\,0, 0\rangle.$$

把图 14.5.2 所示 $\bar{\mathbf{3}}$ 的 O' 点叠合到图 14.5.1 的 u, d, s 各点 (参见图 13.7.1),也能从几何上得出这些结果. 这由图 §14.6.1 所示.

把图 14.6.1 与图 14.5.3 比较一下,可知 $su(3)$ 的 $\mathbf{3} \otimes \bar{\mathbf{3}}$ 可约化为 $\mathbf{8}$ 与 $\mathbf{1}$,即 $\mathbf{3} \otimes \bar{\mathbf{3}} = \mathbf{8} \oplus \mathbf{1}$. 事实上,由图 14.6.1 原点处 3 个 "·" 所表明的 $u\bar{u}$, $d\bar{d}$, $s\bar{s}$ 都是 $|0, 0\rangle$. 精确的计算表明 (参见 [25],[63]),它们的

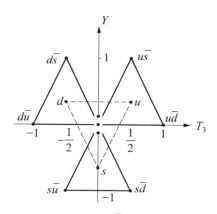

图 14.6.1 $\mathbf{3} \otimes \bar{\mathbf{3}}$ 中的 9 个态

适当线性组合构成了 (参见图 14.7.2) $\pi^0 = \dfrac{1}{\sqrt{2}}(u\bar{u} - d\bar{d})$, $\eta = \dfrac{1}{\sqrt{6}}(u\bar{u} + d\bar{d} - 2s\bar{s})$, $\eta' = \dfrac{1}{\sqrt{3}}(u\bar{u} + d\bar{d} + s\bar{s})$,使得 π^0 与 $u\bar{u}$, $u\bar{d}$ 构成 $\mathbf{8}$ 中的一个同位旋 3 重态,η 是 $\mathbf{8}$ 中的一个同位旋单态,而 η' 则负载 $\mathbf{8} \oplus \mathbf{1}$ 中的恒等表示 $\mathbf{1}$ (参见附录 6).

例 14.6.1 对于 $\mathbf{3} \otimes \mathbf{3}$,利用 (14.15),不难求出此时的 uu, ud, us, du, dd, ds, su, sd, ss 所给出的 $|\lambda, \mu\rangle$ (图 14.6.2). 由此,得出 $\mathbf{3} \otimes \mathbf{3} = \mathbf{6} \oplus \bar{\mathbf{3}}$. 这样也得出了不可约表示 $\mathbf{6}$ 所含的 $|\lambda, \mu\rangle$.

例 14.6.2 用更一般的方法(参见[15]),能容易地求得 $3\otimes3\otimes3=10\oplus$ $8\oplus8\oplus1$. 我们现在这样进行: $3\otimes3\otimes3=(3\otimes3)\otimes3=(6\oplus\overline{3})\otimes3=(6\otimes$ $3)\oplus(\overline{3}\otimes3)=(6\otimes3)\oplus(8\oplus1)$,那就只需约化 $6\otimes3(=10\oplus8)$. 6 和 3,以及 8 的 $|\lambda,\mu\rangle$ 都已求得,这就较易去做(或验证)了. 这样产生的 10 与 8 的 $|\lambda,\mu\rangle$ 分别明示在图 14.6.3 与图 14.6.4 之中.

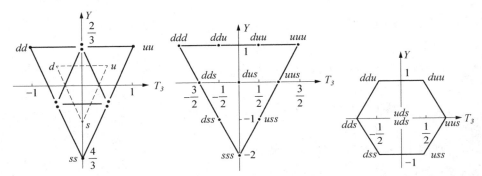

图 14.6.2 $3\otimes3$ 约化为 $6\oplus\overline{3}$ 图 14.6.3 $3\otimes3\otimes3$ 中的 10   图 14.6.4 $3\otimes3\otimes3$ 中的 8

§14.7 八正法和 Ω^- 粒子

盖尔曼和内埃曼分别独立地提出:质量最小的、自旋为 $\frac{1}{2}$、宇称为 $+1$ 的 8 个重子(图 14.7.1),以及质量最小的、自旋为 0、宇称为 -1 的 8 个介子(图 14.7.2)分别构成 $su(3)$ 的多重态,负载 $su(3)$ 的不可约表示 **8**. 八个一组,形成了一个"基本的"八重态. 盖尔曼借用了佛教中的八正道说法,而把他的方案称为"八正法".

盖尔曼接下来用 $su(3)$ 的 **10** 填充自旋为 $\frac{3}{2}$,宇称为 $+1$ 的重子,如图 14.7.3 所示. 当时只有 9 个这样的重子,而图中最下端的那个 Ω^- 是空缺着的. 从图中可以看出它的 $T_3=0$,$Y=-2$. 因此,由(14.6)可推知它的 $Q=$ -1. 再由于这 9 个重子在 **10** 中是按一个非常有规律的方式变化着的,依此,盖尔曼还非常精准地预言了 Ω^- 的质量.

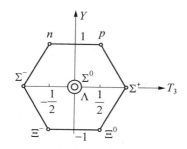

图 14.7.1　重子八重态,注意坂田子在其中的位置

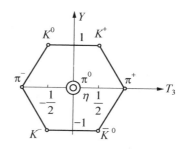

图 14.7.2　介子八重态

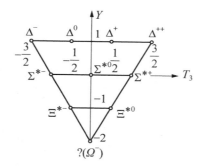

图 14.7.3　重子十重态

　　1964 年 Ω^- 被发现了,它具有所有那些预言中的性质,这表明盖尔曼的方案——"粒子周期表"还有预言粒子的能力. 此后,人们对 $su(3)$ 作为基本粒子的基本对称性群这一点就几乎没有什么怀疑了. 那么,八正法的背景又是什么呢?

§14.8　基本粒子的夸克模型

　　八正法中,用的是 $su(3)$ 的表示 **8**,**10**. 它们出现在 $su(3)$ 的基础表示 $\mathbf{3} \otimes \bar{\mathbf{3}}$,与 $\mathbf{3} \otimes \mathbf{3} \otimes \mathbf{3}$ 的约化之中. 1963 年,盖尔曼和茨威格几乎同时地提出了存在一些更基本的组分. 盖尔曼把它们称为"夸克"与"反夸克". 事实上,它们就是负载 $su(3)$ 的 **3** 的上(u:up)夸克、下(d:down)夸克,和奇(s:strange)夸克,以及它们的反粒子:$\bar{u}$,$\bar{d}$,$\bar{s}$(参见图 14.5.1,图 14.5.2). 这些夸克和反夸克以下面的方式构成介子与重子:

介子是夸克-反夸克体系，

重子是 3 夸克体系.

这就是基本粒子的夸克模型. 图 14.6.1 给出了介子的夸克-反夸克构成, 图 14.6.3 与图 14.6.4 给出了重子的 3 夸克结构.

由于 3 个夸克构成一个重子, 因此夸克的重子数 $B = \frac{1}{3}$, 而反夸克的重子数则为 -1. 于是由 $Y = B + S$, 以及 $Q = T_3 + \frac{1}{2}Y$, 还有图 14.5.1, 我们容易得出下表：

	B	T_3	Y	S	Q
u	$\frac{1}{3}$	$\frac{1}{2}$	$\frac{1}{3}$	0	$\frac{2}{3}$
d	$\frac{1}{3}$	$-\frac{1}{2}$	$\frac{1}{3}$	0	$-\frac{1}{3}$
s	$\frac{1}{3}$	0	$-\frac{2}{3}$	-1	$-\frac{1}{3}$

图 14.8.1 构成强子的夸克的性质

该表表明夸克粒子具有分数电荷. 再者 u, d, s 的奇异数分别为 0, 0, -1, 于是图 14.6.4 给出的 8 个重子的夸克成分, 就表明了这 8 个重子的奇异数：质子 p 为 duu, 中子为 ddu, 它们都不含 s, 因此奇异数都为 0, 而 Λ 为 uds, 含有 s, 所以 Λ 的奇异数为 -1……这体现了坂田模型的初衷(试比较图 14.2.1 与图 14.7.1). 这也是 s 夸克称为奇夸克的原因.

故事至此还远未结束. 如图 14.6.3 所示, Ω^- 粒子是由 3 个奇夸克构成的, 这就与泡利不相容原理相抵触了. 于是物理学家就引入了一种新的量子数——"色量子数", 即每一种夸克形象化地都有"红""黄""蓝"3 种颜色之一. 这种量子数之所以在以前的各强子中都没有显示出来, 是因为这 3 种"颜色"都出现了, 强子就呈现"白色", 而体现不出这种量子数. 因此, 呈"白色"的 Ω^- 就并不违反泡利不相容原理了.

随着人们对基本粒子世界不断深入的探索. 夸克粒子的大家庭中又迎来了：粲(c；charm)夸克、底(b：bottom)夸克, 以及顶(t：top)夸克. 这样就有了 6 种夸克, 又称 6 种"味道", 而每一种味道的夸克分别又有 3 种"颜色", 这就有了 18 种夸克. 每一种夸克又有相应的反夸克, 所以一共就有 36 种夸克.

盖尔曼因"有关基本粒子的分类及其相互作用的贡献和发现"荣获 1969 年的诺贝尔物理学奖.

如果再往下讲, 那就必然要涉及诸如弱相互作用理论、规范场论, 以及以 $SU(3) \times SU(2) \times U(1)$ 为群结构的标准模型, ……在此暂且打住.

附　录

　　这里一共有 6 个附录,是全书的重要组成部分.其中附录 1 详细地证明了同余算法中的一些运算性质,这在数学的许多学科中都有应用;附录 2 清晰地论述了 $\mathbb{Z}_n$ 与 $\mathbb{Z}'_n$ 之间的关系与它们各自的代数性质,这有助于读者巩固已学到的相关知识;附录 3 讨论了矩阵的特征方程问题,其结果在本书中多次用到;附录 4 用同余理论以及贝祖等式详细完整地证明了孙子定理,这对需要这方面资料的读者提供了一份较易阅读的阐述;附录 5 则是从群论的角度推导出洛伦兹变换(推动)的具体形式,这种方法突显了时空的对称性与均匀性,以及数学与物理之间的水乳相交;附录 6 详细地补充了正文中在 $su(3)$ 的 $\mathbf{3} \otimes \overline{\mathbf{3}} = \mathbf{8} \oplus \mathbf{1}$ 的约化中对 π^0, η, η' 的表示性质的描述.

附录 1

同余算法中的一些性质

对于 $a, b, c, d, j, k \in \mathbb{Z}$，以及 $m, l \in \mathbb{N}^+$，我们从 (i) $m \mid (a-a)$，(ii) $m \mid (a-b) \Leftrightarrow m \mid (b-a)$，(iii) $m \mid (a-b), m \mid (b-c) \Rightarrow m \mid (a-c)$，则分别可得

(1) $a \equiv a \pmod{m}$.

(2) $a \equiv b \pmod{m} \Leftrightarrow b \equiv a \pmod{m}$.

(3) $a \equiv b \pmod{m}, b \equiv c \pmod{m} \Rightarrow a \equiv c \pmod{m}$.

由 $m \mid (a-b), m \mid (c-d) \Rightarrow m \mid [(a-b)+(c-d)]$，即 $m \mid [(a+c)-(b+d)]$，有

(4) $a \equiv b \pmod{m}, c \equiv d \pmod{m} \Rightarrow a+c \equiv (b+d) \pmod{m}$.

由 $m \mid (a-b) \Rightarrow m \mid k(a-b)$，即 $m \mid (ka-kb)$，有

(5) $a \equiv b \pmod{m} \Rightarrow ka \equiv kb \pmod{m}$.

由 $a \equiv b \pmod{m}, c \equiv d \pmod{m}$，即 $a-b = jm, c-d = km$，有 $ac = (jm+b)(km+d) = bd + (jkm+bk+dj)m$. 因此有

(6) $a \equiv b \pmod{m}, c \equiv d \pmod{m} \Rightarrow ac \equiv bd \pmod{m}$.

在 $c = a, d = b$ 时应用 (6)，有 $a^2 \equiv b^2 \pmod{m}$. 更一般地，有

(7) $a \equiv b \pmod{m} \Rightarrow a^l \equiv b^l \pmod{m}$.

(8) 若 l, m 互素，且若 $la \equiv lb \pmod{m}$，则有 $a \equiv b \pmod{m}$. 这是因为 $m \mid (la-lb)$，即 $m \mid l(a-b)$，其中 m, l 互素. 这就有 $m \mid (a-b)$. （参见例 7.7.4）

附录 2

$$\mathbb{Z}_n \text{ 与 } \mathbb{Z}'_n$$

对 $n \in \mathbb{Z}$，对定义的

$$\mathbb{Z}_n = \{\bar{0}, \bar{1}, \cdots, \overline{n-1}\}, \tag{1}$$

可定义它的加法运算

$$\bar{a} \oplus \bar{b} = \overline{a+b}. \tag{2}$$

此时，$\mathbb{Z}_n$ 构成加群，而 $\bar{0} = \bar{n}$ 是加法的零元，$\bar{k}$ 的负元是 $-\bar{k} = \overline{-k} = \overline{n-k}$.

若以

$$\bar{a} * \bar{b} = \overline{ab} \tag{3}$$

定义 $\mathbb{Z}_n$ 的乘法，则 $\bar{1}$ 是此乘法的单位元. 但 $\mathbb{Z}_n$ 对此乘法并不构成群，因为例如 $\bar{0}$ 就无逆元.

我们断言，$\bar{k} \in \mathbb{Z}_n$ 有乘法逆元的充要条件是 k 与 n 是互素的，即

$$gcd(k, n) = 1.$$

充分性的证明：设 $gcd(k, n) = 1$，那么根据贝祖等式（参见 §7.7）就可知，此时 $\exists u, v \in \mathbb{Z}$，使得 $ku + nv = 1$. 这样就有

$$\bar{1} = \overline{ku+nv} = \overline{ku} \oplus \overline{nv} = \overline{ku} = \bar{k} * \bar{u}, \tag{4}$$

即 $\bar{u}$ 是 $\bar{k}$ 的逆元.

必要性的证明：若 $\exists u \in \mathbb{Z}$，使得 $\bar{1} = \bar{k} * \bar{u} = \overline{ku}$，那么 $ku \equiv 1 (\bmod n)$，即 $\exists v \in \mathbb{Z}$，有 $ku - 1 = nv$，或

$$ku + nv = 1, \tag{5}$$

这表明 k，n 是互素的. 我们用反证法来证明这一点：倘若 k，n 不互素，则它们有不等于 1 的公因数 q，而 $k = qk'$，$n = qn'$. 于是 (5) 可写成

$$qk'u + qn'v = 1, \tag{6}$$

因此，$k'u + n'v = \dfrac{1}{q}$. 然而，这个等式的左边是一个整数，而右边却不是一个整数. 这就矛盾了.

由此定义

$$\mathbb{Z}'_n = \{\bar{k} \in \mathbb{Z}_n \mid gcd(k, n) = 1\}. \tag{7}$$

不难证明 $\mathbb{Z}'_n$ 构成一个乘群，称为模 m 同余类乘群. 例如，当 $n = 6$，$\mathbb{Z}_6 = \{\bar{0}, \bar{1}, \bar{2}, \bar{3}, \bar{4}, \bar{5}\}$，而 $\mathbb{Z}'_6 = \{\bar{1}, \bar{5}\}$. 当 p 是素数时，则从 $\mathbb{Z}_p = \{\bar{0}, \bar{1}, \cdots, \overline{p-1}\}$，有 $\mathbb{Z}'_p = \{\bar{1}, \bar{2}, \cdots, \overline{p-1}\}$ 是一个 $p-1$ 阶乘群.

3×3 矩阵 A 的特征方程

对于 3×3 的矩阵 $A=(a_{ij})$，有

$$|\lambda E_3 - A| = \begin{vmatrix} \lambda - a_{11} & -a_{12} & -a_{13} \\ -a_{21} & \lambda - a_{22} & -a_{23} \\ -a_{31} & -a_{32} & \lambda - a_{33} \end{vmatrix} = 0. \tag{1}$$

此时按第一行展开，经过一些代数运算可得

$$|\lambda E_3 - A| = (\lambda - a_{11}) \begin{vmatrix} \lambda - a_{22} & -a_{23} \\ -a_{32} & \lambda - a_{33} \end{vmatrix} + a_{12} \begin{vmatrix} -a_{21} & -a_{23} \\ -a_{31} & \lambda - a_{33} \end{vmatrix}$$

$$- a_{13} \begin{vmatrix} -a_{21} & \lambda - a_{22} \\ -a_{31} & -a_{32} \end{vmatrix}$$

$$= \lambda^3 - (a_{11} + a_{22} + a_{33})\lambda^2 + \left(\begin{vmatrix} a_{22} & a_{23} \\ a_{32} & a_{33} \end{vmatrix} + \begin{vmatrix} a_{11} & a_{13} \\ a_{31} & a_{33} \end{vmatrix} + \begin{vmatrix} a_{11} & a_{12} \\ a_{21} & a_{22} \end{vmatrix} \right)\lambda$$

$$- \begin{vmatrix} a_{11} & a_{12} & a_{13} \\ a_{21} & a_{22} & a_{23} \\ a_{31} & a_{32} & a_{33} \end{vmatrix}, \tag{2}$$

其中的 3 个 2×2 的行列式分别为在矩阵 A 中去掉第 1 行，第 1 列；第 2 行，第 2 列；第 3 行，第 3 列而按原矩阵元的次序得到的行列式，各记为 $A(2,3)$，$A(1,3)$，$A(1,2)$. 那么可将(2)最后写为

$$|\lambda E_3 - A| = \lambda^3 - \operatorname{tr}A\lambda^2 + (A(2,3) + A(1,3) + A(1,2))\lambda - \det A = 0. \tag{3}$$

另一方面，设(1)的根为 λ_1，λ_2，λ_3，则有

$$| \lambda E_3 - A | = (\lambda - \lambda_1)(\lambda - \lambda_2)(\lambda - \lambda_3)$$
$$= \lambda^3 - (\lambda_1 + \lambda_2 + \lambda_3)\lambda^2 + (\lambda_1\lambda_2 + \lambda_1\lambda_3 + \lambda_2\lambda_3)\lambda - \lambda_1\lambda_2\lambda_3.$$

$$(4)$$

这就有

$$\mathrm{tr}\,A = \lambda_1 + \lambda_2 + \lambda_3,$$
$$A(2,3) + A(1,3) + A(1,2) = \lambda_1\lambda_2 + \lambda_1\lambda_3 + \lambda_2\lambda_3,$$
$$\det A = \lambda_1\lambda_2\lambda_3.$$

$$(5)$$

一般的情况,可参见[9]中的阐述.

附录 4

孙子定理的证明

孙子定理:设 m_1, m_2, $\cdots$, m_k 是 $k(\geqslant 2)$ 个两两互素的正整数,则同余方程组

$$x \equiv b_i(\bmod m_i)\,,\, b_i \in \mathbb{Z}\,,\, i=1,\, 2,\, \cdots,\, k \tag{1}$$

的正整数通解为

$$x \equiv b_1 M_1' M_1 + b_2 M_2' M_2 + \cdots + b_k M_k' M_k (\bmod M)\,, \tag{2}$$

其中 M, M_i 分别为

$$M = m_1 m_2 \cdots m_k,\, M_i = \frac{M}{m_i} = m_1 m_2 \cdots m_{i-1} m_{i+1} \cdots m_k,\, i=1,\, 2,\, \cdots,\, k. \tag{3}$$

而 M_i' 是满足

$$M_i' M_i \equiv 1(\bmod m_i),\, i=1,\, 2,\, \cdots,\, k \tag{4}$$

的正整数.

证明　因为 m_1, m_2, $\cdots$, m_k 是两两互素的,所以当 $i \neq j$ 时,$(m_i,\, m_j)=1$. 又因为 M_i 中没有因数 m_i,因此

$$(M_i,\, m_i)=1. \tag{5}$$

于是由贝祖等式(参见 §7.7),可知存在整数 M_i', n_i 使得 $M_i M_i' + m_i n_i = 1$,也即

$$M_i M_i' \equiv 1(\bmod m_i),\, i=1,\, 2,\, \cdots,\, k. \tag{6}$$

另一方面,当 $j \neq i$ 时,M_j 中含有 m_i,有 $m_i | M_j$. 因此,$m_i | (b_j M_j') M_j$.

所以有

$$b_j M_j' M_j \equiv 0 (\bmod m_i), \quad j \neq i. \tag{7}$$

现在考虑量

$$b_1 M_1' M_1 + b_2 M_2' M_2 + \cdots + b_k M_k' M_k. \tag{8}$$

将它除以 m_i,而由(7)可得

$$b_1 M_1' M_1 + b_2 M_2' M_2 + \cdots + b_k M_k' M_k \equiv b_i M_i' M_i (\bmod m_i)$$
$$\equiv b_i (\bmod m_i), \quad i = 1, 2, \cdots, k,$$
$$\tag{9}$$

其中用到了(6)(参见附录 1).于是将此式与(1)比较,就得到了结论

$$x = b_1 M_1' M_1 + b_2 M_2' M_2 + \cdots + b_k M_k' M_k \tag{10}$$

是同余方程组(1)的一个解,即 $x = b_i (\bmod m_i)$, $i = 1, 2, \cdots, k$.

又设 y 同样满足(1),即 $y = b_i (\bmod m_i)$, $i = 1, 2, \cdots, k$,于是有 $m_i \mid (x - y)$, $i = 1, 2, \cdots, k$.考虑到 $M = m_1 m_2 \cdots m_k$,且其中 $m_1, m_2, \cdots, m_k$ 是两两互素的,这就有(参见§7.2) $M \mid (x - y)$,即 $x \equiv y (\bmod M)$.这表明 (1)的通解为

$$x \equiv b_1 M_1' M_1 + b_2 M_2' M_2 + \cdots + b_k M_k' M_k (\bmod M), \tag{11}$$

利用这里的 $\bmod M$ 运算,可以获得满足(1)的最小正整数解.

附录 5

从群论的观点推导出惯性系之间的特殊洛伦兹变换——推动

（1）全体推动构成一个单参数群

设惯性系 S 与 S'，在 $t = t' = 0$ 时，原点 O, O' 重合，空间各坐标轴也重合，且 S' 沿 S 的 x 轴的正方向以速率 v 作匀速运动. 由时空的均匀性，可知 S 的时空 (t, x) 与 S' 的时空 (t', x') 之间有下列线性变换（参见 [42]，[43]）

$$\begin{pmatrix} t' \\ x' \end{pmatrix} = \begin{pmatrix} \alpha_{11} & \alpha_{12} \\ \alpha_{21} & \alpha_{22} \end{pmatrix} \begin{pmatrix} t \\ x \end{pmatrix}, \tag{1}$$

其中 $\alpha_{ij} = \alpha_{ij}(v)$，$i, j = 1, 2$. 对于 $|v|$ 小于光速 c 的所有这些变换，以映射的结合构成以 v 的参数的单参数群. 当 $v = 0$ 时，（1）给出恒等变换. 除此以外，α_{12}, α_{21} 都不等于零，否则时间 t 仍将是"绝对时间".

（2）考虑一些特殊时空点的变换

S' 的原点，在 S' 中的时空坐标为 t' 与 0，它在 S 中的时空坐标为 t 与 vt，那么

$$\begin{pmatrix} t' \\ 0 \end{pmatrix} = \begin{pmatrix} \alpha_{11} & \alpha_{12} \\ \alpha_{21} & \alpha_{22} \end{pmatrix} \begin{pmatrix} t \\ vt \end{pmatrix}. \tag{2}$$

S 的原点 O 在 S 中的时空坐标 $(t, 0)$，它在 S' 中的时空坐标为 $(t', -vt')$，那么

$$\begin{pmatrix} t' \\ -vt' \end{pmatrix} = \begin{pmatrix} \alpha_{11} & \alpha_{12} \\ \alpha_{21} & \alpha_{22} \end{pmatrix} \begin{pmatrix} t \\ 0 \end{pmatrix}. \tag{3}$$

于是从(2)与(3)分别得出

$$0 = \alpha_{21} t + \alpha_{22} vt, \text{即} \ \alpha_{21} + v\alpha_{22} = 0, \tag{4}$$

$$t' = \alpha_{11} t, \tag{5}$$

$$-vt' = \alpha_{21} t. \tag{6}$$

由(5),(6),可得 $-v\alpha_{11} = \alpha_{21}$,再与(4)比较就有 $\alpha_{11} = \alpha_{22}$. 若令

$$\gamma = \gamma(v) = \alpha_{11}(v), \tag{7}$$

(1)就可写成

$$\begin{pmatrix} t' \\ x' \end{pmatrix} = \begin{pmatrix} \gamma(v) & \alpha_{12}(v) \\ -v\gamma(v) & \gamma(v) \end{pmatrix} \begin{pmatrix} t \\ x \end{pmatrix}, \tag{8}$$

而(3)就是

$$\begin{pmatrix} t' \\ -vt' \end{pmatrix} = \begin{pmatrix} \gamma(v) & \alpha_{12}(v) \\ -v\gamma(v) & \gamma(v) \end{pmatrix} \begin{pmatrix} t \\ 0 \end{pmatrix}. \tag{9}$$

(3) 逆变换带来的条件

若 S' 相对于 S 以速率 v 沿 x 轴的负方向作运动,此时考虑 S 的原点在 S' 中的运动,那么按(9)有

$$\begin{pmatrix} t' \\ vt' \end{pmatrix} = \begin{pmatrix} \gamma(-v) & \alpha_{12}(-v) \\ v\gamma(-v) & \gamma(-v) \end{pmatrix} \begin{pmatrix} t \\ 0 \end{pmatrix}, \tag{10}$$

其中的 t' 仍是(8)中的 t',这是因为空间的各向同性. 因此,从(9),(10)有

$$t' = \gamma(v) t = \gamma(-v) t,$$
$$-vt' = -v\gamma(v) t = -v\gamma(-v) t. \tag{11}$$

这两式都给出同一结果

$$\gamma(-v) = \gamma(v) = \gamma. \tag{12}$$

下面来求(8)的逆变换,即其中 2×2 矩阵的逆矩阵.

一方面是从物理上去考虑:(8)给出的是从 S 到 S' 的时空变换,而作为逆

变换是要从 S' 得出到 S 的变换. 从 S' 来观察，S 是以速率 v 沿 x' 的负方向作运动的. 因此，此时的矩阵应为

$$\begin{pmatrix} \gamma(-v) & \alpha_{12}(-v) \\ v\gamma(-v) & \gamma(-v) \end{pmatrix} = \begin{pmatrix} \gamma & \alpha_{12}(-v) \\ v\gamma & \gamma \end{pmatrix}, \tag{13}$$

其中已用到了(12). 另一方面，按(8)中的 2×2 矩阵的行列式及其各代数余子式，从数学上来求出它的逆矩阵(参见(4.16))

$$\frac{1}{\gamma^2 + \alpha_{12}(v)v\gamma} \begin{pmatrix} \gamma & -\alpha_{12}(v) \\ v\gamma & \gamma \end{pmatrix}. \tag{14}$$

将(13)，(14)加以比较，就有

$$\gamma^2 + \alpha_{12}(v)v\gamma = 1, \quad \alpha_{12}(-v) = -\alpha_{12}(v). \tag{15}$$

这样，我们就能将(8)及其逆变换写成

$$\begin{pmatrix} t' \\ x' \end{pmatrix} = \begin{pmatrix} \gamma & \alpha_{12}(v) \\ -v\gamma & \gamma \end{pmatrix} \begin{pmatrix} t \\ x \end{pmatrix}, \quad \begin{pmatrix} t \\ x \end{pmatrix} = \begin{pmatrix} \gamma & \alpha_{12}(-v) \\ v\gamma & \gamma \end{pmatrix} \begin{pmatrix} t' \\ x' \end{pmatrix}. \tag{16}$$

两者具有同样形式，且 $\gamma(-v) = \gamma(v) = \gamma$，$\gamma^2 + \alpha_{12}(v)v\gamma = 1$，$\alpha_{12}(-v) = -\alpha_{12}(v)$. 下面我们来求 $\gamma(v)$，$\alpha_{12}(v)$ 的具体形式.

(4) 考虑洛伦兹变换的封闭性

群的封闭性要求：从 S 变换到 S'，再从 S' 变换成 S''，相当于从 S 到 S'' 的一次变换. 为此，计算出

$$\begin{pmatrix} \gamma' & \alpha'_{12} \\ -v'\gamma' & \gamma' \end{pmatrix} \begin{pmatrix} \gamma & \alpha_{12} \\ -v\gamma & \gamma \end{pmatrix} = \begin{pmatrix} \gamma'\gamma - \alpha'_{12}v\gamma & \gamma'\alpha_{12} + \gamma\alpha'_{12} \\ -\gamma'\gamma(v+v') & \gamma'\gamma - \alpha_{12}v'\gamma' \end{pmatrix}.$$

由此得出的结果必须具有(16)的形式，因此其中的两个主对角元应相等：$-\alpha'_{12}v\gamma = -\alpha_{12}v'\gamma'$. 注意到在非恒等变换的情况下，$\alpha_{12} \neq 0$，而令

$$\alpha_{12} = kv\gamma, \tag{17}$$

那么，根据上面两个等式就有

$$k = \frac{\alpha_{12}}{v\gamma} = \frac{\alpha'_{12}}{v'\gamma'}. \tag{18}$$

这表明 k 是一个与参考系之间的相对速度无关的常数.

在 (15) 左边的式子中, 代入 (17), 有: $\gamma^2 + kv\gamma v\gamma = 1$, 即

$$\gamma = \frac{1}{\sqrt{1 + kv^2}}, \tag{19}$$

所以, 在 (16) 的左式之中代入 (19) 的结果, 有

$$\binom{t'}{x'} = \begin{pmatrix} \gamma & \alpha_{12}(v) \\ -v\gamma & \gamma \end{pmatrix} \binom{t}{x} = \frac{1}{\sqrt{1 + kv^2}} \begin{pmatrix} 1 & kv \\ -v & 1 \end{pmatrix} \binom{t}{x}. \tag{20}$$

详细地写出来, 就是

$$t' = \frac{t + kvx}{\sqrt{1 + kv^2}}, \quad x' = \frac{-vt + x}{\sqrt{1 + kv^2}}. \tag{21}$$

(5) 融入光速不变的要求

我们再从 (参见 (11.4), [42], [43])

$$(x')^2 - c^2(t')^2 = x^2 - c^2 t^2 \tag{22}$$

来确定常数 k 与光速 c 之间的关系, 从而将 c 引入洛伦兹变换. 为此将 (21) 代入 (22) 的左边, 有

$$(-vt + x)^2 - c^2(t + kvx) = (x^2 - c^2 t^2)(1 + kv^2).$$

经计算, 可得

$$x^2 - 2xvt + v^2 t^2 - c^2 t^2 - 2tkvxc^2 - k^2 v^2 x^2 c^2 = x^2(1 + kv^2) - c^2 t^2 - c^2 t^2 kv^2. \tag{23}$$

比较 (23) 左右两边变量 x, t 的表达式, 我们分别可得出

$$\begin{aligned} x^2(1 - k^2 v^2 c^2) &= x^2(1 + kv^2), \\ v^2 t^2 - (2xv + 2kvxc^2)t &= -c^2 t^2 kv^2. \end{aligned} \tag{24}$$

这两个式子对于所有可取的 t, v 都是恒等式, 因此有

$$1 - k^2 v^2 c^2 = 1 + k v^2,$$
$$v^2 = -c^2 k v^2,$$
$$2xv + 2kvxc^2 = 0.$$

（25）

由这 3 个式子都能得出同一结果

$$k = -\frac{1}{c^2}.$$

（26）

因而 $\gamma = \dfrac{1}{\sqrt{1 - \dfrac{v^2}{c^2}}}$，于是最后从（20）就有

$$\begin{pmatrix} t' \\ x' \end{pmatrix} = \begin{pmatrix} \gamma & -\dfrac{v}{c^2}\gamma \\ -v\gamma & \gamma \end{pmatrix} \begin{pmatrix} t \\ x \end{pmatrix}, \text{其中 } \gamma = \frac{1}{\sqrt{1 - \dfrac{v^2}{c^2}}}.$$

（27）

此即正文中的（11.2）.

$su(3)$ 的 $3 \otimes \bar{3} = 8 \oplus 1$ 的约化中 π^0、η、η' 的表示性质

由 $su(3)$ 的 $T_\pm$，$U_\pm$，$V_\pm$ 为(参见(14.9))

$$T_+ = \begin{pmatrix} 0 & 1 & 0 \\ 0 & 0 & 0 \\ 0 & 0 & 0 \end{pmatrix}, \quad U_+ = \begin{pmatrix} 0 & 0 & 0 \\ 0 & 0 & 1 \\ 0 & 0 & 0 \end{pmatrix}, \quad V_+ = \begin{pmatrix} 0 & 0 & 1 \\ 0 & 0 & 0 \\ 0 & 0 & 0 \end{pmatrix},$$

$$T_- = \begin{pmatrix} 0 & 0 & 0 \\ 1 & 0 & 0 \\ 0 & 0 & 0 \end{pmatrix}, \quad U_- = \begin{pmatrix} 0 & 0 & 0 \\ 0 & 0 & 0 \\ 0 & 1 & 0 \end{pmatrix}, \quad V_- = \begin{pmatrix} 0 & 0 & 0 \\ 0 & 0 & 0 \\ 1 & 0 & 0 \end{pmatrix}, \tag{1}$$

以及 $u = (1, 0, 0)^T$，$d = (0, 1, 0)^T$，$s = (0, 0, 1)^T$，容易得出

$$\begin{aligned} T_- u &= d, & T_+ d &= u, & V_+ s &= u, \\ V_- u &= s, & U_- d &= s, & U_+ s &= d, \end{aligned} \tag{2}$$

而其他组合都为零(参见图 14.5.1,图 14.4.1). 对于

$$\bar{u} = (1, 0, 0), \bar{d} = (0, 1, 0), \bar{s} = (0, 0, 1),$$

利用 $\rho(A)\bar{q} = \bar{q}(-A)$ (参见 §14.5 中的(3)),也不难得出

$$\begin{aligned} T_+ \bar{u} &= -\bar{d}, & T_- \bar{d} &= -\bar{u}, & V_- \bar{s} &= -\bar{u}, \\ V_+ \bar{u} &= -\bar{s}, & U_+ \bar{d} &= -\bar{s}, & U_- \bar{s} &= -\bar{d}, \end{aligned} \tag{3}$$

而其他组合都为零(参见图 14.5.2,图 14.4.1).

再根据 $\rho(A)q\bar{q} = \rho(A)q \otimes \bar{q} + q \otimes \rho(A)\bar{q}$，由(2)，(3)可得

$$T_+ \, u\bar{u} = -u\bar{d}, \qquad U_+ \, u\bar{u} = 0, \qquad V_+ \, u\bar{u} = -u\bar{s},$$

$$T_- \, u\bar{u} = d\bar{u}, \qquad U_- \, u\bar{u} = 0, \qquad V_- \, u\bar{u} = s\bar{u},$$

$$T_+ \, d\bar{d} = u\bar{d}, \qquad U_+ \, d\bar{d} = -d\bar{s}, \qquad V_+ \, d\bar{d} = 0,$$

$$T_- \, d\bar{d} = -d\bar{u}, \qquad U_- \, d\bar{d} = s\bar{d}, \qquad V_- \, d\bar{d} = 0, \tag{4}$$

$$T_+ \, s\bar{s} = 0, \qquad U_+ \, s\bar{s} = d\bar{s}, \qquad V_+ \, s\bar{s} = u\bar{s},$$

$$T_- \, s\bar{s} = 0, \qquad U_- \, s\bar{s} = -s\bar{d}, \qquad V_- \, s\bar{s} = -s\bar{u}.$$

有了这些准备,我们来分析正文中定义的 $\pi^0 = \dfrac{1}{\sqrt{2}}(u\bar{u} - d\bar{d})$,

$\eta = \dfrac{1}{\sqrt{6}}(u\bar{u} + d\bar{d} - 2s\bar{s})$,以及 $\eta' = \dfrac{1}{\sqrt{3}}(u\bar{u} + d\bar{d} + s\bar{s})$ 在 $su(3)$ 下的变换性质(参见图 14.6.1,图 14.5.3).

(1) 计算出 $T_+ \, d\bar{u} = u\bar{u} + d(-\bar{d}) = u\bar{u} - d\bar{d}$,$T_+(u\bar{u} - d\bar{d}) = -2u\bar{d}$.

这说明 $\pi^0 = \dfrac{1}{\sqrt{2}}(u\bar{u} - d\bar{d})$ 在 **8** 的负载空间中,且 $d\bar{u}$,$u\bar{u} - d\bar{d}$,$u\bar{d}$ 构成 **8** 中的一个同位旋 3 重态.

(2) 对于 $u\bar{u} + d\bar{d} - 2s\bar{s}$,有

$$V_+(u\bar{u} + d\bar{d} - 2s\bar{s}) = -3u\bar{s}, \qquad U_+(u\bar{u} + d\bar{d} - 2s\bar{s}) = -3d\bar{s},$$

$$V_-(u\bar{u} + d\bar{d} - 2s\bar{s}) = 3s\bar{u}, \qquad U_-(u\bar{u} + d\bar{d} - 2s\bar{s}) = 3s\bar{d}.$$

这说明 $\eta = \dfrac{1}{\sqrt{6}}(u\bar{u} + d\bar{d} - 2s\bar{s})$,按 $su(3)$ 的 **8** 变换,且由

$$T_+(u\bar{u} + d\bar{d} - 2s\bar{s}) = 0, \quad T_-(u\bar{u} + d\bar{d} - 2s\bar{s}) = 0, \tag{5}$$

说明 η 在 **8** 中构成一个同位旋单态.

(3) $\eta' = \dfrac{1}{\sqrt{3}}(u\bar{u} + d\bar{d} + s\bar{s})$ 在 $su(3)$ 下的变换

经计算可得(作为练习)

$$T_\pm \, \eta' = 0, \quad U_\pm \, \eta' = 0, \quad V_\pm \, \eta' = 0. \tag{6}$$

表明 η' 负载了 $su(3)$ 的 1 维恒等表示,且构成了 $su(3)$ 下的一个同位旋单态.

本书涉及的主要人名录

阿贝尔（Niels Henrick Abel，1802—1829）　挪威数学家. 他首次严格证明了五次代数方程一般不能用根式求根.

爱因斯坦（Albert Einstein，1879—1955）　美国和瑞士双国籍的犹太裔物理学家. 他提出了光子假设，成功地解释了光电效应，并创立了狭义相对论与广义相对论，1921 年获诺贝尔物理学奖.

坂田昌一（1911—1970）　日本物理学家. 他提出的"坂田模型"是强子模型的先驱.

贝祖（Etienne Bézout，1730—1783）　法国数学家. 他提出了贝祖等式等.

玻色（Satyendra Nath Bose，1894—1974）　印度物理学家和数学家. 他与爱因斯坦共创了玻色-爱因斯坦统计.

泊松（Siméon-Denis Poisson，1781—1840）　法国数学家、几何学家与物理学家，一生发表的研究论文多达 300 多篇，也出版了多部有影响力的专著.

布尔（George Boole，1815—1864）　英国数学家. 他开创了以他的名字命名的布尔代数.

茨威格（George Zwig，1937—　）　美国物理学家及神经生物学家，因与盖尔曼分别提出夸克模型而闻名.

德·摩根（Augustus de Morgan，1806—1871）　英国逻辑学家，明确陈述了德·摩根定理.

狄拉克（Paul Dirac，1902—1984）　英国物理学家，发展了量子力学. 1933 年，因"发现原子理论新的富有成效的形式"获得诺贝尔物理学奖.

棣莫弗（Abraham de Moivre，1667—1754）　法国数学家，发现了棣莫弗公式，将复数与三角学联系了起来.

厄米（埃尔米特）（Charles Hermite，1822—1901）　法国数学家，证明了 e 是超越数，研究领域涉及数论、泛函分析，正交多项式理论等.

费马（Pierre de Fermat，1601—1665）　法国数学家. 他对数论、解析几

何、费马原理和概率论都有贡献.

费米（Enrico Fermi，1901—1954）　美籍意大利物理学家.1938 年,他因"证明了中子辐射产生的新放射性元素的存在,以及发现慢中子引起的核反应",而获得诺贝尔物理奖.

伽利略（Galileo Galilei，1564—1642）　意大利物理学家、天文学家,是现代观察天文之父、现代物理学之父.

伽罗瓦（Evariste Galois，1811—1832）　法国数学家,伽罗瓦理论的创始者.

伽莫夫（George Gamov，1904—1968）　美国核物理学家、宇宙学家.他倡导了宇宙的"大爆炸"理论.

盖尔曼（Murray Gell-Mann，1929—2019）　美国物理学家,提出基本粒子的八正法,以及夸克模型.1969 年,因"有关基本粒子的分类及其相互作用的贡献和发现"而荣获诺贝尔物理奖.

高斯（Johann Carl Friedrich Gauss，1777—1855）　德国著名数学家、物理学家、天文学家、几何学家,以及大地测量学家.

哈密顿（William Rowan Hamilton，1805—1865）　爱尔兰数学家、天文学家、物理学家.是哈密顿力学和四元数的创始者.

海森堡（Werner Karl Heisenberg，1901—1976）　德国物理学家,量子力学主要创始人之一.1932 年,因"创立了量子力学,量子力学的应用尤其导致了氢的同素异形体发现"获诺贝尔物理学奖.

华罗庚（1910—1985）　数学家,中国科学院院士,美国国家科学院外籍院士,第三世界科学院院士,从事解析数论、矩阵几何学、典型群等领域的研究,有"华氏定理""华氏不等式"等重大研究成果.

卡西米尔（Hendrik Brugt Gerhard Casimir，1909—2000）　荷兰物理学家.1931 年,他确立了角动量算符平方 J^2 这一概念,用以对刚体运动的描述.

凯莱（Arthur Caley，1821—1895）　英国数学家,他一生发表了 900 多篇论文,包括非欧几何、线性代数、群论和高维几何.

康托尔（Georg Cantor，1845—1918）　德国数学家,集合论的创始人.

克莱因（Felix Klein，1849—1925）　德国数学家.他主要的研究课题是非欧几何、群论和复变函数，提出了将各种几何用它们的基础对称群来分类的爱尔兰根纲领.

克罗内克（Leopold Kronecker，1823—1891） 德国数学家，主要研究数论与代数，对椭圆函数理论也有突出贡献.

寇恩（Paul Joseph Cohen，1934—2007） 美国数学家. 对"连续统假设"作了研究. 1966 年，他在第 15 届国际数学家大会上获得菲尔兹奖.

拉格朗日（Joseph-Louis Lagrange，1736—1813） 法国数学家、物理学家. 他在数学、力学和天文学这三门学科中都有历史性的贡献.

李（Sophus Lie，1842—1899） 挪威数学家，在李群、李代数方面有开创性工作.

李政道（1926—2024） 美籍华裔物理学家，1957 年因"对所谓宇称定律的深入研究导致了有关基本粒子的重要发现"，与杨振宁共享诺贝尔物理奖.

洛伦兹（Hendrik Antoon Lorentz，1853—1928） 荷兰物理学家、数学家，发现了惯性系之间的洛伦兹变换. 1902 年，因"证实了物质内电子的存在"获诺贝尔物理学奖.

马施克（Heinrich Maschke，1853—1908） 德国数学家. 他证明了马施克定理：有限群的表示是完全可约的.

内埃曼（Yuval Ne′eman，1925—2006） 以色列物理学家. 1961 年独立地提出基本粒子的八正法.

牛顿（Issac Newton，1642—1727） 英国物理学家、数学家和天文学家，撰写了名著《自然哲学的数学原理》.

诺特（Emmy Noether，1882—1935） 德国数学家，抽象代数之母. 她在物理领域有巨大成就——揭示了对称性与守恒定律之间的深刻联系.

欧几里得（Euclid of Alexandria，约前 330—前 275） 古希腊数学家，《几何原本》的作者.

欧拉（Leonhard Euler，1707—1783） 瑞士数学家、力学家、天文学家与物理学家. 近代数学先驱之一，也是数学史上最多产的数学家.

庞加莱（Henri Poincaré，1854—1912） 法国数学家、物理学家和天文学家，被誉为横跨 19 世纪、20 世纪数学界的领袖人物.

泡利（Wolfgang Ernst Pauli，1900—1958） 美籍奥地利物理学家.

1945 年,因"发现泡利不相容原理",获诺贝尔物理奖.

普朗克(Max Karl Ernst Ludwig Planck,1858—1947) 德国物理学家,量子力学的重要创始人之一. 1918 年,因"发现能量量子以及该发现为物理学的进步作出的贡献"获诺贝尔物理奖.

若尔当(Camille Jordan,1838—1922) 法国数学家. 他在群论与矩阵理论等方面都有重大贡献.

施密特(Erhard Schmidt,1876—1959) 德国数学家. 他在泛函分析等方面作出了重大贡献.

舒尔(Issai Schur,1875—1941) 俄国数学家. 他的舒尔引理大大地简化了有限群的表示理论.

孙子(4 世纪,生平不详) 编撰《孙子算经》三卷.

外尔(Hermann Weyl,1885—1955) 德国数学家、物理学家和哲学家. 作为数学家,外尔是最后的数学全才之一;作为理论物理学家,他对量子力学、相对论都有根本性的贡献,且创立了规范场论.

维恩(John Venn,1834—1923) 英国数学家、逻辑学家,是"维恩图"的发明者.

维格纳(Eugene Paul Wigner,1902—1995) 美籍匈牙利裔物理学家. 1963 年,因"对原子核和基本粒子理论的贡献,特别是对基本对称原理的发现和应用",而获诺贝尔物理奖.

吴健雄(1912—1997) 美籍华人,女物理学家,中国科学院外籍院士,美国国家科学院院士,在 β 衰变研究领域具有世界性的贡献.

西岛和彦(1926—2009) 日本粒子物理学家. 他与盖尔曼分别独立提出了盖尔曼-西岛关系.

希尔伯特(David Hilbert,1862—1943) 德国数学家. 他是 19 世纪末和 20 世纪前期最具影响力的数学家之一. 他的研究几乎遍及现代数学所有的前沿阵地.

许瓦尔兹(Karl Hermann Amandus Schwartz,1843—1921) 德国数学家,因对复分析的贡献而知名.

薛定谔(Erwin Schrödinger,1887—1961) 奥地利物理学家,量子力学奠基人之一. 1933 年因"发现原子理论新的富有成效的形式"而获诺贝尔物理奖.

雅可比（Carl Gustav Jacobi，1804—1851） 德国数学家.他是椭圆函数的奠基人之一,在函数行列式、分析力学、动力学,以及数学物理等方面都有建树.

杨振宁(1922—) 中国物理学家,1957 年因"对所谓宇称定律的深入研究导致了有关基本粒子的重要发现",与李政道共享诺贝尔物理奖. 1954年,他与米尔斯提出了"杨-米尔斯理论",从而开创了非阿尔贝规范场的新研究领域.

参 考 文 献

［1］ 华罗庚. 从杨辉三角谈起［M］. 北京：人民教育出版社，1964.

［2］ 李大潜. 漫话 e［M］. 北京：高等教育出版社，2011.

［3］ 周衍柏. 理论力学教程［M］. 北京：高等教育出版社，1986.

［4］ 左宗明. 世界数学名题选讲［M］. 上海：上海科学技术出版社，1990.

［5］ 谢诒成，勾亮. 探索物质最深处：场论与粒子物理［M］. 上海：上海科技教育出版社，2001.

［6］ 熊全淹. 近世代数学［M］. 上海：上海科学技术出版社，1963.

［7］ 张远达. 运动群［M］. 上海：上海教育出版社，1980.

［8］ 周世勋. 量子力学［M］. 上海：上海科学技术出版社，1961.

［9］ 陈跃，裴玉峰. 高等代数与解析几何（全 2 册）［M］. 北京：科学出版社，2019.

［10］ 冯承天. 从一元一次方程到伽罗瓦理论（第二版）［M］. 上海：华东师范大学出版社，2019.

［11］ 冯承天. 从求解多项式方程到阿贝尔不可能定理：细说五次方程无求根公式（第二版）［M］. 上海：华东师范大学出版社，2019.

［12］ 冯承天. 从代数基本定理到超越数：一段经典数学的奇幻之旅（第二版）［M］. 上海：华东师范大学出版社，2019.

［13］ 冯承天. 从矢量到张量：细说矢量与矢量分析，张量与张量分析［M］. 上海：华东师范大学出版社，2021.

［14］ 冯承天. 从空间曲线到高斯—博内定理［M］. 上海：华东师范大学出版社，2021.

［15］ 冯承天，余杨政. Riemann 流形、外微分形式以及纤维丛理论——物理学中的几何方法［M］. 哈尔滨：哈尔滨工业大学出版社，2021.

［16］ 乔治·伽莫夫. 从一到无穷大［M］. 暴永宁，译. 吴伯泽，校. 北京：科学出版社，2002.

［17］ 野口宏. 拓扑学的基础和方法［M］. 郭卫中，王家彦，译. 孙以丰，校. 北京：科学出版社，1986.

［18］ M. E. 洛斯. 角动量理论［M］. 万乙，译. 上海：上海科学技术出版社，1963.

［19］ 岩堀长庆. 李群论［M］. 孙泽瀛，译. 上海：上海科学技术出版社，1962.

[20]　弥永昌吉,杉浦光夫. 代数学[M]. 熊全淹,译. 上海:上海科学技术出版社,1962.

[21]　B. F. 贝衣曼. 群论及其在核谱学中的应用[M]. 石生明,译. 上海:上海科学技术出版社,1962.

[22]　P. 罗曼. 基本粒子理论[M]. 蔡建华,龚昌德,孙景李,译. 上海:上海科学技术出版社,1966.

[23]　B. L. 范・德・瓦尔登. 群论与量子力学[M]. 赵展岳,吴兆颜,等,译. 上海:上海科学技术出版社,1980.

[24]　托马斯・A. 加里蒂. 那些年你没学明白的数学:攻读研究生必知必会的数学[M]. 赵文,李娜,房永强,译. 北京:机械工业出版社,2017.

[25]　L. E. H. 特雷纳,M. B. 怀斯. 理论物理导论:从物理概念到数学结构[M]. 冯承天,李顺祺,张民生,译. 北京:科学出版社,1987.

[26]　格雷厄姆・法米罗,等. 天地有大美:现代科学之伟大方程[M]. 涂泓,吴俊,译. 冯承天,译校. 上海:上海科技教育出版社,2006.

[27]　赫拉德・特霍夫特. 寻觅基元:探索物质的终极结构[M]. 冯承天,译. 上海:上海科技教育出版社,2002.

[28]　戴维・斯蒂普. 优雅的等式:欧拉公式与数学之美[M]. 涂泓,冯承天,译. 北京:人民邮电出版社,2018.

[29]　A. W. F. 爱德华兹. 心灵的嵌齿轮:维恩图的故事[M]. 吴俊,译. 冯承天,译校. 上海:上海科技教育出版社,2008.

[30]　阿尔弗雷德・S. 波萨门蒂. 数学奇观:让数学之美带给你灵感与启发[M]. 涂泓,译. 冯承天,译校. 上海:上海科技教育出版社,2016.

[31]　阿尔弗雷德・S. 波萨门蒂尔,克里斯蒂安・施普赖策. 他们创造了数学:50位著名数学家的故事[M]. 涂泓,冯承天,译. 北京:人民邮电出版社,2022.

[32]　阿尔弗雷德・S. 波萨门蒂. 数学奇趣:逗乐百万人的趣味数学问题[M]. 涂泓,译. 冯承天,译校. 上海:上海科技教育出版社,2023.

[33]　朱利安・哈维尔. 不可思议:有悖直觉的问题及其令人惊叹的解答[M]. 涂泓,译. 冯承天,译校. 上海:上海科技教育出版社,2013.

[34]　W. 米勒. 对称性群及其应用[M]. 栾德怀,张民生,冯承天,译. 北京:科学出版社,1981.

[35]　G. B. 怀邦. 典型群及其在物理学上的应用[M]. 冯承天,金元望,张民生,栾德怀,译. 北京:科学出版社,1982.

[36] J. R. 纽曼. 数学的世界 VI：从阿默士到爱因斯坦数学文献小型图书馆[M]. 涂泓，译. 冯承天，译校. 北京：高等教育出版社，2018.

[37] T. W. Körner. 计数之乐[M]. 涂泓，译. 冯承天，译校. 北京：高等教育出版社，2017.

[38] E. A. Abbott. 平面国：一部多维的罗曼史（双语版）[M]. 涂泓，译. 冯承天，译校. 北京：高等教育出版社，2022.

[39] 格申·库里茨基，戈伦·戈登. 量子矩阵：奇异的量子世界之旅[M]. 涂泓，冯承天，译. 北京：人民邮电出版社，2023.

[40] 外尔. 对称[M]. 冯承天，陆继宗，译. 北京：北京大学出版社，2018.

[41] 外尔. 群论与量子力学[M]. 涂泓，译. 冯承天，译校. 北京：高等教育出版社，2022.

[42] 阿尔伯特·爱因斯坦. 相对论：狭义与广义理论[M]. 涂泓，冯承天，译. 北京：人民邮电出版社，2020.

[43] 阿尔伯特·爱因斯坦，利奥波德·英费尔德. 物理学的进化[M]. 涂泓，译. 冯承天，译校. 北京：高等教育出版社，2023.

[44] 雷蒙德·M. 斯穆里安. 亚历山大的读心术：脑洞大开的逻辑魔法[M]. 涂泓，译. 冯承天，译校. 上海科技教育出版社，2024.

[45] J. J. Rotman. 抽象代数[M]. 北京：高等教育出版社，2004.

[46] B. C. Hall. 李群、李代数和表示论[M]. 北京：世界图书出版公司，2007.

[47] W. E. Barnes. Introduction to Abstract Algebra [M]. D. C. Heath and Company, 1963.

[48] G. Birkhoff and S. Mac Lane. A Survey of Modern Algebra [M]. Natick：AK Peters/CRC Press，1997.

[49] H. Boerner. Representations of Groups, with Special Consideration for the Needs of Modern Physics [M]. North-Holland Publishing Company，1963.

[50] R. P. Burn. Groups, A Path to Geometry [M]. Cambridge University Press，1985.

[51] A. Clark. Elements of Abstract Algebra [M]. Wadsworth，1971.

[52] J. R. Durbin. Modern Algebra. An Introduction [M]. John Wiley & Sons, Inc.，1992.

[53] M. Hamermesh. Group Theory and Its Application to Physical Problems [M]. Addison-Wesley Publishing Company, Inc.，1964.

［54］ T. W. Hungerford. Algebra［M］. Spring-Verlag，1974.

［55］ K. Jacobs. Invitation to Mathematics［M］. Princeton University Press，1992.

［56］ H. J. Lipkin Lie Groups for Pedestrians［M］. Dover Publications, Inc. , 2002.

［57］ J. E. Maxfield and M. W. Maxfield. Abstract Algebra and Solution by Radicals ［M］. Dover Publications, Inc. , 2002.

［58］ R. McWeeny. Symmetry, an Introduction to Group Theory and Its Applications［M］. Pergamon Press，1963.

［59］ J－M Normand. A Lie Group, Rotations in Quantum Mechanics［M］. North-Holland Publishing Company，1980.

［60］ C. S. Ogilvy, J. T. Anderson. Excursions in Number Theory［M］. Oxford University Press，1966.

［61］ C. A. Pickover. The Math Book, 250 Milestones in the History of Mathemations［M］. Barnes & Noble, 2009.

［62］ R. D. Richtmyer. Principles of Advanced Mathematical Physics, vol II ［M］. Springer-Verlag，1981.

［63］ D. H. Sattinger. O. L. Weaver. Lie Groups and Algebras with Applieations to Physics, Geometry and Mechanics［M］. Springer-Verlag，1986.

［64］ I. V. Schented. A Course on the Application of Group Theory to Quantum Mechanics［M］. NEO Press，1976.

［65］ J. Schwinger. On Angular Momentum, in "Quantum Theory of Angular Momentum"［M］. Academic Press，1965.

［66］ E. F. Taylor, J. A. Wheeler. Spacetime Physics, Introduction to Special Relativity, second edition［M］. W. H. Freeman and Company，2001.

［67］ E. P. Wigner. Group Theory and Its Application to the Quantum mechanics of Atomic Spectra［M］. Academic Press，1959.

［68］ R. Vakil. A Mathematical Mosaic, Patterns and Problem Solving ［M］. Brendan Kelly Publishing Inc. , 1996.